Autodesk Inventor Professional 2020 中文版从入门到精通

路纯红　李志尊　胡仁喜　刘昌丽 等编著

机械工业出版社

利用 Autodesk Inventor 能够完成从二维设计到三维设计的转换，因其易用性和强大的功能，它在机械、汽车、建筑等领域得到了广泛的应用。Autodesk Inventor Professional 2020 中文版是美国 Autodesk 公司新推出的三维设计软件。

本书系统地介绍了 Autodesk Inventor Professional 2020 中文版的基本功能，以及和其他 CAE 软件联合进行动力学分析、二次开发、应力分析等内容。本书共分 4 篇 15 章。第 1 篇介绍 Autodesk Inventor 的基本功能模块的使用；第 2 篇介绍减速器的各个零件的设计方法；第 3 篇介绍减速器部件的装配过程以及其运动模拟和、干涉检查和、工程图与表达视图的创建方法；第 4 篇为高级进阶应用篇，介绍了 Autodesk Inventor 的应力分析、动力学仿真等内容。

本书既可供高等院校机械类、机电类或其他相关专业的师生使用，也可作为普通设计人员以及 Autodesk Inventor 爱好者的自学参考资料。

图书在版编目（CIP）数据

Autodesk Inventor Professional 2020中文版从入门到精通/路纯红等编著.
—北京：机械工业出版社，2020.10
ISBN 978-7-111-66210-5

Ⅰ.①A…　Ⅱ.①路…　Ⅲ.①机械设计－计算机辅助设计－应用软件
Ⅳ.①TH122

中国版本图书馆 CIP 数据核字(2020)第 137256 号

机械工业出版社（北京市百万庄大街 22 号　邮政编码 100037）
责任编辑：曲彩云　　责任校对：刘秀华　　责任印制：邰　敏
北京中兴印刷有限公司印刷
2020 年 10 月第 1 版第 1 次印刷
184mm×260mm・28 印张・691 千字
0001－2500 册
标准书号：ISBN 978-7-111-66210-5
定价：99.00 元

电话服务　　　　　　　　　网络服务
客服电话：010-88361066　　机工官网：www.cmpbook.com
　　　　　010-88379833　　机工官博：weibo.com/cmp1952
　　　　　010-68326294　　金 书 网：www.golden-book.com
封底无防伪标均为盗版　　机工教育服务网：www.cmpedu.com

前　言

Autodesk Inventor 是美国 Autodesk 公司于 1999 年底推出的中端三维参数化实体模拟软件。与其他同类产品相比，Autodesk Inventor 在用户界面三维运算速度和显示着色功能方面取得了突破性的进展。Autodesk Inventor 建立在 ACIS 三维实体模拟核心之上，摒弃了许多不必要的操作而保留了最常用的基于特征的模拟功能。Autodesk Inventor 不仅简化了用户界面、缩短了学习周期，而且大大加快了运算及着色速度，从而缩短了用户设计意图的展现与系统反应速度之间的距离，可以最大限度地发挥设计人员的创意。

目前 Autodesk Inventor 的新版本是 Autodesk Inventor Professional 2020。与前期版本相比，新版本在草图绘制、实体建模、图面、组合等方面的功能都有明显的提高。

本书以设计实例为主线，同时兼顾基础知识，图文并茂地介绍了 Autodesk Inventor Professional 2020 中文版的功能、使用方法以及进行零件设计、部件装配、设计减速器、创建二维工程图等基础内容，同时为高级用户提供了 Autodesk Inventor 运动仿真以及利用 Autodesk Inventor 进行零件的应力分析等更加深入的内容。所以本书既适用于初中级用户的快速入门，也可满足高级用户对 Autodesk Inventor 进行深入研究的需要。全书共 4 篇，第 1 篇是功能介绍篇，介绍了 Autodesk Inventor 的工作界面、草图创建、特征创建、部件装配以及工程图和表达视图创建等内容；第 2 篇是零件设计篇，介绍了不同零件的创建过程；第 3 篇是装配与工程图篇，介绍了减速器部件的装配过程，包括减速器装配、减速器的运动模拟和干涉检查，以及减速器的零件图、装配图与表达视图等内容；第 4 篇是高级应用篇，介绍了 Autodesk Inventor 运动仿真，以及运用应力分析模块进行零件应力分析、模型分析等内容。

本书简明扼要地讲述了 Autodesk Inventor 中大部分最常用的功能，以及这些功能在具体的造型实例（减速器）中的具体应用，具有较强的系统性，使得读者在完成基础部分的学习后，能够在实际的设计中应用这些基础技能，从而加深对所学知识的理解。本书除了主要讲述减速器部件外，还列举了大量典型的实例，并且附有大量的插图，网盘中也附有实例的三维模型和详细的操作过程动画，以方便读者学习。读者在学习过程中不仅可以开阔视野，还可以从中学习到更多的 Autodesk Inventor 的使用技巧，进而巩固所学习到的知识和技能。

为了方便广大读者更加形象直观地学习本书，随书配套的网盘中包含了全书实例操作过程录屏讲解 AVI 文件和实例源文件以及相关操作实例的录屏讲解 AVI 电子教材，总教学时长达 300 多分钟。读者可以登录百度网盘（地址：https://pan.baidu.com/s/1KWYrAPfXXVVY _ra6ltML5w 下载，密码：lnwz，备用地址：https://pan.baidu.com/s/1XsnSeFgrlqeOvFaeJwMu Yw，密码：9gjx）进行下载。

本书主要由河北工业职业技术学院的路纯红、陆军工程大学石家庄校区的李志尊以及胡仁喜编写，参加编写的还有刘昌丽、康士廷、王敏、王玮、孟培、王艳池、闫聪聪、王培合、王义发、王玉秋、杨雪静、解江坤、卢园、孙立明、甘勤涛、李兵等。

由于编者水平有限，书中难免存在不足之处，望广大读者登录 www.sjzswsw.com 或联系 win760520@126.com 予以指正，编者将不胜感激，也欢迎加入三维书屋图书学习交流群（QQ：909257630 交）流探讨。

编　者

目　录

第1篇

功能介绍篇

本篇介绍以下主要知识点:

 软件简介

 草图的创建与编辑

 特征的创建与编辑

 部件装配

 工程图和表达视图

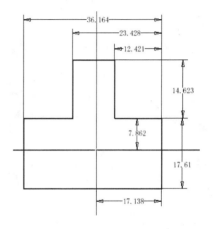

第 1 章

计算机辅助设计与 Autodesk Inventor 简介

计算机辅助设计（CAD）技术是在现代信息技术领域以及相关部门使用非常广泛的技术之一。Autodesk Inventor 作为中端三维 CAD 软件，具有功能强大、易操作等优点，因此被认为是领先的中端设计解决方案。本章将对 CAD 和 Autodesk Inventor 软件做简要介绍。

- ◉ 计算机辅助设计（CAD）入门
- ◉ Autodesk Inventor Professinal2020 工作界面一览
- ◉ 模型的浏览和属性设置
- ◉ 工作界面定制与系统环境设置
- ◉ Autodesk Inventor 项目管理

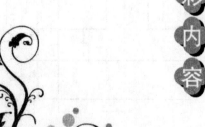

1.1　计算机辅助设计（CAD）入门

计算机辅助设计（CAD，Computer Aided Design)是利用计算机强大的计算功能和高效率的图形处理能力，辅助进行工程和产品的设计与分析，以达到理想的目的或取得创新成果的一种技术。

CAD 技术集计算机图形学、数据库、网络通信以及相应的工程设计方面的技术于一身，现在已经被广泛地应用在机械、电子、航天、化工和建筑等行业。CAD 技术的应用提高了企业的设计效率，减轻了技术人员的劳动强度，并且大大缩短了产品的设计周期，加强了设计的标准化水平。图 1-1 所示为利用 Autodesk 公司的三维 CAD 软件 Autodesk Inventor 所设计的产品。

1．曲面造型

三维 CAD 技术可根据给定的离散数据和工程问题的边界条件来定义、生成、控制和处理过渡曲面与非矩形域曲面的拼合能力，提供曲面造型技术。图 1-2 所示为利用 PTC 公司的三维 CAD 软件 Pro/Engineer 所设计的显示器外壳曲面。

图1-1　利用Autodesk Inventor设计的产品　　　　图1-2　利用Pro/Engineer设计的显示器外壳曲面

2．实体造型

三维 CAD 技术具有定义和生成几何体素的能力，以及用几何体素构造法 CSG 或连界表示法 B-rep 构造实体模型的能力，并且能提供机械产品总体、部件、零件以及用规则几何形体构造产品几何模型所需要的实体造型技术。图1-3所示为利用Autodesk公司的三维CAD软件Autodesk Inventor 设计的三维组装部件模型。

3．物质质量特性计算

三维 CAD 技术具有根据产品几何模型计算相应物体的体积、表面积、质量、密度、重心、导线长度以及轴的转动惯量和回转半径等几何特性的能力，为系统对产品进行工程分析和数值计算提供必要的基本参数和数据。图 1-4 所示为利用 Autodesk 公司的三维 CAD 软件 Autodesk Inventor 计算出的零件模型的物理特性。

4．三维机构的分析和仿真功能

三维 CAD 技术具有结构分析、运动学分析和温度分析等有限元分析功能，具有对一个机械机构进行静态分析、模态分析、屈曲分析、振动分析、运动学分析、动力学分析、干涉分析、瞬态温度分析等功能，即具有对机构进行分析和仿真等研究能力，从而可为设计师在设计运动

机构时，提供直观的、可仿真的交互式设计技术。图 1-5 所示为利用 PTC 公司的三维 CAD 软件
Pro/Engineer 对构件进行应力分析得到的结果。

图1-3　利用Autodesk Inventor设计的三维组装部件模型　　图1-4　利用Autodesk Inventor计算零件模型的物理特性

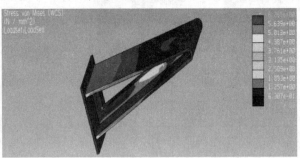

图1-5　利用Pro/Engineer对构件进行应力分析

5. 三维几何模型的显示处理功能

三维 CAD 技术具有动态显示图形、消除隐藏线，彩色浓淡处理的能力，可以使设计师通过
视觉直接观察、构思和检验产品模型，解决三维几何模型在设计复杂空间布局方面的问题。图
1-6 所示为 Autodesk 公司的三维 CAD 软件 Autodesk Inventor 的三种模型显示方式。

6. 有限元法网络自动生成的功能

三维 CAD 技术具有利用有限元分析方法对产品结构的静态特性、动态特性、强度、振动、
热变形、磁场强度、流场等进行分析的能力，以及自动生成有限元网格的能力，可以进行复杂
的三维模型有限元网格的自动划分。图 1-7 所示为利用 PTC 公司的 Pro/Engineer 对零件进行有
限元网格划分。

图1-6　Autodesk Inventor的三种模型显示方式

7. 优化设计功能

三维 CAD 技术具有用参数优化法进行方案优选的功能。优化设计是保证现代产品设计具有高速度、高质量及良好的市场销售的主要技术手段之一。

8. 数控加工功能

三维 CAD 技术具有三、四、五坐标机床加工产品零件的能力，并能在图形显示终端上识别、校核刀具轨迹和刀具干涉以及对加工过程的模态进行仿真。

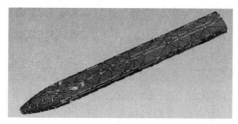

图1-7　利用Pro/ Engineer对零件进行有限元网格划分

9. 信息处理和信息管理功能

三维 CAD 技术具有统一处理和管理有关产品设计、制造以及生产计划等全部信息的能力，即建立一个与系统规模匹配的统一的数据库，以实现设计、制造、管理的信息共享，并达到自动检索、快速存取和不同系统间交换的传输目的。

1.2　参数化造型简介

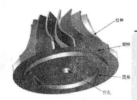

CAD 三维造型技术的发展经历了线框造型、曲面造型、实体造型、参数化实体造型以及变量化造型几个阶段。

最初的是线框造型技术，即由点、线集合方法构成线框式系统，这种方法符合人们的思维习惯，很多复杂的产品往往仅用线条勾画出基本轮廓，然后逐步细化即可。这种造型方式数据存储量小，操作灵活，响应速度快，但是由于线框的形状只能用棱线表示，只能表达基本的几何信息，因此在使用中有很大的局限性。图 1-8 所示为利用线框造型做出的模型。

1. 曲面造型

20 世纪 70 年代，在飞机和汽车制造行业中需要进行大量的复杂曲面的设计，如飞机的机翼和汽车的外形曲面设计，由于当时只能够采用多截面视图和特征纬线的方法来进行近似设计，因此设计出来的产品和设计者最初的构想往往存在很大的差别。法国人在此时提出了贝赛尔算法，人们开始使用计算机进行曲面设计，法国的达索飞机公司首先推出了第一个三维曲面造型系统 CATIA，它是 CAD 发展历史上一次重要革新，标志着 CAD 技术有了质的飞跃。

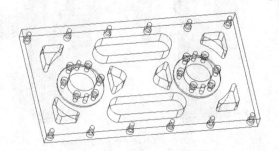

图1-8　利用线框造型做出的模型

2．实体造型

曲面造型技术只能表达形体的表面信息，要想表达实体的其他物理信息（如质量、重心、惯性矩等信息）的时候就无能为力了。如果对实体模型进行各种分析和仿真，模型的物理特征是不可缺少的。在这一趋势下，SDRC 公司于 1979 年发布了第一个完全基于实体造型技术的大型 CAD/CAE 软件——I-DESA。实体造型技术完全能够表达实体模型的全部属性，给设计以及模型的分析和仿真打开了方便之门。

3．参数化实体造型

线框造型、曲面造型和实体造型技术都属于无约束自由造型技术。20 世纪 80 年代中期，CV 公司内部提出了一种比无约束自由造型更新颖、更好的算法——参数化实体造型方法。从算法上来说，这是一种很好的设想。它的主要特点是：基于特征、全尺寸约束、全数据相关、尺寸驱动设计修改。

（1）基于特征：在参数化造型环境中，零件是由特征组成的，所以参数化造型也可成为基于特征的造型。参数化造型系统可把零件的结构特征十分直观地表达出来，因为零件本身就是特征的集合。图 1-9 所示为用 Autodesk 公司的 Autodesk Inventor 软件做的零件图，其中左图是零件的浏览器，显示这个零件的所有特征。浏览器中的特征是按照特征的生成顺序排列的，最先生成的特征排在浏览器的最上面，这样模型的构建过程就会一目了然。

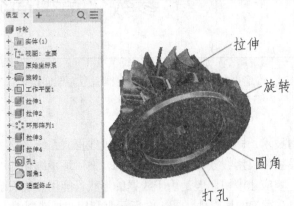

图1-9　Autodesk Inventor中的零件特征以及零件模型

（2）全尺寸约束：指特征的属性全部通过尺寸来进行定义。例如，在 Autodesk Inventor 软件中进行打孔，需要确定孔的直径和深度；如果孔的底部为锥形，则需要确定锥角的大小；如果是螺纹孔，那么还需要指定螺纹的类型、公称尺寸、螺距等相关参数。如果将特征的所有尺寸都设定完毕，那么特征就可成功生成，并且以后可任意地进行修改。

（3）全数据相关：指模型的数据（如尺寸数据等）不是独立的，而是具有一定的关系。例如，设计一个长方体，要求其长 length、宽 width 和高 height 的比例是一定的（如 1:2:3），这样长方体的形状就是一定的，尺寸的变化仅仅意味着其大小的改变。那么在设计的时候，可将其长度设置为 L，宽度设置为 $2L$，高度设置为 $3L$，这样，如果以后对长方体的尺寸数据进行修改的话，仅仅改变其长度参数就可以了。如果分别设置长方体的三个尺寸参数，则以后在修改设计尺寸的时候，工作量就会增加 3 倍。

（4）尺寸驱动设计修改：指在修改模型特征的时候，由于特征是尺寸驱动的，所以可针对需要修改的特征，确定需要修改的尺寸或者关联的尺寸。在某些 CAD 软件中，零件图的尺寸和工程图的尺寸是关联的，改变零件图的尺寸，工程图中相应的尺寸会自动修改，一些软件甚至支持从工程图中对零件进行修改，也就是说如果修改工程图中的某个尺寸，则零件图中的相应特征会自动更新为修改过的尺寸。

1.3 Autodesk Inventor 的产品优势

本节主要介绍了 Autodesk Inventor 的产品优势。通过本节的学习，读者可对 Autodesk Inventor 软件的深化模拟技术有个大体的了解。

在基本的实体零件和装配模拟功能之上，Autodesk Inventor 提供了更为深化的模拟技术，如：

1）二维图案布局可用来试验和评估一个机械原理。

2）有了二维的设置布局更有利于三维零件的设计。

3）首次在三维模拟和装配中使用自适应的技术。

4）通过应用自适应技术，一个零件及其特征可自动去适应另一个零件及其特征，从而保证这些零件在装配的时候能够相互吻合。

5）可用扩展表来控制一系列实体零件的尺寸集。实体的特征可重新使用，一个实体零件的特征可转变为设计清单中的一个设计元素而使其可在其他零件的设计过程中得以采用。

6）为了充分利用网络的优势，一个设计组的多个设计师可使用一个共同的设计组搜索路径和共用文件搜索路径来协同工作。Autodesk Inventor 在这方面与其他软件相比具有很大的优势。它可直接与微软的网上会议相联进行实时协同设计，在一个现代化的工厂中，实体零件及装配件的设计资料可直接传送到后续的加工和制造部门。

7）为了满足在许多情况下设计师和工程师之间的合作和沟通，Autodesk Inventor 也充分考虑到了二维的投影工程图样的重要性，提供了简单而充足的从三维的实体零件和装配来产生工程图的功能。

8）以设计支持系统的方式提供，用户界面以视觉语集方式快速引导用户，各个命令的功能一目了然并要求用最少的键盘输入。

9）Autodesk Inventor 与 3DStudio 和 AutoCAD 等其他软件兼容性强，其输出文件可直接或间接转化成为快速成型"STL"文件和"STEP"等文件。

1.4　Autodesk Inventor 支持的文件格式

Autodesk Inventor 是完全在 Windows 平台上开发的软件，不像 UG、Pro/Engineer 等软件是在 Unix 平台上移植过来的，所以 Autodesk Inventor 在易用性方面具有无可比拟的优势。Autodesk Inventor 支持众多的文件格式，提供了与其他格式文件之间的转换，可满足不同软件用户之间的文件格式转换需求。

1.4.1　Inventor 的文件类型

（1）零件文件 ：以.ipt 为扩展名，文件中只包含单个模型的数据，可分为标准零件和钣金零件。

（2）部件文件 ：以.iam 为扩展名，文件中包含多个模型的数据，也包含其他部件的数据，也就是说部件中不仅仅可包含零件，也可包含子部件。

（3）工程图文件 ：以.idw 为扩展名，可包含零件文件的数据，也可包含部件文件的数据。

（4）表达视图文件 ：以.ipn 为扩展名，可包含零件文件的数据，也可包含部件文件的数据，由于表达视图文件的主要功能是表现部件装配的顺序和位置关系，所以零件一般很少用表达视图来表现。

（5）设计元素文件 ：以.ide 为扩展名，包含了特征、草图或子部件中创建的"iFeature"信息，用户可打开特征文件来观察和编辑"iFeature"。

（6）设计视图 ：以.idv 为扩展名，包含了零部件的各种特性，如可见性、选择状态、颜色和样式特性、缩放以及视角等信息。

（7）项目文件 ：以.ipj 为扩展名，包含了项目的文件路径和文件之间的链接信息。

（8）草图文件 ：以.dwg 为扩展名，文件中包含了草绘图案的数据。

Autodesk Inventor 在创建文件的时候，每一个新文件都是通过模板创建的。用户可根据自己具体的设计需求选择相应的模板，如创建标准零件可选择标准零件模板（Standard.ipt），创建钣金零件可选择钣金零件模板（Sheet Metal.ipt）等。用户可修改任何预定义的模板，也可创建自己的模板。

1.4.2　与 Autodesk Inventor 兼容的文件类型

Autodesk Inventor 具有很强的兼容性，具体表现在它不仅可打开符合国际标准的"IGES"

文件和"SEPT"格式的文件,甚至还可打开 Pro/Engineer 文件。另外,它还可打开 AutoCAD 和 "MDT"的"DWG"格式文件。同时,Autodesk Inventor 还可将本身的文件转换为其他各种格式的文件,将自身的工程图文件保存为"DXF"和"DWG"格式文件等。下面对其主要兼容文件类型做介绍。

1. AutoCAD 文件

Autodesk Inventor Professinal 2020 可打开 R12 以后版本的 AutoCAD(DWG 或 DXF)文件。在 Autodesk Inventor 中打开 AutoCAD 文件时,可指定要进行转换的 AutoCAD 数据。

1)可选择模型空间、图纸空间中的单个布局或三维实体,可选择一个或多个图层。

2)可放置二维转换数据;可放置在新建的或现有的工程图草图上,作为新工程图的标题栏,也可作为新工程图的略图符号;也可放置在新建的或现有的零件草图上。

3)如果转换三维实体,则每一个实体都成为包含 "ACIS" 实体的零件文件。

4)当在零件草图、工程图或工程图草图中输入"AutoCAD(DWG)"图形时,转换器将从模型空间的 XY 平面获取图元并放置在草图上。图形中的某些图元不能转换,如样条曲线。

2. Autodesk MDT 文件

在 Autodesk Inventor 中将工程图输出到 AutoCAD 时,将得到可编辑的图形。转换器创建新的 AutoCAD 图形文件,并将所有图元置于"DWG"文件的图样空间。如果 Autodesk Inventor 工程图中有多张图样,则每张图样都保存为一个单独的"DWG"文件。输出的图元成为 AutoCAD 图元,包括尺寸。

Autodesk Inventor 可转换 Autodesk Mechanical Desktop 的零件和部件,以便保留设计意图。可将 Mechanical Desktop 文件作为"ACIS"实体输入,也可进行完全转换。要从 Mechanical Desktop 零件或部件输入模型数据,必须在系统中安装并运行 Mechanical Desktop。Autodesk Inventor 所支持的特征将被转换,不支持的特征则不被转换。如果 Autodesk Inventor 不能转换某个特征,它将跳过该特征,并在浏览器中放置一条注释,然后完成转换。

3. "STEP"文件

"STEP"文件是国际标准格式的文件,这种格式是为了克服数据转换标准的一些局限性而开发的。过去,由于开发标准不一致,导致各种不统一的文件格式,如 IGES(美国)、VDAFS(德国)、IDF (用于电路板)。这些标准在 CAD 系统中没有得到很大的发展。"STEP" 转换器使 Autodesk Inventor 能够与其他 CAD 系统进行有效的交流和可靠的转换。当输入 "STEP(*.stp、*.ste、*.step)"文件时,只有三维实体、零件和部件数据被转换,草图、文本、线框和曲面数据不能用 "STEP"转换器处理。如果"STEP"文件包含一个零件,则会生成一个 Autodesk Inventor 零件文件。如果"STEP"文件包含部件数据,则会生成包含多个零件的部件。

4. "SAT"文件

"SAT"文件包含非参数化的实体。它们可以是布尔实体或去除了相关关系的参数化实体。"SAT"文件可在部件中使用。用户可将参数化特征添加到基础实体中。输入包含单个实体的"SAT"文件时,将生成包含单个零件的 Autodesk Inventor 零件文件。如果"SAT"文件包含多个实体,则会生成包含多个零件的部件。

5. "IGES"文件

"IGES(*.igs、*.ige、*.iges)"文件是美国标准。很多 "NC/CAM" 软件包需要" IGES"

格式的文件。Autodesk Inventor 可输入和输出"IGES"文件。如果要将 Autodesk Inventor 的零部件文件转换成为其他格式的文件，如"BMP""IGES""SAT"文件等，将其工程图文件保存为"DWG"或"DXF"格式的文件时，利用主菜单中的【另存为】→【保存副本为】命令，在打开的【保存副本为】对话框中选中所需要的文件类型和文件名即可，如图 1-10 所示。

图1-10　【保存副本为】对话框

1.5　Autodesk Inventor Professinal2020 工作界面一览

Autodesk Inventor 具有多个功能模块，如二维草图模块、特征模块、部件模块、工程图模块、表达视图模块和应力分析模块等，每一个模块都拥有自己独特的菜单栏、工具栏、工具面板和浏览器，并且由这些菜单栏、工具栏、工具面板和浏览器组成了自己独特的工作环境。用户最常接触的 6 种工作环境是：草图环境、零件（模型）环境、钣金模型环境、部件（装配）环境、工程图环境和表达视图环境。下面分别进行简要介绍。

1.5.1　草图环境

在 Autodesk Inventor 中，绘制草图是创建零件的第一步。草图是截面轮廓特征和创建特征所需的几何图元（如扫掠路径或旋转轴），可通过投影截面轮廓或绕轴旋转截面轮廓来创建草图三维模型。图 1-11 所示为草图以及由草图拉伸创建的实体。可由以下两种途径进入到草图环

境下:

1）当新建一个零件文件时，在 Autodesk Inventor 的默认设置下，草图环境会自动激活【草图】工具面板为可用状态。

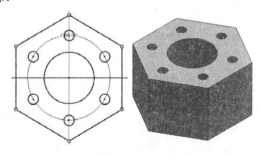

图1-11 草图以及拉伸创建的实体

2）在现有的零件文件中，如果要进入草图环境，应该首先在浏览器中激活草图。这个操作会激活草图环境中的工具面板，这样就可为零件特征创建几何图元。由草图创建模型之后，可再次进入草图环境，进行修改特征或绘制新特征的草图。

1. 由新建零件进入草图环境

新建一个零件文件，以进入到草图状态。运行 Autodesk Inventor Professinal 2020，首先出现图 1-12 所示的启动界面，然后选择【启动】面板中的【新建】按钮，进入到如图 1-13 所示的【新建文件】对话框。在对话框中选择【Standard.ipt】模板，新建一个标准零件文件，则会进入图 1-14 所示的 Autodesk Inventor 草图环境。

图1-12 Autodesk Inventor Professinal 2020启动界面

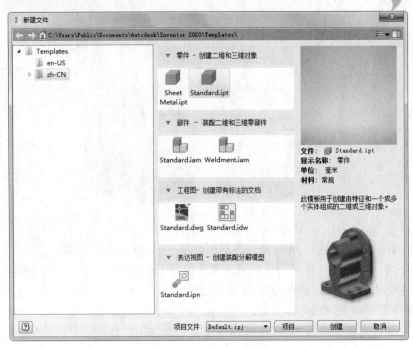

图1-13 【新建文件】对话框

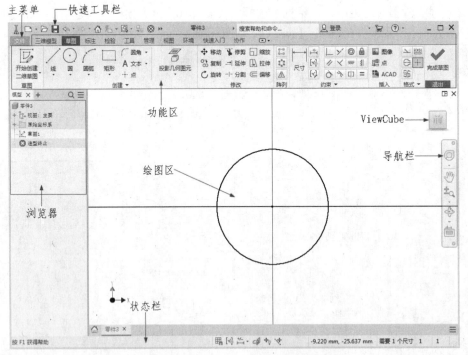

图1-14 Autodesk Inventor草图环境

　　用户界面主要由ViewCube（绘图区右上部）、导航栏（绘图区右中部）、快速工具栏（上部）、功能区、浏览器（左部）、文档选项卡、状态栏以及绘图区域构成。二维草图功能区如图 1-15 所示。草图绘图功能区包括绘图、约束、阵列和修改等面板。使用功能区比使用工具栏的效率

会有所提高。

图1-15　二维草图功能区

2. 编辑退化的草图以进入草图环境

如果要在一个现有的零件图中进入草图环境，首先应该找到属于某个特征的曾经存在的草图（也叫退化的草图）。选择该草图，单击右键，在弹出的快捷菜单中选择【编辑草图】选项即可重新进入草图环境，如图 1-16 所示。当编辑某个特征的草图时，该特征会消失。

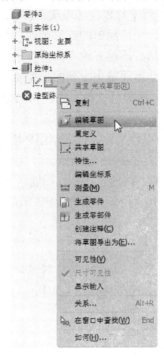

图1-16　快捷菜单

如果想从草图环境返回到零件（模型）环境下，只要在草图绘图区域内单击右键，在弹出的快捷菜单中选择【完成二维草图】选项即可。被编辑的特征也会重新显示，并且根据重新编辑的草图自动更新。

关于草图面板中绘图工具的使用，将在后面的章节中较为详细地讲述。必须注意，在 Autodesk Inventor 中是不可保存草图的，也不允许在草图状态下保存零件。

1.5.2　零件（模型）环境

1. 零件（模型）环境概述

任何时候创建或编辑零件，都会激活零件环境（也叫模型环境）。可使用零件（模型）环境来创建和修改特征、定义定位特征、创建阵列特征以及将特征组合为零件。使用浏览器可编辑草图特征、显示或隐藏特征、创建设计笔记、使特征自适应以及访问"特性"。特征是组成零件的独立元素，可随时对其进行编辑。特征有 4 种类型：

（1）草图特征：基于草图几何图元，由特征创建命令中输入的参数来定义。用户可以编辑草图几何图元和特征参数。

（2）放置特征：如圆角或倒角，在创建的时候不需要草图。要创建圆角，只需输入半径并选择一条边即可。标准的放置特征包括抽壳、圆角、倒角、拔模斜度、孔和螺纹。

（3）阵列特征：指按矩形、环形或镜像方式重复多个特征或特征组。必要时，以抑制阵列特征中的个别特征。

（4）定位特征：用于创建和定位特征的平面、轴或点。

Autodesk Inventor 的草图环境似乎与零件环境现在有了一定的相通性。用户可以直接新建一个草图文件。但是任何一个零件，无论简单的或复杂的，都不是直接在零件环境下创建的，必须首先在草图里面绘制好轮廓，然后通过三维实体操作来生成特征。特征可分为基于草图的特征和非基于草图的特征两种。一个零件最先得到的造型特，一定是基于草图的特征，所以在 Autodesk Inventor 中如果新建了一个零件文件，在默认的系统设置下会自动进入草图环境。

2. 零件（模型）环境的组成部分

在图 1-13 中选择新建一个标准零件文件，进入草图环境。单击【草图】标签栏中的【完成草图】按钮✔，进入到模型环境中，如图 1-17 所示。

模型环境中的工作界面由主菜单、快速工具栏、功能区（上部）、浏览器（左部）以及绘图区域等组成。零件的浏览器如图 1-18 所示。从浏览器中可清楚地看到，零件是特征的组合。模型功能区如图 1-19 所示。

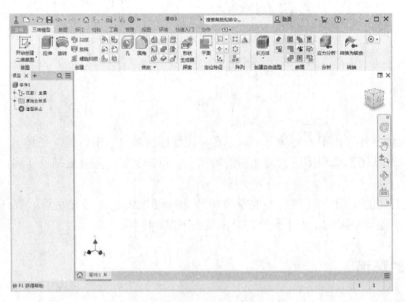

图1-17　Autodesk Inventor模型环境　　　　　　　　　　　　　　图1-18　零件浏览器

图1-19　模型功能区

1.5.3　部件（装配）环境

1. 进入部件（装配）环境

在 Autodesk Inventor 中，部件是零件和子部件的集合。在 Autodesk Inventor 中创建或打开部件文件时，也就进入了部件环境（也叫作装配环境）。在图 1-13 所示的对话框中选择【Standard.iam】项，就会进入部件环境，如图 1-20 所示。

图1-20　Autodesk Inventor部件环境

部件环境由主菜单、快捷工具栏、功能区（上部）、浏览器（左部）以及绘图区域等组成。图 1-21 所示为一个部件和它的浏览器。从浏览器上可看出，部件是零件和子部件以及装配关系的组合。部件（装配）功能区如图 1-22 所示。

图1-21　部件及其浏览器

图1-22　部件（装配）功能区

2．部件环境中自上而下的设计方法

使用部件工具和菜单选项，可对构成部件的所有零件和子部件进行操作，这些操作包括添加一个零部件。传统上，设计者和工程师首先创建方案，然后设计零件，最后把所有的零部件加入到部件中。这种方法称为自上而下的设计方法。

使用 Autodesk Inventor 可通过在创建部件时创建新零件或者装入现有零件，使设计过程更加简单有效。这种以部件为中心的设计方法支持自上而下、自下而上和混合的设计流程。也就是说，设计一个系统，用户不必首先设计单独的基础零件，最后再把它们装配起来，而是可在设计过程中的任何环节创建部件，而不是在最后才创建部件；可在最后才设计某个零件，而不是事先把它设计好等待装配。如果用户正在做一个全新的设计方案，则可从一个空的部件开始，然后在具体设计时创建零件。这种设计模式最大的优点就是设计师可在一开始就把握全局设计思想，不再局限于部分，只要全局设计没有问题，部分的设计就不会影响到全局，而是随着全局的变化而自动变化，从而节省了大量的人力，也大大提高了设计效率。

1.5.4　钣金模型环境

钣金零件的特点之一就是同一种零件都具有相同的厚度，所以它的加工方式和普通的零件不同，所以在三维 CAD 软件中，普遍将钣金零件和普通零件分开，并且提供不同的设计方法。在 Autodesk Inventor 中，将零件造型和钣金作为零件文件的子类型。用户可在任何时候通过选择【转换】面组上的【转换为钣金】和【转换为标准零件】选项，在零件造型子类型和钣金子类型之间转换。零件子类型转换为钣金子类型后，零件被识别为钣金，并启用【钣金】标签栏添加钣金参数。如果将钣金子类型改回零件子类造型，钣金参数还将保留，但系统会将其识别为造型子类型。

在图 1-13 所示的对话框中选择【Sheet Metal.ipt】选项，就会进入到钣金环境中。可以看到，钣金环境和零件环境一样，在默认状态下首先进入二维草图环境。在草图绘图区域单击右键，在弹出的快捷菜单中选择【完成二维草图】选项，就进入了钣金零件环境，如图 1-23 所示。

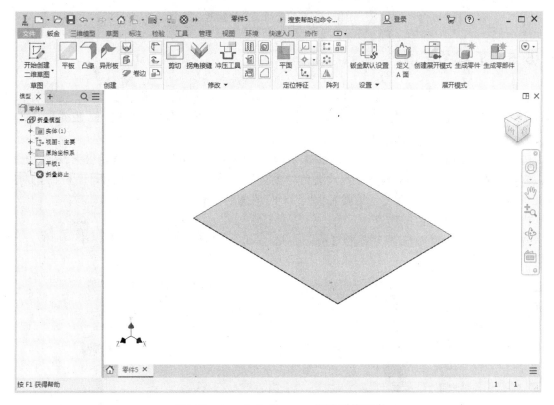

图1-23　Autodesk Inventor钣金零件环境

钣金零件环境由主菜单、快速工具栏、钣金功能区（上部）、浏览器（左部）以及绘图区域等组成。钣金特征功能区如图 1-24 所示。图 1-25 所示为一个钣金零件和它的浏览器，从浏览器上可看出，钣金零件是钣金特征的组合。

图1-24　钣金特征功能区

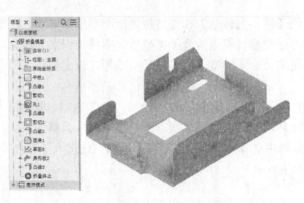

图1-25　钣金零件及其浏览器

1.5.5　工程图环境

1）自动生成二维视图，用户可自由选择视图的格式，如标准三视图（主视图、俯视图、侧视图）、局部视图、打断视图、剖视图和轴测图等，还支持生成零件的当前视图，也就是说可从任何方向生成零件的二维视图。

2）用三维图生成的二维图是参数化的，同时二维三维可双向关联，也就是说当改变了三维实体尺寸时，对应的二维工程图的尺寸会自动更新；当改变了二维工程图的某个尺寸时，对应的三维实体的尺寸也随之改变。这就大大地节约了在设计过程中的劳动量。

1．工程图环境的组成部分

在图 1-13 所示的对话框中选择【Standard.idw】选项就可进入工程图环境中，如图 1-26 所示。

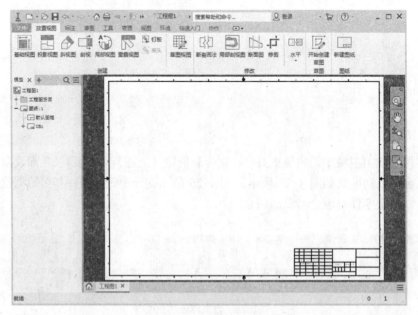

图1-26　工程图环境

工程图环境由主菜单、快速工具栏、工程图放置视图功能区、浏览器（左部）以及绘图区域等组成。工程图放置视图功能区如图 1-27 所示，工程图标注功能区如图 1-28 所示。

图1-27　工程图放置视图功能区

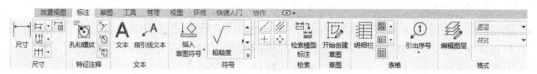

图1-28　工程图标注功能区

2．工程图工具面板的作用

利用工程图放置视图功能区可生成各种需要的二维视图，如基础视图，投影视图、斜视图、剖视图等。利用工程图标注功能区则可对生成的二维视图进行尺寸标注、公差标注、基准标注、表面粗糙度标注以及生成部件的明细栏等。图 1-29 所示为一幅完成的零件工程图。

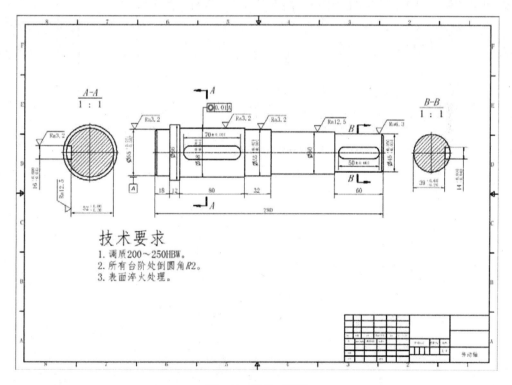

图1-29　零件工程图

1.5.6 表达视图环境

1．表达视图的必要性

在实际生产中，工人往往是按照装配图的要求对部件进行装配。装配图相对于零件图来说具有一定的复杂性，需要有一定看图经验的人才能明白设计者的意图。如果部件十分复杂，那么即使是有着丰富看图经验的人也要花费很多的时间来读图。如果能动态地显示部件中每一个零件的装配位置，甚至显示部件的装配过程，那么势必能节省工人读装配图的时间，大大提高工作效率。表达视图的产生就是为了满足这种需要。

2．表达视图概述

表达视图是动态显示部件装配过程的一种特定视图，在表达视图中，通过给零件添加位置参数和轨迹线，使其成为动画，可动态演示部件的装配过程。表达视图不仅仅说明了模型中零部件和部件之间的相互关系，还说明了零部件按什么顺序组成总装。还可将表达视图用在工程图文件中来创建分解视图，也就是俗称的爆炸图。

3．进入表达视图环境

在图 1-13 所示的对话框中选择【Standard.ipn】选项，则进入表达视图环境，如图 1-30 所示。从左部的表达视图面板可以看出，表达视图的主要功能是创建表达视图、调整表达视图中零部件的位置、按照增量旋转视图、创建动画以演示部件装配的过程。图 1-31 所示为创建的表达视图的范例，关于表达视图的创建方法将在后面的章节中讲述。

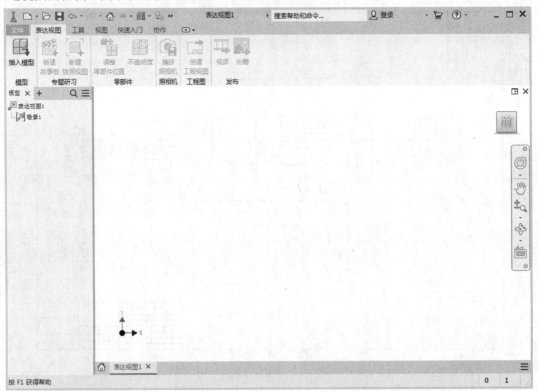

图1-30 表达视图环境

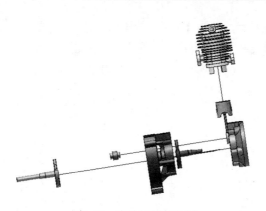

图1-31　表达视图的范例

1.6　模型的浏览和属性设置

本节将讲述如何浏览观察三维模型以及模型的属性设置。Autodesk Inventor 提供了丰富的实体操作工具，借助这些工具，用户可轻松直观地观察模型的形状特征，获得模型的物理特性等。

1.6.1　模型的显示

在三维 CAD 软件中，为了方便观察三维实体的细节，引入了显示模式、观察模式和投影模式的功能，用户可通过工具栏中的图标按钮方便地实现对三维实体的观察。

1. 显示模式

Autodesk Inventor 提供了多种显示模式，如着色显示、隐藏边显示和线框显示等。打开功能区中的【视图】标签栏，单击【外观】面板中的【视觉样式】下拉按钮，打开全部视觉样式，如图 1-32 所示。选择一种显示模式。图 1-33 所示为同一个三维实体模型在三种显示模式下的区别。

2. 观察模式

Autodesk Inventor Professional2020 提供了两种观察模式：平行模式和透视模式。单击【视图】标签栏【外观】面板中的观察模式下拉按钮，打开观察模式工具，如图 1-34 所示。

1）在【平行模式】下，模型以所有的点都沿着平行线投影到它们所在的屏幕上的位置来显示，也就是所有等长平行边以等长度显示。在此模式下，三维模型平铺显示。

2）在【透视模式】下，三维模型的显示类似于现实世界中观察到的实体形状，模型中的点、线、面以三点透视的方式显示。这也是人眼感知真实对象的方式。图 1-35 所示为同一个模型在两种观察模式下的外观。

3. 投影模式

投影模式增强了零部件的立体感，使得零部件看起来更加真实，同时投影模式还显示出光源的设置效果。Autodesk Inventor 提供了三种投影模式：地面阴影、对象阴影、环境光阴影，

21

打开功能区中【视图】标签栏，单击【外观】面板中的投影模式下拉按钮，打开投影模式工具，如图1-36所示。其中【地面阴影】模式和X射线地面阴影最明显的区别是后者的阴影中包含实体的轮廓线。同一个模型在三种投影模式下的区别如图1-37所示。

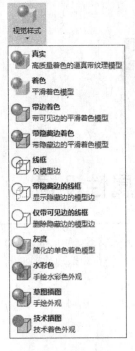

图1-32 视觉样式

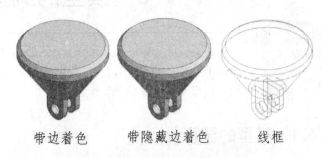

带边着色　　　　　带隐藏边着色　　　　　线框

图1-33 模型在三种显示模式下的区别

图1-34 观察模式工具

平行模式　　　　　透视模式

图1-35 模型在两种观察模式下的外观

图1-36 投影模式工具

【地面阴影】模式　　【对象阴影】模式　　【环境光阴影】模式

图1-37 模型在三种投影模式下的区别

1.6.2 模型的动态观察

在 Autodesk Inventor 中，模型的动态观察主要依靠导航栏上的模型动态观察工具，如图1-38 所示。

：【平移】按钮。按下该按钮，然后在绘图区域内任何地方按下鼠标左键，移动鼠标，即可移动当前窗口内的模型或者视图。

：【缩放】按钮。按下该按钮，然后在绘图区域内按下鼠标左键，上下移动鼠标，即可实现当前窗口内模型或者视图的缩放。

：【全部缩放】按钮。当按下该按钮时，模型中所有的元素都显示在当前窗口中。该工具在草图、零件图、装配图和工程图中都可使用。

：【缩放窗口】按钮。该工具的使用方法是用鼠标左键在某个区域内拉出一个矩形，则矩形内的所有图形会充满整个窗口。该工具也可作为局部放大工具。在进行局部操作的时候，如果局部尺寸很小，将给图形的绘制以及标注等操作带来了很大的不便，这时候可利用这个工具将局部放大，使操作变得十分方便。

图1-38　模型动态观察工具

：【缩放选定实体】按钮。按下该按钮，可在绘图区域内用鼠标左键选择要放大的图元，选择以后，该图元会自动放大到整个窗口，从而便于用户观察和操作。这是一个设计非常贴心的工具。

：【动态观察】按钮。该工具用来在图形窗口内旋转零件或者部件，以便于全面观察实体的形状。

：【观察方向】按钮。单击该按钮后，如果在模型上选择一个面，则模型会自动旋转到该面正好面向用户的方向；如果选择一条直线，则模型会旋转到该直线在模型空间处于水平的位置。该工具在草图空间同样可使用，如果在零件的某一个面上新建了一个草图但是该草图并不是面向用户，这时候选择这个工具，单击新建的草图，则草图会旋转到恰好面向用户的方向。

1.6.3 获得模型的特性

Autodesk Inventor 允许用户为模型文件指定特性，如物理特性，这样可方便在后期对模型进行工程分析和计算以及仿真等。获得模型特性可通过选择菜单【文件】中的【iProperty】选项来实现，也可在浏览器上选择文件图标，单击右键，在弹出的快捷菜单中选择【特性】选项。图 1-39 所示为灯罩模型，图 1-40 所示为它的特性对话框中的物理特性。

物理特性是工程中最重要的，从图 1-40 可看出已经分析出了模型的质量、体积、重心以及惯性信息等。在计算惯性时，除了可计算模型的主轴惯性矩外，还可计算出模型相对于 XYZ 轴的惯性特性。

除了物理特性以外，【特性】对话框中还包括模型的概要、项目、状态等信息。这些信息用户可根据自己的实际情况填写，以方便以后查询和管理。

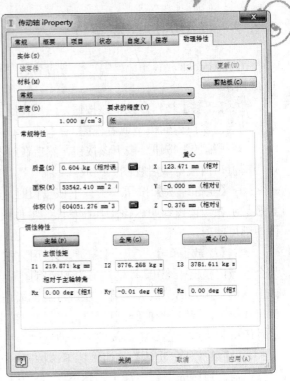

图1-39 灯罩模型　　　　　　　　　　　　　　　图1-40 灯罩的物理特性

1.6.4 选择特征和图元

Autodesk Inventor Professional 2020 在工具栏中提供了选择特征和图元的工具。在零件和部件环境下，选择工具是不相同的。下面分别介绍。

1. 零件环境中的选择工具

零件环境的选择工具在 Autodesk Inventor Professional 2020 界面最上面的快速工具栏上，如图 1-41 所示。可以看到，在零件环境下，可选择【选择组】、【选择特征】、【选择面和边】以及【选择草图特征】等选项。

1)【选择特征】、【选择面和边】工具可直接在模型环境下对面、边和特征进行选择。

2)【选择草图特征】工具则需要进入草图环境中对草图元素进行选择。

2. 部件环境中的选择工具

部件环境中的选择工具如图 1-42 所示。部件环境中由于包含较多的零部件，所以选择模式更加复杂。下面对各种选择模式分别介绍。

选择零部件优先：在这种选择模式下可选择完整的零部件。需要注意的是，可选择子部件，但是不可选择子部件中的零件。

选择零件优先：在这种选择模式下可选择零件，无论是添加到部件中单独的零件或者是子部件中的零部件都可。不能给一个零件选择特征和草图几何图元。

选择特征优先：在该选择模式下可选择任何一个零件上的特征，包括定位特征。

选择面和边：在该选择模式下可选择零部件的上表面和单独的边，包括用于定义面的曲线。

选择草图特征：在该选择模式下可进入草图环境中对草图元素进行选择，与在零件环境下选择草图元素类似。

图1-41 零件环境中的选择工具　　　　　图1-42 部件环境中的选择工具

零部件选择菜单的子菜单中还提供了几种更加完善的选择模式。下面分别说明。

1）选择【选择约束到】选项后，再随意选择部件中的一个零件或子部件，则与该零件或子部件存在约束关系的零件或子部件都将同时选定。

2）选择【选择零部件规格】选项后，打开如图 1-43 所示的【按大小选择】对话框。该对话框中有一个文本框可填入具体的数值（也可以填入比例数值），然后不小于或不大于这个数值的零件就会自动被选择并亮显，同时其大小将显示出来，并由选定零部件的边框的对角点来确定。如果需要，可单击箭头按钮选择一个零部件以测量其大小。选中相应的选项，以选择大于或小于零部件大小的零部件。

3）选择【选择零部件偏移】选项后，会打开如图 1-44 所示的【按偏移选择】对话框，包含在选定零部件偏移距离范围内的零部件将会亮显出来。可在【按偏移选择】文本框中设置偏移距离，也可单击并拖动某个面，以调整其大小。如果需要，可单击箭头按钮以使用【测量】工具。选中【包括部分包含的内容】复选框，还将亮显部分包含的零部件。

4）选择【选择球体偏移】选项后，打开如图 1-45 所示的【按球体选择】对话框，可亮显位于选定零部件周围球体内的零部件。可在【按球体选择】对话框中设置球体大小，也可单击并拖动球体边界，以调整其大小。如果需要，可单击箭头按钮以使用【测量】工具。

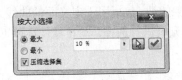
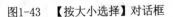

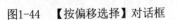

图1-43　【按大小选择】对话框　　图1-44　【按偏移选择】对话框　　图1-45　【按球体选择】对话框

1.7　工作界面定制与系统环境设置

在 Autodesk Inventor 中，需要用户自己设定的环境参数很多，工作界面也可由用户自己定制，这样会使得用户根据自己的实际需求对工作环境进行调节。一个方便高效的工作环境不仅仅使得用户有良好的感觉，还可大大提高工作效率。本节将着重介绍如何定制工作界面及如何设置系统环境。

1.7.1　文档设置

在 Autodesk Inventor Professional 2020 中，可通过【文档设置】对话框来改变度量单位和捕捉间距等。在零件环境中，要打开【文档设置】对话框，可单击【工具】标签栏【选项】面板中的【文档设置】选项。打开的对话框如图 1-46 所示。

（1）【单位】选项卡：可设置零件或部件文件的度量单位。

（2）【草图】选项卡：可设置零件或工程图的捕捉间距、网格间距和其他草图设置。

（3）【造型】选项卡：可为激活的零件文件设置自适应或三维捕捉间距。

（4）【默认公差】选项卡：可设定标准输出公差值。

工程图环境中的【文档设置】对话框如图 1-47 所示。

图1-46　零件环境中的【文档设置】对话框

图1-47　工程图环境中的【文档设置】对话框

1.7.2 系统环境常规设置

本小节将讲述系统环境的常规设置。单击【工具】标签栏【选项】面板中的【应用程序选项】按钮，打开【应用程序选项】对话框，如图 1-48 所示。

图1-48 【应用程序选项】对话框

（1）【启动】栏：用来设置默认的启动方式。在此栏中可设置是否【启动操作】。还可以启动后默认操作方式，包含三种默认操作方式：【打开文件】对话框、【新建文件】对话框和从模板新建。

（2）【提示交互】栏：控制工具栏提示外观和自动完成的行为。【显示命令提示（动态提示)】：选中此复选框后，将在光标附近的工具栏提示中显示命令提示。【显示命令别名输入对话框】：选中此复选框后，输入不明确或不完整的命令时将显示【自动完成】列表框。

（3）【工具提示外观】栏：控制在功能区中的命令上方悬停光标时工具提示的显示。从中可设【延迟的秒数】，还可以通过选择【显示工具提示】复选框来禁用工具提示的显示。【显示第二级工具提示】：控制功能区中第二级工具提示的显示。【延迟的秒数】：设定功能区中第二级工具提示的时间长度。【显示文档选项卡工具提示】：控制光标悬停时工具提示的显示。

（4）【用户名】选项：设置 Autodesk Inventor Professional 2020 的用户名称。

（5）【文本外观】选项：设置对话框、浏览器和标题栏中的文本字体及大小。

（6）【允许创建旧的项目类型】选项：选中此复选框后，Autodesk Inventor 将允许创建共享和半隔离项目类型。

（7）【物理特性】栏：选择保存时是否更新物理特性以及更新物理特性的对象是零件还是零部件。

（8）【撤消文件大小】选项：可通过设置【撤消文件大小】选项的值来设置撤销文件的大小，即用来跟踪模型或工程图改变临时文件的大小，以便撤消所做的操作。当制作大型或复杂模型和工程图时，可能需要增加该文件的大小，以便提供足够的撤消操作容量，文件大小以"MB"为单位。

（9）【标注比例】选项：可通过设置【标注比例】选项的值来设置图形窗口中非模型元素（如尺寸文本、尺寸上的箭头和自由度符号等）的大小。可将比例从 0.2 调整为 5.0。默认值为 1.0。

（10）【选择】选项：设置对象选择条件。勾选【启用优化选择】复选框后，【选择其他】算法最初仅对最靠近屏幕的对象划分等级。

其他的设置选项不再一一讲述，读者可自行查阅帮助，也可在实际的使用中自己体会其用法。

1.7.3　用户界面颜色设置

可在【应用程序选项】对话框的【颜色】选项卡中设置图形窗口的背景颜色或图像，如图 1-49 所示。在该选项卡中既可设置零部件设计环境中的背景色，也可设置工程图环境中的背景色，二者可通过左上角的【设计】、【绘图】按钮来切换。

（1）【画布内颜色方案】：在【画布内颜色方案】中，Autodesk Inventor 提供了 10 种配色方案，当选择了某一种方案时，上面的预览窗口会显示该方案的预览图。

（2）【背景】：用户可通过【背景】选项选择每一种方案的背景色是单色还是梯度图像，或以图像作为背景。如果选择单色则将纯色应用于背景，选择梯度则将饱和度梯度应用于背景颜色，选择背景图像则在图形窗口背景中显示位图。【文件名】选项用来选择存储在硬盘或网络上作为背景图像的图片文件。为避免图像失真，图像应具有与图形窗口相同的大小（比例以及宽高比）。如果与图形窗口大小不匹配，图像将被拉伸和裁剪。

（3）【反射环境】：在【反射环境】中可以指定反射贴图的图像和图形类型。可在【文件名】中单击【浏览】按钮[图]，在打开的对话框中浏览找到相应的图像。

（4）【截面封口平面纹理】：控制在使用"剖视图"命令时，所用封口平面的颜色或纹理图形。下拉菜单中包括【默认-灰色】和【位图图像】两项，其中【默认-灰色】为默认模型面的颜色，【位图图像】可将选定的图像用作剖视图的剖面纹理。单击浏览按钮[图]，在打开的对话框中可浏览找到相应的图像。

（5）【亮显】：设定对象选择行为。【启用预亮显】：勾选此复选框，当光标在对象上移动时，将显示预亮显.启用增强亮显】：允许预亮显或亮显的子部件透过其他零部件显示。

（6）【用户界面主题】：控制功能区中应用程序框和图标的颜色。【琥珀色】：选中该选项可使用旧版图标颜色，但必须重启 Autodesk Inventor 才能更新浏览器图标。

1.7.4　显示设置

可在【应用程序选项】对话框的【显示】选项卡中设置模型的线框显示方式、渲染显示方

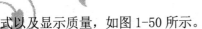

式以及显示质量，如图 1-50 所示。

（1）【外观】：在【外观】中，可通过选择【使用文档设置】选项指定当打开文档或文档上的其他窗口（又叫视图）时使用文档显示设置，通过选择【使用应用程序设置】选项指定当打开文档或文档上的其他窗口（又叫视图）时使用应用程序选项显示设置。

（2）【未激活的零部件外观】：适用于所有未激活的零部件，而不管零部件是否已启用。这样的零部件又叫后台零部件。【着色】选项：指定未激活的零部件面显示为着色。【不透明度】选项：若选择【着色】选项，可以设定着色的不透明度。【显示边】：设定未激活的零部件边显示，选中该选项后，未激活的模型将基于模型边应用程序或文档外观设置显示边。

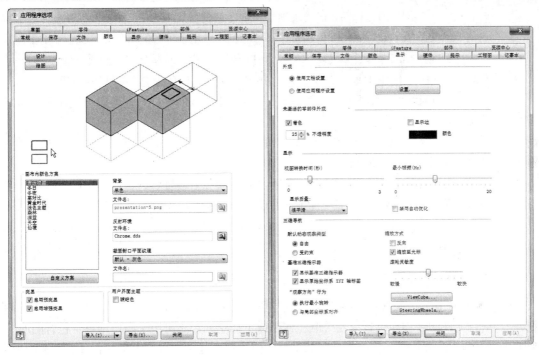

图1-49　【颜色】选项卡　　　　　　　　　　图1-50　【显示】选项卡

（3）【显示质量】：打开下拉列表设置模型显示分辨率。

（4）【基准三维指示器】选项：在三维视图中，在图形窗口的左下角显示 XYZ 轴指示器。选中该复选框可显示轴指示器，不勾选该复选框可关闭此项功能。红箭头表示 X 轴，绿箭头表示 Y 轴，蓝箭头表示 Z 轴。在部件中，指示器显示顶级部件的方向，而不是正在编辑的零部件的方向。

（5）【显示原始坐标系 XYZ 轴标签】选项：关闭和开启各个三维轴指示器方向箭头上的 XYZ 标签的显示。默认情况下为打开状态。开启【显示基准三维指示器】时可用。注意，在【编辑坐标系】命令的草图网格中心显示的 XYZ 指示器中，标签始终为打开状态。

（6）【"观察方向"行为】：包括【执行最小旋转】和【与局部坐标系对齐】两项。【执行最小旋转】：设置旋转的最小角度，以使草图与屏幕平行，且草图坐标系的 X 轴保持水平或垂直。【与局部坐标系对齐】：可将草图坐标系的 X 轴调整为水平方向且正向朝右，将 Y 轴调整为垂直方向且正向朝上。

（7）【缩放方式】：选中或不勾选这些复选框可以更改缩放方向（相对于鼠标移动）或缩放中心（相对于光标或屏幕）。【反向】：控制缩放方向，当选中该选项时向上滚动滚轮可放大图形，取消选中该选项时向上滚动滚轮则缩小图形。【缩放至光标】：控制图形缩放方向是相对于光标还是显示屏中心。【滚轮灵敏度】：控制滚轮滚动时图形放大或缩小的速度。

1.8 Autodesk Inventor 项目管理

在创建项目以后，可使用项目编辑器来设置某些选项，如设置保存文件时保留的文件版本数等。在一个项目中，可能包含专用于项目的零件和部件、专用于用户公司的标准零部件以及现成的零部件，如紧固件、连接件或电子零部件等。

Autodesk Inventor 使用项目来组织文件，并维护文件之间的链接。项目的作用是：

1）用户可使用项目向导为每个设计任务定义一个项目，以便更加方便地访问设计文件和库，并维护文件引用。

2）可使用项目指定存储设计数据的位置、编辑文件的位置、访问文件的方式、保存文件时所保留的文件版本数以及其他设置。

3）可通过项目向导逐步完成选择过程，以指定项目类型、项目名称、工作组或工作空间（取决于项目类型）的位置以及一个或多个库的名称。

1.8.1 创建项目

1. 打开项目编辑器

在 Autodesk Inventor 中，可利用项目向导创建【Autodesk Inventor】新项目，并设置项目类型、项目文件的名称和位置以及关联工作组或工作空间，还可用于指定项目中包含的库等。关闭 Autodesk Inventor 当前打开的任何文件，然后单击【快速入门】标签栏【启动】面板中的【项目】按钮，就会打开项目编辑器，如图 1-51 所示。

2. 新建项目

单击【新建】按钮，则会打开如图 1-52 所示的对话框。在项目向导里面，用户可新建几种类型的项目，分别简述如下。

1）【新建 Vault 项目】：只有在安装【Autodesk Vault】之后，才可创建新的【Vault】项目，然后指定一个工作空间、一个或多个库，并将多用户模式设置为【Vault】。

2）【新建单用户项目】：这个是默认的项目类型，它适用于不共享文件的设计者。在该类型的项目中，所有设计文件都放在一个工作空间文件夹及其子目录中，但从库中引用的文件除外。项目文件（.ipj）存储在工作空间中。

3. 以单用户项目为例讲述创建项目的基本过程

1）在图 1-52 所示的【Inventor 项目向导】对话框中首先选择【新建单用户项目】选项，然后单击【下一步】按钮，打开如图 1-53 所示的对话框。

2）在该对话框中需要设定关于项目文件位置以及名称的选项。项目文件是以 .ipj 为扩展名的文本文件。项目文件指定到项目中的文件的路径。要确保文件之间的链接正常工作,必须在使用模型文件之前将所有文件的位置添加到项目文件中。

图1-51　项目编辑器

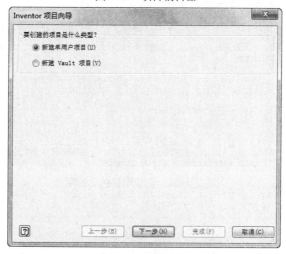

图1-52　【Inventor项目向导】对话框

3)在【名称】栏里输入项目的名称,在【项目(工作空间)文件夹】栏中设定所创建的项目或用于个人编辑操作的工作空间的位置(必须确保该路径是一个不包含任何数据的新文件夹)。默认情况下,项目向导将为项目文件(.ipj)创建一个新文件夹,但如果浏览到其他位置,则会使用所指定的文件夹名称。【要创建的项目文件】栏显示指向表示工作组或工作空间已命名子文件夹的路径和项目名称,新项目文件(*.ipj)将存储在该子文件夹中。

4)如果不需要指定要包含的库文件,单击图 1-54 所示对话框中的【完成】按钮,即可完成项目的创建。如果要包含库文件，单击【下一步】按钮，在图 1-54 所示的对话框中指定需要包含的库的位置即可。最后单击【完成】按钮，一个新的项目就已经建成了。

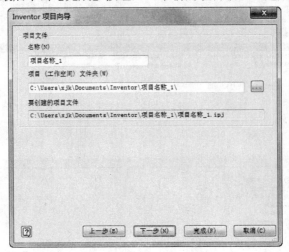

图1-53　新建项目向导

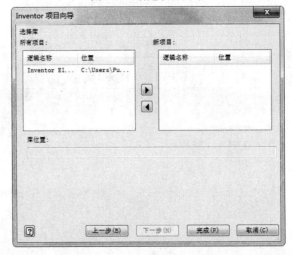

图1-54　选择项目包含的库

1.8.2　编辑项目

在 Autodesk Inventor 中可编辑任何一个存在的项目，如可添加或删除文件位置，可添加或删除路径，更改现有的文件位置或更改它的名称。在编辑项目之前，请确认已关闭所有"Autodesk Inventor"文件。如果有文件打开，则该项目将是只读的。编辑项目也需要通过项目编辑器来实现，在图 1-55 所示的编辑项目对话框中选中某个项目，然后在下面的项目属性选项中选中某个属性（如【项目】中的【包含文件】选项），这时可看到右侧的【编辑所选项目】按钮是可用的。单击该按钮，则【包含文件】属性旁边出现一个下拉列表框显示当前包含文件的路径和文件名，还有一个浏览文件按钮，如图 1-55 所示。用户可自行通过浏览文件按钮选择新的包含文件以进行修改。如果某个项目属性不可编辑，【编辑所选项目】按钮是灰色不可用的。一般来说，项目的包含文件、工作空间、本地搜索路径、工作组搜索路径、库都是可编辑的，如果没有设定某个路径属性，可单击右侧的【添加新路径】按钮➕添加。【选项】项目中可编辑的属性有保存时是否保留旧版本、Streamline 观察文件夹、项目名称、是否可快速访问等。

图1-55　编辑项目

第 2 章

草图的创建与编辑

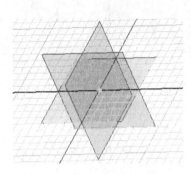
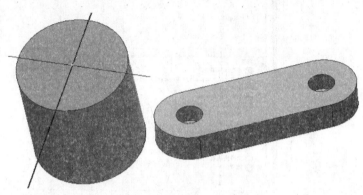

在 Autodesk Inventor 的三维造型中，草图是创建零件的基础，绘制草图也是使用 Autodesk Inventor 的一项基本技巧。本章主要介绍了如何在 Autodesk Inventor 中绘制能够满足造型需要的草图图形，以及草图图形的标注和编辑等。

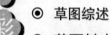

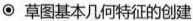
- ◉ 草图综述

- ◉ 草图基本几何特征的创建

- ◉ 草图尺寸标注
- ◉ 草图尺寸参数关系化
- ◉ 定制草图工作区环境

2.1 草图综述

在Autodesk Inventor的三维造型中，草图是创建零件的基础。所以在Autodesk Inventor 的默认设置下，新建一个零件文件后会自动转换到草图环境。草图的绘制是Autodesk Inventor 的一项基本技巧，没有一个实体模型的创建可以完全脱离草图环境。草图为设计思想转换为实际零件铺平了道路。

1. 草图的组成

草图由草图平面、坐标系、草图几何图元、几何约束以及草图尺寸组成。在草图中，定义截面轮廓、扫掠路径以及孔的位置等造型元素是用来形成拉伸、扫掠、打孔等特征不可缺少的因素。草图也可包含构造几何图元或者参考几何图元。构造几何图元不是界面轮廓或者扫掠路径，但是可用来添加约束；参考几何图元可由现有的草图投影而来，并在新草图中使用，参考几何图元通常是已存在特征的部分，如边或轮廓。

2. 退化的草图

在一个零件环境或部件环境中对一个零件进行编辑时，用户可在任何时候新建一个草图或编辑退化的草图。当在一个草图中创建了需要的几何图元以及尺寸和几何约束，并且以草图为基础创建了三维特征后，该草图就成了退化的草图。凡是创建了一个基于草图的特征，就一定会存在一个退化的草图，图2-1所示为一个零件的模型树，它清楚地反映了这一点。

图2-1 零件的模型树

3. 草图与特征的关系

1）退化的草图依然是可编辑的。如果对草图中的几何图元进行了尺寸以及约束方面的修改，那么退出草图环境以后，基于此草图的特征也会随之更新，草图是特征的母体，特征则基于草图。

2）特征只受到属于它的草图的约束，其他特征草图的改变不会影响到本特征。

3）如果两个特征之间存在某种关联关系，那么二者的草图就可能会影响到对方。例如，在一个拉伸生成的实体上打孔，拉伸特征和打孔特征都是基于草图的特征，如果修改了拉伸特征草图，使得打孔特征草图上孔心位置不在实体上，那么孔是无法生成的，Autodesk Inventor 也会在实体更新时给出错误信息。

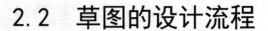

2.2 草图的设计流程

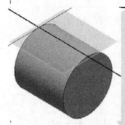

绘制草图是进行三维造型的第一步，也是非常基础和关键的一步。在 Autodesk Inventor 中，进行草图设计是参数化的设计，如果在绘制二维草图几何图元、添加尺寸约束和几何约束时方法和顺序不正确，那么一定会给设计过程带来很多麻烦。设计不是一次完成的，必然要经历很多的修改过程，如果掌握了良好的草图设计方法，保证草图设计过程中的顺序正确，那么将大大减少重复工作，缩减设计修改过程中的工作量，提高工作效率和工作成效。

创建一幅合理而正确的草图，顺序是：

1）利用功能区内【草图】标签栏中所提供的几何图元绘制工具，创建基本的几何图元并组成与所需要的二维图形相似的图形。

2）利用功能区内【草图】标签栏中提供的几何约束工具对二维图形添加必要的约束，确定二维图形的各个几何图元之间的关系。

3）利用功能区内【草图】标签栏中提供的尺寸约束工具来添加尺寸约束，确保二维图形的尺寸符合设计者的要求。

这样的设计流程最大的好处就是，如果在特征创建之后，发现某处不符合要求，可重新回到草图中，针对产生问题的原因，或修改草图的几何形状，或修改尺寸约束，或修改几何约束，从而快速地解决问题。如果草图在设计过程中没有头绪，也没有遵循一定的顺序，那么出现了问题之后，往往无法快速地找到问题的根源。

上述工作过程可用图 2-2 来表示。

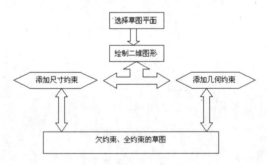

图2-2 草图设计流程图

2.3 选择草图平面与创建草图

本节将主要介绍如何新建草图，如何在零件表面创建草图和在工作平面上创建草图。

二维的草图必须建立在一个二维草图平面上。草图平面是一个带有坐标系的无限大的平面。当新建了一个零件文件的时候，在默认状态下，一个新的草图平面也已经被创建，并且建立了

草图。在这种情况下，不需要用户自己指定草图平面。

但更多的时候，需要用户自己选择草图平面建立草图。为了建立正确的特征，用户必须选择正确的平面来建立草图。用户可在平面上或工作平面上建立草图。平面可是零件的表面，也可是坐标平面，也叫基准面。如果要在曲面相关的位置建立草图，就必须建立工作平面，然后在工作平面上建立草图。

草图的创建过程比较简单。要在基准面上创建草图，可在浏览器中选中某个基准面，或在工作空间内选中某个基准面（如果基准面在工作空间内不显示，在浏览器中选中该基准面，单击右键，在弹出的快捷菜单中选择【可见】项即可），然后单击右键，在弹出的快捷菜单中选择【新建草图】选项即可。新建的草图如图 2-3 所示。要在某个零件的表面新建草图，可选中该零件表面，然后单击右键，在弹出的快捷菜单中选择【新建草图】选项即可。在零件表面新建的草图如图 2-4 所示。如果要在某个工作平面上建立草图，可使用相同的方法。在工作平面上新建的草图如图 2-5 所示。

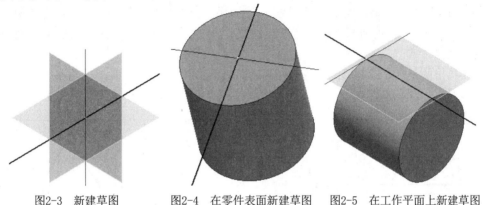

图2-3 新建草图   图2-4 在零件表面新建草图   图2-5 在工作平面上新建草图

2.4 草图基本几何特征的创建

> 本节将主要讲述如何利用 Autodesk Inventor 提供的草图工具正确快速地绘制基本的几何元素，并且添加尺寸约束和几何约束等。熟练掌握草图基本工具的使用方法和技巧，是绘制草图的必修课程。

2.4.1 点与曲线

在 Autodesk Inventor 中可利用点和曲线工具方便快捷地创建点、直线和样条曲线。

1）单击【草图】标签栏【创建】面板上的【点】工具按钮 ⊹，然后在绘图区域内任意处单击左键，则单击处就会出现一个点。

2）如果要继续绘制点，可在要创建点的位置再次单击左键。要结束绘制，单击右键，在弹出的快捷菜单中选择【取消】选项即可。

3）如果要创建直线，单击【草图】标签栏【创建】面板上的【直线】工具按钮 ╱，然后在绘图区域内某一位置单击左键，然后在另外一个位置单击左键，则在两次单击的点的位置之间会出现一条直线，此时可从右键快捷菜单中选择【取消】选项或按下 Esc 键，完成直线绘制，也可选择【重启动】选项接着绘制另外的直线，否则继续绘制，将绘制出首尾相连的折线，如图 2-6 所示。

4）如果要绘制样条曲线，单击【草图】标签栏【创建】面板上的【样条曲线】工具按钮～，然后在绘图区域内单击左键即可绘制样条曲线，如图 2-7 所示。

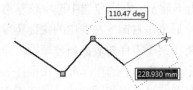

图2-6　绘制首尾相连的折线　　　　　　　　　　图2-7　绘制样条曲线

5）直线工具✏并不仅仅限于绘制直线，它还可创建与几何图元相切或垂直的圆弧。如图 2-8 所示，首先移动鼠标到直线的一个端点，然后按住左键，在要创建圆弧的方向上拖动鼠标，即可创建圆弧。

需要指出的是，在绘制草图图形时，Autodesk Inventor 提供即时捕捉功能。例如，在绘制点或直线时，如果鼠标落在了某一个点或直线的端点上，则鼠标形状会发生改变，同时在被捕捉点上出现一个绿色的亮点，如图 2-9 所示。

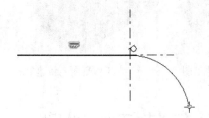
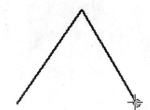

图2-8　利用直线工具创建圆弧　　　　　　　　　　图2-9　绘图点自动捕捉

2.4.2　圆与圆弧

在 Autodesk Inventor 中可利用圆与圆弧工具创建圆、椭圆、三点圆弧、相切圆弧和中心点圆弧。

1）如果要根据圆心和半径创建圆，可选择⊙按钮，单击左键在绘图区域内选择圆心，然后拖动鼠标来设定圆的半径，同时在绘图窗口的状态栏中显示当前鼠标指针的坐标位置和半径大小，如图 2-10 所示。

2）通过圆工具还可创建与三条不共线直线同时相切的圆，单击圆工具右侧小箭头，在打开的工具选项中选择相切圆工具○，然后选择三条直线，即可创建相切圆，如图 2-11 所示。

3）利用椭圆工具⊙可绘制椭圆。单击该工具按钮后，首先在绘图区域内单击左键以确定椭圆圆心位置，然后拖动鼠标改变椭圆长轴的方向和长度，合适后单击左键即可确定，再拖动鼠标确定短轴的长度，此时可预览到椭圆的形状，符合要求后单击鼠标左键，即可生成椭圆。

绘制的椭圆如图 2-12 所示。

167.203 mm, -113.531 mm 半径 = 32.588 mm

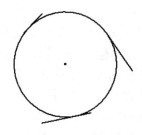

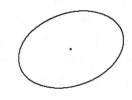

图2-10　显示指针位置和圆半径　　　　　图2-11　绘制相切圆　　　　　图2-12　绘制椭圆

可通过三种方法来创建圆弧：三点圆弧、中心点圆弧和相切圆弧。

1）创建三点圆弧的过程是：单击【圆弧】工具旁边的下拉箭头，然后单击【三点圆弧】工具，在图形窗口中单击以创建圆弧起点，然后移动鼠标并单击以设置圆弧终点，这时候可移动鼠标以预览圆弧方向，然后单击以设置圆弧上一点，即可完成三点圆弧的创建。

2）创建中心点圆弧的过程是：单击【圆弧】工具旁边的下拉箭头，然后单击【圆心圆弧】工具，在图形窗口中单击以创建圆弧中心点，然后移动鼠标改变圆弧的半径和起点，单击以确定，接着移动鼠标预览圆弧方向，最后单击设置圆弧终点，即可完成圆弧的创建。创建中心点圆弧示意图如图 2-13 所示。

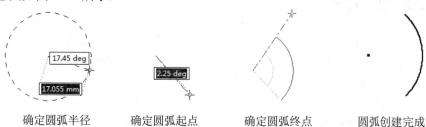

　　确定圆弧半径　　　　　确定圆弧起点　　　　　确定圆弧终点　　　　　圆弧创建完成

图2-13　创建中心点圆弧示意图

3）创建相切圆弧的过程是：单击【圆弧】工具旁边的下拉箭头，然后单击【相切圆弧】工具，在绘图区域里将鼠标移动到曲线上以亮显其端点，然后在曲线端点附近单击以从亮显端点处开始画圆弧，最后移动鼠标预览圆弧并单击设置其终点，圆弧创建完毕。

当圆弧或圆绘制完毕后，可通过标注尺寸约束对图形进行大小与形状的约束。Autodesk Inventor 也允许通过鼠标对图形形状进行粗调，一般方法是用鼠标选中图形、圆或圆弧的圆心，然后按住左键拖动，改变图形的位置、形状以及大小等。图 2-14 所示为利用鼠标调整圆弧位置和形状的过程。

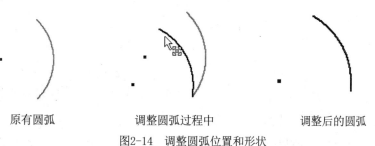

　　原有圆弧　　　　　调整圆弧过程中　　　　　调整后的圆弧

图2-14　调整圆弧位置和形状

2.4.3 槽

在 Autodesk Inventor 中可利用槽工具  方便地创建槽，也可通过指定两点和宽度来创建槽。可通过中心到中心槽、整体槽、中心点槽、三点圆弧槽和圆心圆弧槽 5 种方法来创建槽。

单击【槽】工具旁边的下拉箭头，然后单击【中心到中心槽】工具 ，在图形窗口中单击以创建槽中心点，然后移动鼠标改变槽的长度，单击以确定，接着移动鼠标预览槽的宽度，最后单击设置槽的宽度，完成圆弧的创建。创建中心到中心槽的顺序如图 2-15 所示。

确定中心   确定宽度   中心到中心槽创建完成

图2-15 创建中心到中心槽示意图

当槽绘制完毕以后，可通过标注尺寸约束对图形进行大小与形状的约束。Autodesk Inventor 也允许通过鼠标对图形形状进行粗调，一般方法是用鼠标选中槽的中心，然后按住左键拖动，即可改变图形的位置、形状以及大小等。

2.4.4 矩形和多边形

在 Autodesk Inventor 中可利用矩形工具 方便地创建矩形，可通过指定两个点来创建矩形，也可通过指定三个点来创建矩形。由于创建矩形的方法非常简单，这里不再详细介绍。本小节将详细讲述多边形的创建（这里的多边形仅仅局限于等边多边形）。

在一些 CAD 造型软件中，绘制一个多边形的基本思路是首先利用直线工具绘制一个与预计图形边数相同的不规则多边图形，然后为它添加尺寸约束和几何约束，最后使之成为一个多边形，如在 Pro/Engineer 中创建的等边六边形如图 2-16 所示。可以看出，在该图形中共添加了 4 个约束（即所有的边长相等以及三个内角均等于 120º）。而在 Autodesk Inventor 中利用【草图】标签栏【创建】面板上的【多边形】工具 创建多边形，不必添加任何的尺寸约束和几何约束，这些 Autodesk Inventor 都可自动替用户完成。创建的多边形最多可具有 120 条边。

用户还可创建同一个圆形内接或外切的多边形，这些功能都集中在多边形工具中。首先看一下多边形的创建过程。

1）单击【多边形】工具，弹出【多边形】对话框，如图 2-17 所示。输入要创建的多边形的边数。

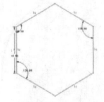

图2-16 在Pro/Engineer中创建的等边六边形   图2-17 【多边形】对话框

2）在绘图区域内单击左键以确定多边形的中心。此时可拖动鼠标预览多边形。

3）单击左键以确定多边形的大小，多边形即创建完成。

4）如果要创建圆的内接或外切多边形，可通过【多边形】对话框上的【内接】选项和【外切】选项完成。下面以创建外切多边形为例来说明具体的创建过程。首先在【多边形】对话框中选择外切选项，然后输入边数 6，在绘图区域中选择内切圆的圆心，然后拖动鼠标预览多边形，当多边形与圆外切时，鼠标旁边会出现相切标志，如图 2-18 所示。这时可单击左键完成多边形的创建。

2.4.5　倒角与圆角

单击【草图】标签栏【创建】面板上的【倒角】工具按钮　，可在两条直线相交的拐角、交点位置或两条非平行线处创建倒角。单击功能区内【草图】标签栏上的倒角工具右边的箭头，选择倒角工具　，弹出【二维倒角】对话框，如图 2-19 所示。对话框中各个选项的含义如下：

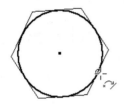

图2-18　外切标志

图2-19　【二维倒角】对话框

：放置对齐尺寸来指示倒角的大小。

：倒角的距离和角度设置与当前命令中创建的第一个倒角的参数相等。

：等边选项，即通过与点或选中直线的交点相同的偏移距离来定义倒角。

：不等边选项，即通过每条选中的直线指定到点或交点的距离来定义倒角。

：距离和角度选项，即由所选的第一条直线的角度和从第二条直线的交点开始的偏移距离来定义倒角。

倒角的创建方法很简单，选中倒角的各种参数以后，在绘图区域内选择两条直线即可。由该工具创建的倒角如图 2-20 所示。

创建圆角更加简单，选择【圆角】工具按钮　后，在弹出的如图 2-21 所示的【二维圆角】对话框，输入创建的圆角半径即可，如果选择【等长】按钮，则会创建等半径的圆角。圆角的创建过程与倒角的类似，这里不再赘述。

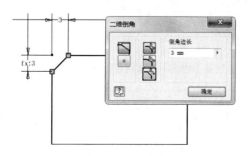

图2-20　创建倒角

图2-21　【二维圆角】对话框

2.4.6 投影几何图元

1. 投影几何图元的作用

在 Autodesk Inventor 中可将模型几何图元（边和顶点）、回路、定位特征或其他草图中的几何图元投影到激活草图平面中，以创建参考几何图元。参考几何图元可用于约束草图中的其他图元，也可直接在截面轮廓或草图路径中使用，作为创建草图特征的基础。

2. 创建投影几何图元的方法

下面举例说明如何创建投影几何图元。

在图 2-22 所示的零件中，零件厚度为 3mm，在一侧有两个直径为 3mm、深度为 2mm 的孔，现在要在零件的另一侧平面创建草图，并且出于造型的需要，要在该草图上绘制两个圆，要求圆心与零件上的两个孔的孔心重合，圆的直径与孔的直径相等。要达到这样的设计目的，可利用各种草图工具来实现，但是费时费力，而利用投影几何图元工具则可很好地实现该目的。步骤如下：

1）在零件没有孔的一侧平面上新建草图，利用视觉样式按钮 更改模型的观察方式为线框方式。

2）单击【草图】标签栏【创建】面板上的【投影几何图元】工具按钮 ，用鼠标单击两个孔，则孔轮廓被投影到新建的草图平面上，如图 2-23 所示。

3）设置模型观察方式为着色显示模式，可更加清楚地看到草图上经过投影几何图元得到的新的几何图元，如图 2-24 所示。

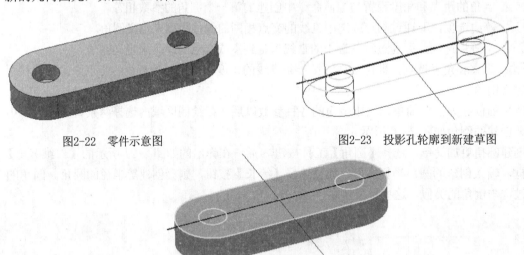

图2-22 零件示意图   图2-23 投影孔轮廓到新建草图

图2-24 着色显示模式下进行观察

2.4.7 插入 AutoCAD 文件

用户可将二维数据的 AutoCAD 图形文件（*.dwg）转换为 Autodesk Inventor 草图文件，并用来创建零件模型。单击【草图】标签栏【插入】面板上的【插入 AutoCAD 文件】工具按钮 ，弹出如图 2-25 所示的【打开】对话框，选择要插入的 dwg 文件，单击【打开】按钮，弹出【图层和对象导入选项】对话框，勾选【全部】复选框，如图 2-26 所示。

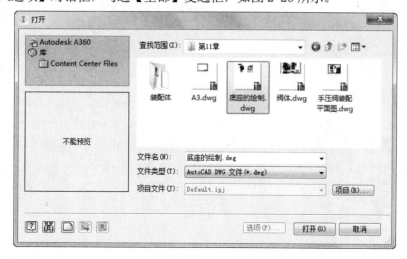

图2-25 【打开】对话框

单击【下一步】按钮，弹出【导入目标选项】对话框，如图2-27所示。单击【完成】按钮，导入文件，如图2-28所示。表2-1列出了AutoCAD数据转换为Autodesk Inventor数据的规则。

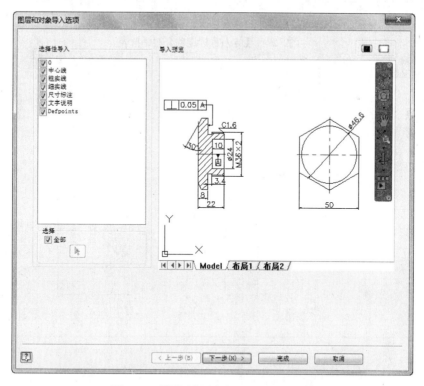

图2-26 【图层和对象导入选项】对话框

Autodesk Inventor Professional 2020 中文版从入门到精通

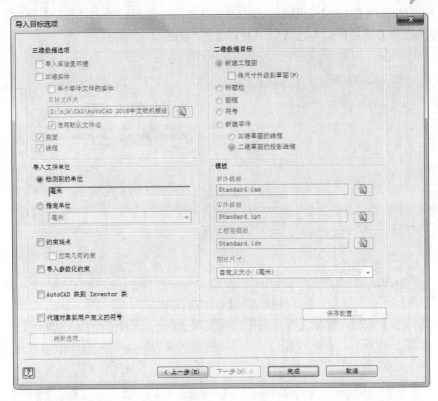

图2-27　【导入目标选项】对话框

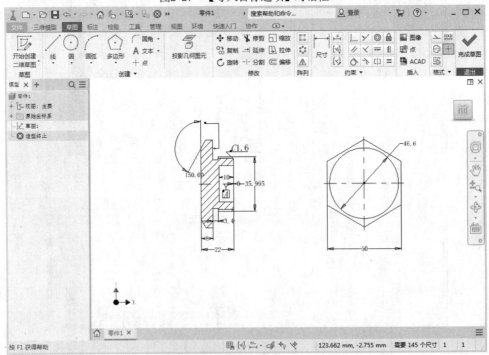

图2-28　导入文件

44

表2-1　AutoCAD数据转换为Autodesk Inventor数据的规则

AutoCAD 数据	Autodesk Inventor 数据
模型空间	几何图元放置在草图中，尺寸和注释不被转换，用户可指定在转换后的草图中是否约束几何图元的端点
布局（图纸）空间	一次只能转换一个布局，几何图元放置在草图平面中，尺寸和注释不被转换，用户可决定是否在被转换的草图中约束几何图元
三维实体	AutoCAD 三维实体作为 ACIS 实体放置到零件文件中，如果在 AutoCAD 文件中有多个三维实体，将为每一个实体创建一个 Autodesk Inventor 零件文件，并引用这些零件文件创建部件文件。转换的时候，不能转换布局数据
图层	用户可指定要转换部分或全部图层，由于在 Autodesk Inventor 中没有图层，所以所有的几何图元都被放置到草图中，尺寸和注释不被转换
块	块不会被转换到零件文件中

2.4.8　创建文本

在 Autodesk Inventor 中可向工程图中的激活草图或工程图资源（如标题栏格式、自定义图框或略图符号）中添加文本框，所添加的文本既可作为说明性的文字，又可作为创建特征的草图基础，图 2-29 所示零件上的文字"MADE IN CHINA"就是利用文字作为草图基础得到的。

创建文本的步骤如下：

1）单击【草图】标签栏【创建】面板上的【文本】工具按钮 **A**，然后在草图绘图区域内要添加文本的位置单击左键，弹出【文本格式】对话框，如图 2-30 所示。在该对话框中用户可指定文本的对齐方式，指定行间距和拉伸的百分比，还可指定字体、字号等。

2）在下面的文本框中输入文本。

3）单击【确定】按钮完成文本的创建。

如果要编辑已经生成的文本，可在文本上单击右键，在弹出的快捷菜单中选择【编辑文本】选项。此时弹出【文本格式】对话框，用户可自行修改文本的属性。

图2-29　零件上的文字

图2-30　【文本格式】对话框

2.4.9 插入图像

在实际的造型中,用户可能需要表示贴图、着色或丝网印刷的应用。首先单击【草图】标签栏【插入】面板上的【插入图像】工具按钮,将图像添加到草图中,然后选择【模型】标签栏,单击【创建】工具面板上的【贴图】或【凸雕】工具即可将图像应用到零件面。

> **注意**
>
> Autodesk Inventor Professional2020 支持多种格式的图像的插入,如 JPG、GIF、PNG 格式的图像文件等,甚至可将 Word 文档作为图像插入到工作区域中。而 Autodesk Inventor 8 以及以前的版本仅支持插入.BMP 格式的图像文件。

插入图像的步骤如下:

1)单击【草图】标签栏【插入】面板上的【插入图像】工具按钮,弹出【打开】对话框,浏览到图像文件所在的文件夹,选定一个图像文件,然后单击【打开】按钮。

2)此时,在草图区域内光标附着到图像的左上角,在图形窗口中单击以放置该图像,然后单击右键并单击【取消】按钮,即可完成图像的创建。

3)根据需要,用户可调整图像的位置和方向,方法是单击该图像,然后拖动该图像,使其沿水平或垂直方向移动,如图 2-31 所示;或单击角点,旋转和缩放该图像,如图 2-32 所示;可单击一条边重新调整图像的大小,图像将保持其原始的宽高比,如图 2-33 所示;单击图像边框上的某条边或某个角,然后使用约束和尺寸工具对图像边框进行精确定位。图 2-34 所示为在一个零件的表面放置的图像。

图2-31 拖动图像以改变位置　　　　　　　　　图2-32 旋转图像

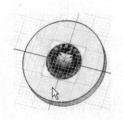 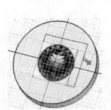 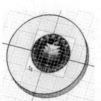 

图2-33 改变图像的宽高比　　　　　　　　图2-34 在零件表面放置的图像

2.5 草图几何图元的编辑

本节将主要介绍草图几何图元的编辑,包括镜像、阵列、偏移、修剪和延伸等。

2.5.1 镜像与特征

1. 镜像

在 Autodesk Inventor 中借助草图镜像工具 ⚠ 可对草图的几何图元进行镜像操作。创建镜像的一般步骤是：

1）单击【草图】标签栏【阵列】面板上的【镜像】工具按钮 ⚠，弹出【镜像】对话框，如图 2-35 所示。

2）单击【镜像】对话框中的【选择】工具，选择要镜像的几何图元，再单击【镜像】对话框中的【镜像线】按钮，选择镜像线。

3）单击【应用】按钮，镜像草图几何图元即被创建。整个过程如图 2-36 所示。

2. 阵列

如果要线性阵列或圆周阵列几何图元，就会用到 Autodesk Inventor 提供的矩形阵列和环形阵列工具。矩形阵列可在两个互相垂直的方向上阵列几何图元，如图 2-37 所示。环形阵列则可使得某个几何图元沿着圆周阵列，如图 2-38 所示。

图2-35 【镜像】对话框

选择几何图元　　选择镜像线　　完成镜像

图2-36 镜像对象的过程

注意

草图几何图元在镜像时使用镜像线作为其镜像轴，相等约束会自动应用到镜像的双方，镜像完毕后，用户可删除或编辑某些线段，同时其余的线段仍然保持对称。这时候不要给镜像的图元添加对称约束，否则系统会给出约束多余的警告。

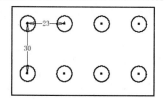

图2-37 矩形阵列示意

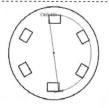

图2-38 环形阵列

创建矩形阵列的一般步骤是：

1）单击【草图】标签栏【阵列】面板上的【矩形阵列】工具按钮，弹出【矩形阵列】对话框，如图 2-39 所示。

2）利用几何图元选择工具选择要阵列的草图几何图元。

3）单击【方向1】下面的路径选择按钮，选择几何图元定义阵列的第一个方向。如果要选择与选择方向相反的方向，可单击反向按钮。

4）在数量框 2 中指定阵列中元素的数量，在【间距】框 10 mm 中指定元素之间的间距。

5）对【方向2】进行设置，操作与方向1相同。

6）如果要抑制单个阵列元素，将其从阵列中删除，可选择【抑制】工具 抑制，同时该几何图元将转换为构造几何图元。

7）如果【关联】选项被选中，当修改零件时，会自动更新阵列。

8）如果选中【范围】选项，则阵列元素均匀分布在指定间距范围内。如果未选中此选项，阵列间距将取决于两元素之间的间距。

9）单击【确定】按钮，创建阵列。

创建环形阵列的一般步骤是：

1）单击【草图】标签栏【阵列】面板上的【环形阵列】工具按钮，弹出【环形阵列】对话框，如图2-40所示。

图2-39　【矩形阵列】对话框　　　　图2-40　【环形阵列】对话框

2）利用几何图元选择工具 几何图元 选择要阵列的草图几何图元。

3）利用旋转轴选择工具选择旋转轴。如果要选择相反的旋转方向（如顺时针方向变逆时针方向排列），可单击 按钮。

4）选择好旋转方向之后，再输入要复制的几何图元的个数 6 ，以及旋转的角度 360 deg 即可。【抑制】、【关联】和【范围】选项的含义与矩形阵列中对应选项的含义相同。

5）单击【确定】按钮完成环形阵列特征的创建。

2.5.2　偏移、延伸与修剪

1. 偏移

在 Autodesk Inventor 中，可选择【草图】标签栏，单击【修改】工具面板上的【偏移】工具，复制所选草图几何图元并将其放置在与原图元偏移一定距离的位置。在默认情况下，偏移的几何图元与原几何图元有等距约束。

偏移图元的步骤是：

1）单击【草图】标签栏【修改】面板上的【偏移】按钮，单击要复制的草图几何图元。

2）在要放置偏移图元的方向上移动鼠标，此时可预览偏移生成的图元。

3）单击左键以创建新几何图元。

4）如果需要，可使用尺寸标注工具设置指定的偏移距离。

5）在移动鼠标以预览偏移图元的过程中，如果单击右键，可弹出快捷菜单，如图 2-41 所示，在默认情况下，【回路选择】和【约束偏移量】两个选项是选中的，也就是说软件会自动选择回路（端点连在一起的曲线）并将偏移曲线约束为与原曲线距离相等。

6）如果要偏移一个或多个独立曲线，或要忽略等长约束，清除【回路选择】和【约束偏移量】选项上的复选标记即可。图 2-42 所示为经偏移生成的图元示意图。

图2-41　偏移过程中的快捷菜单　　　　　图2-42　偏移生成的图元

2. 延伸

在 Autodesk Inventor 中可单击【草图】标签栏【修改】面板上的【延伸】工具来延伸曲线，以便清理草图或闭合处于开放状态的草图。曲线的延伸非常简单，步骤如下：

1）单击【草图】标签栏【修改】面板上的【延伸】工具按钮 ，将鼠标指针移动到要延伸的曲线上，此时，该功能将所选曲线延伸到最近的相交曲线上，用户可预览到延伸的曲线，

2）单击左键即可完成曲线延伸，如图 2-43 所示。

3）曲线延伸以后，在延伸曲线和边界曲线端点处创建重合约束。如果曲线的端点具有固定约束，那么该曲线不能延伸。

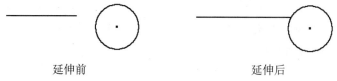

延伸前　　　　　　　　　　　　延伸后

图2-43　曲线的延伸

3. 修剪

在 Autodesk Inventor 中，可单击【草图】标签栏【修改】面板上的【修剪】工具来修剪曲线或删除线段，该功能将选中曲线修剪到与最近曲线的相交处。该工具可在二维草图、部件和工程图中使用。在一个具有很多相交曲线的二维图环境中，该工具可很好地除去多余的曲线部分，使得图形更加整洁。

该工具的使用方法与延伸工具类似，单击【修剪】按钮 ，将鼠标指针移动到要修剪的曲线上。此时将被修剪的曲线变成虚线，单击左键则曲线被删除，如图 2-44 所示。

在曲线中间进行选择会影响离光标最近的端点，可能有多个交点时，将选择最近的一个。在修剪操作中，删除掉的是光标下面的部分。

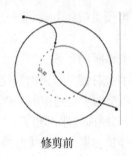

修剪前 　　　　　　　　修剪后

图2-44　曲线的修剪

2.6　草图尺寸标注

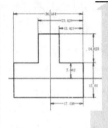

给草图添加尺寸标注是草图设计过程中非常重要的一步，草图几何图元需要尺寸信息保持大小和位置，以满足设计意图的需要。一般情况下，Autodesk Inventor中的所有尺寸都是参数化的，这意味着可通过修改尺寸来更改已进行标注的项目大小。也可将尺寸指定为计算尺寸，它反映了项目的大小却不能用来修改项目的大小。向草图几何图元添加参数尺寸的过程也是用来控制草图中对象的大小和位置的约束的过程。在 Autodesk Inventor 中，如果对尺寸值进行更改，草图也将自动更新，基于该草图的特征也会自动更新。

2.6.1　自动标注尺寸

在 Autodesk Inventor 中，可利用【自动标注尺寸】工具自动快速地给图形添加尺寸标注，该工具可计算所有的草图尺寸，然后自动添加。如果单独选择草图几何图元（如直线、圆弧、圆和顶点），系统将自动应用尺寸标注和约束。如果不单独选择草图几何图元，系统将自动对所有未标注尺寸的草图对象进行标注。【自动标注尺寸】工具使用户可通过一个步骤迅速快捷地完成草图的尺寸标注。

通过自动标注尺寸，用户可完全标注和约束整个草图；可识别特定曲线或整个草图，以便进行约束；可仅创建尺寸标注或约束，也可同时创建两者；可使用【尺寸】工具来提供关键的尺寸，然后使用【自动尺寸和约束】来完成对草图的约束；在复杂的草图中，如果不能确定缺少哪些尺寸，可使用【自动尺寸和约束】工具来完全约束该草图，用户也可删除自动尺寸标注和约束。

下面介绍如何给图 2-45 所示的草图自动标注尺寸。

1）单击【草图】标签栏【约束】面板中的【自动尺寸和约束】工具按钮，弹出如图 2-46 所示的对话框。

2）利用箭头选择工具选择要标注尺寸的曲线。

3）如果【尺寸】和【约束】选项都选中，那么对所选的几何图元应用自动尺寸和约束。 5 所需尺寸 显示要完全约束草图所需的约束和尺寸的数量。如果从方案中排除了约束或尺寸，在显示的总

数中也会减去相应的数量。

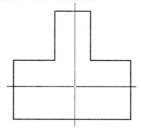

图2-45 要标注尺寸的草图

图2-46 【自动标注尺寸】对话框

4）单击【应用】按钮，即可完成几何图元的自动标注。

5）单击【删除】按钮则从所选的几何图元中删除尺寸和约束。标注完毕的草图如图 2-47 所示。

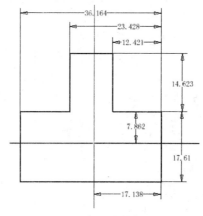

图2-47 标注完毕的草图

2.6.2 手动标注尺寸

虽然自动标注尺寸功能强大，省时省力，但是很多设计人员在实际工作中仍会采用手动标注尺寸。手动标注尺寸的一个优点就是可很好地体现设计思路，设计人员可选择在标注过程中体现重要的尺寸，以便于加工人员更好地掌握设计意图。

手动标注尺寸的类型可分为三种：线性尺寸、圆弧尺寸和角度。可选择【草图】标签栏，单击【约束】面板中的【尺寸】工具 按钮来进行尺寸的添加。

1. 线性尺寸标注

线性尺寸标注用来标注线段的长度，或标注两个图元之间的线性距离，如点和直线的距离。标注的方法很简单，基本步骤是：

1）单击【草图】标签栏【约束】面板上的【尺寸】工具按钮 ，然后选择图元即可。

2）要标注一条线段的长度，单击该线段即可。

3）要标注平行线之间的距离，分别单击两条线即可。

4）要标注点到点或点到线的距离，单击两个点或点与线即可。

5）移动鼠标预览标注尺寸的方向，最后单击完成标注。图 2-48 所示为线性尺寸标注的几

51

种样式。

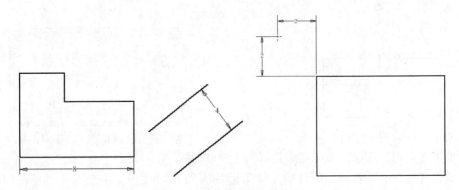

图2-48　线性尺寸标注的样式

2．圆弧尺寸标注

圆以及圆弧都属于圆类图元，可利用【通用尺寸】工具来进行半径或直径的标注。

1）单击【尺寸】工具按钮 ，然后选择要标注的圆或圆弧，这时会出现标注尺寸的预览。

2）如果当前选择标注半径，那么单击右键，在弹出的快捷菜单中可看到【尺寸类型】选项，选择可标注直径、半径或弧长，如图 2-49 所示。读者可根据自己的需要灵活地在三者之间切换。

图2-49　圆弧尺寸标注

3）单击左键完成标注。

3．角度标注

在 Autodesk Inventor 中，可标注相交线段形成的夹角，也可标注由不共线的三个点之间的角度，也可对圆弧形成的角进行标注，标注的时候只要选择好形成角的元素即可。

1）如果要标注相交直线的夹角，只要依次选择这两条直线即可。

2）要标注不共线的三个点之间的角度，依次选择这三个点即可。

3）要标注圆弧的角度，只要依次选取圆弧的一个端点、圆心和圆弧的另外一个端点即可。

图 2-50 所示为角度标注的范例。

2.6.3　编辑草图尺寸

用户可在任何时候编辑草图尺寸，不管草图是否已经退化。如果草图未退化，它的尺寸是可见的，可直接编辑；如果草图已经退化，用户可在浏览器中选择该草图并激活草图进行编辑。激活草图的方法是在该草图上单击右键，在弹出的快捷菜单中选择【编辑草图】即可，如图 2-51 所示。

要修改一个具体的尺寸数值，在该尺寸上双击，弹出【编辑尺寸】对话框，如图 2-52 所示，

直接在数据框里输入新的尺寸数据，然后单击☑按钮接受新的尺寸即可。

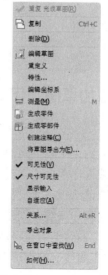

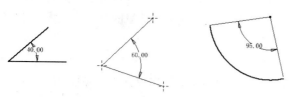

图2-50 角度标注范例　　　　图2-51 从快捷菜单中选择【编辑草图】选项

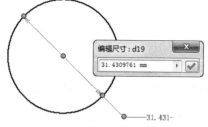

图2-52 【编辑尺寸】对话框

2.7 草图几何约束

在草图的几何图元绘制完毕以后，往往需要对草图进行约束，如约束两条直线平行或垂直，约束两个圆同心等。

约束的目的就是保持图元之间的某种固定关系，这种关系不受到被约束对象的尺寸或位置因素的影响。例如，在设计开始时绘制一条直线和一个圆相切，当圆的尺寸或位置在设计过程中发生改变时，这种相切关系不会就自动维持了，但是如果给直线和圆添加了相切约束，则无论圆的尺寸和位置怎么改变，这种相切关系都会始终维持下去。

这里介绍一下自由度的概念。例如，画一个圆，只要确定了圆心和直径，圆就被完全约束了，所以圆有两个自由度；矩形也有两个自由度，即长度和宽度。在草图中，如果通过施加约束和标注尺寸消除了全部自由度，就称作草图被完全约束了。如果草图存在可约束的自由度，就称该草图为欠约束的草图。在 Autodesk Inventor 中，允许欠约束的草图存在，但是不允许一幅草图过约束。欠约束的草图可用于自适应零件的设计创建。

Autodesk Inventor 共提供了12种几何约束工具，如图2-53所示。

图2-53　几何约束工具

2.7.1　添加草图几何约束

1．重合

【重合】约束工具└┘可将两点约束在一起或将一个点约束到曲线上。当此约束被应用到两个圆、圆弧或椭圆的中心点时，得到的结果与使用同心约束相同。使用【重合】约束工具时分别用鼠标选取两个或多个要施加约束的几何图元即可创建重合约束。这里的几何图元要求是两个点或一个点和一条线。创建重合约束时需要注意：

1）约束在曲线上的点可能会位于该线段的延伸线上。

2）重合在曲线上的点可沿线滑动，因此这个点可位于曲线的任意位置，除非其他约束或尺寸阻止它移动。

3）当使用重合约束来约束中点时，将创建草图点。

4）如果两个要进行重合限制的几何图元都没有其他位置，则添加约束后二者的位置由第一条曲线的位置决定。关于如何显示草图约束，请参看 2.7.3 节。

2．共线

【共线】约束工具╳使两条直线或椭圆轴位于同一条直线上。使用该约束工具时分别用鼠标选取两个或多个要施加约束的几何图元即可创建共线约束。如果两个几何图元都没有添加其他位置约束，则由所选的第一个图元的位置来决定另一个图元的位置。

3．同心约束

【同心】约束工具◎可将两段圆弧、两个圆或椭圆约束为具有相同的中心点，其结果与在曲线的中心点上应用重合约束是完全相同的。使用该约束工具时分别用鼠标选取两个或多个要施加约束的几何图元即可创建重合约束。需要注意的是，添加约束后的几何图元的位置由所选的第一条曲线来设置中心点，未添加其他约束的曲线被重置为与已约束曲线同心，其结果与应用到中心点的重合约束是相同的。添加了同心约束的圆弧、圆和椭圆如图 2-54 所示。

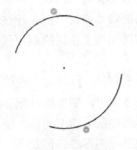
同心约束的圆弧

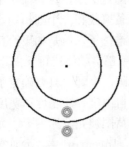
同心约束的圆

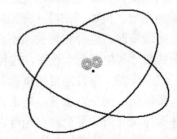
同心约束的椭圆

图2-54　添加了同心约束的圆弧、圆和椭圆

4. 固定

【固定】约束工具🔒可将点和曲线固定到相对于草图坐标系的位置。如果移动或转动草图坐标系，固定曲线或点将随之运动。固定约束将点相对于草图坐标系固定，其具体含义如下：

1）直线将在位置和角度上固定，用户不可用鼠标拖动直线以改变其位置，但可移动端点使直线伸长或缩短。

2）圆和圆弧有固定的中心点和半径。

3）被固定的圆弧和直线端点不可在直径方向和垂直于直线的方向上运动，但是可在圆周或长度方向上自由移动。

4）固定端点或中点，允许直线或曲线绕这些点转动；圆或椭圆的位置、大小及方向被固定，即全部自由度均被约束。

5）对于点来说，位置被固定。

下面举例来说明固定约束的一个作用。在标注的时候一定要有一个标注的基准，但是在 Autodesk Inventor 中，这个基准不会自动生成，需要用户自己指定。很多用户在设计的过程中会发现，如果改变某个尺寸，则草图图元的改变与预想的方向相反。如图 2-55 所示，设计者本想增大尺寸 400，使得右侧的边向右方移动，但是当改变尺寸为 500 的时候，结果左侧的边向左侧移动。为了使得左侧的边成为尺寸的基准，可使用【固定】约束工具来固定左侧的边，这样，当修改尺寸的时候，左侧边就会成为基准。

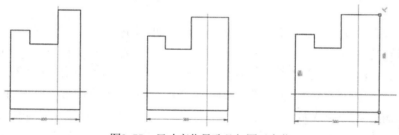

图2-55　尺寸变化导致几何图元变化

5. 平行

【平行】约束工具✎将两条或多条直线（或椭圆轴）约束为互相平行。使用该工具时分别用鼠标选取两个或多个要施加约束的几何图元即可创建平行约束。使用【平行】约束工具时，要想快速使几条直线或轴互相平行，可先选择它们，然后单击【平行】约束工具即可。

使用【平行】约束工具为直线和椭圆轴创建平行约束如图 2-56 所示。

6. 垂直

【垂直】约束工具╳可使所选的直线、曲线或椭圆轴相互垂直。使用该工具时分别用鼠标选取两个要施加约束的几何图元即可创建垂直约束。为直线、曲线和椭圆轴添加垂直约束如图 2-57 所示。需要注意的是，如果要对样条曲线添加垂直约束，约束必须用于样条曲线和其他曲线的端点处。

7. 水平

【水平】约束工具╤使直线、椭圆轴或成对的点平行于草图坐标系的 X 轴，添加了该几何约束后，几何图元的两点（如线的端点、中心点、中点或点等）被约束到与 X 轴相等的距离。使用该约束工具时分别用鼠标选取两个或多个要施加约束的几何图元即可创建水平约束，这里

55

的几何图元是直线、椭圆轴或成对的点。注意，要快速使几条直线或轴水平，可先选择它们，然后单击【水平】约束工具。

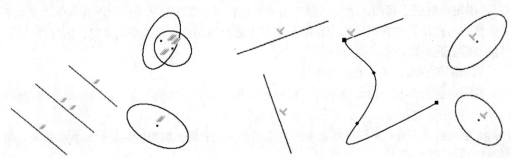

图2-56 为直线和椭圆轴创建平行约束　　　　图2-57 为直线、曲线和椭圆轴添加垂直约束

8．竖直

【竖直】约束工具 使直线、椭圆轴或成对的点平行于草图坐标系的 Y 轴，添加了该几何约束后，几何图元的两点（如线的端点、中心点、中点或点等）被约束到与 Y 轴相等的距离。使用该约束工具时分别用鼠标选取两个或多个要施加约束的几何图元即可创建竖直约束，这里的几何图元是直线、椭圆轴或成对的点。注意，要快速使几条直线或轴竖直，可先选择它们，然后单击【竖直】约束工具。

9．相切

【相切】约束工具 可将两条曲线约束为彼此相切，即使它们并不实际共享一个点（在二维草图中）。相切约束通常用于将圆弧约束到直线，也可使用相切约束指定如何结束与其他几何图元相切的样条曲线。在三维草图中，相切约束可应用到三维草图中与其他几何图元共享端点的三维样条曲线，包括模型边。使用该工具时分别用鼠标选取两个或多个要施加约束的几何图元即可创建相切约束，这里的几何图元是直线和圆弧、直线和样条曲线，或圆弧和样条曲线等。直线与圆弧之间的相切约束和圆弧与样条曲线之间的相切约束如图 2-58 所示。一条曲线具有多个相切约束，这在 Autodesk Inventor 中是允许的，如图 2-59 所示。

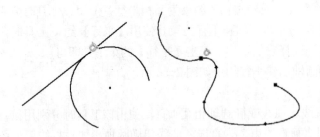
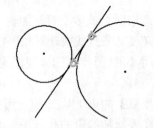

图2-58 直线与圆弧、圆弧与样条曲线的相切约束　　　图2-59 一条曲线具有多个相切约束

10．平滑

【平滑】约束工具可在样条曲线和其他曲线（如线、圆弧或样条曲线）之间创建曲率连续。【平滑】约束可用于二维或三维草图中，也可用于工程图草图中。

11．对称

【对称】约束工具 将使所选直线或曲线或圆相对于所选直线对称。应用这种约束时，约束到所选几何图元的线段也会重新确定方向和大小。使用该约束工具时依次用鼠标选取两条直线或曲线或圆，然后选择它们的对称直线即可创建对称约束。注意，如果删除对称直线，将随之删除对称约束。具有对称约束的图形如图 2-60 所示。

12. 等长

【等长】约束工具 ═ 可将所选的圆弧和圆调整到具有相同的半径，或将所选的直线调整到具有相同的长度。使用该约束工具时分别用鼠标选取两个或多个要施加约束的几何图元即可创建等长约束，这里的几何图元是直线、圆弧和圆。需要

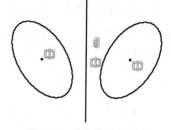

图2-60 对称约束的图形

注意的是，要使几个圆弧或圆具有相同半径或使几条直线具有相同长度，同时选择这些几何图元，接着单击【等长】约束工具即可。

2.7.2 草图几何约束的自动捕捉

Autodesk Inventor 非常人性化的一面就是设置有草图几何约束的自动捕捉功能。用户在创建草图几何图元的过程中，如果在预览状态下即使得创建的几何图元与现有的某个几何图元存在某种约束关系（如水平或相切等），那么光标附近将显示约束符号的预览并指明约束的类型，如图 2-61 所示。当要创建的直线与左侧竖直方向的直线垂直且与右侧圆弧相切的时候，则垂直与相切约束符号同时显示在图形中。

当用户创建草图时，约束通常被自动加载。为了防止自动创建约束，可在创建草图几何图元的时候按住 Ctrl 键。需要注意的是，当用【直线】工具创建直线时，直线的端点在默认情况下已经用重合约束连接起来，但是当按 Ctrl 键的时候，不但不能创建推理约束，如平行、垂直和水平约束，甚至不能捕捉另一个几何图元的端点。

2.7.3 显示和删除草图几何约束

1. 显示所有几何约束

在给草图添加几何约束以后，默认情况下这些约束是不显示的，但是用户可自行设定是否显示约束。如果要显示全部约束，在草图绘图区域内单击右键，在弹出的快捷菜单中选择【显示所有约束】选项即可；相反，如果要隐藏全部约束，在右键快捷菜单中选择【隐藏所有约束】即可。

2. 显示单个几何约束

如果要显示单个几何图元的约束，可选择【草图】标签栏，单击【约束】面板中的【显示约束】工具 。单击该工具后，在草图绘图区域选择某几何图元，则该几何图元的约束将会显示，如图 2-62 所示。当鼠标位于某个约束符号的上方时，与该约束有关的几何图元会变为红色，以方便用户观察和选择。在显示约束的小窗口右部有一个关闭按钮，单击可关闭该约束窗口。另外，还可用鼠标移动约束显示窗口，把它拖放到任何位置。

3. 删除某个几何图元的约束

如果要删除某个几何图元的约束，在显示约束的小窗口中右键单击该约束符号，在弹出的快捷菜单中选择【删除】选项即可。如果多条曲线共享一个点，则每条曲线上都显示一个重合约束。如果在其中一条曲线上删除该约束，此曲线将可被移动。其他曲线仍保持约束状态，除非删除所有重合约束。

图2-61　约束符号预览显示　　　　　　图2-62　显示几何图元的约束

2.8　草图尺寸参数关系化

草图的每一个尺寸都由尺寸名称（如 d1，d2）和尺寸数值组成。本节将主要介绍尺寸参数的关系。

在介绍草图尺寸参数化之前，有必要先介绍一下尺寸的显示方式。在 Autodesk Inventor 中可看到 5 种式样的尺寸标注形式，即显示值、显示名称、显示表达式、显示公差和显示精确值，依次如图 2-63 所示。如果要改变某个尺寸的显示形式，可在该尺寸上单击右键，在打开的快捷菜单中选择【尺寸特性】，弹出【尺寸特性】对话框，选择【文档设置】标签栏，在【造型尺寸显示】列表框中选择显示方式即可，如图 2-64 所示。

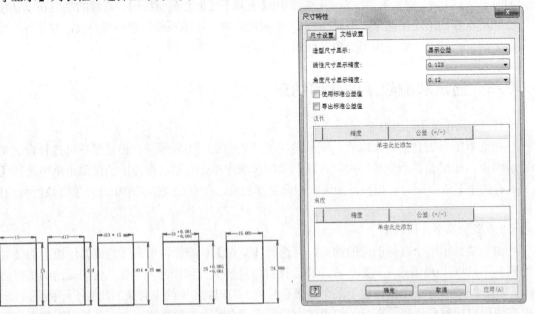

图2-63　5种尺寸标注形式示意图　　　　　　图2-64　选择造型尺寸显示形式

显而易见，草图的每一个尺寸都是由尺寸名称（如 d1、d2）和尺寸数值组成，参数化的尺寸主要借助尺寸名称来实现。在 Autodesk Inventor 中允许用户在已经标注的草图尺寸之间建立参数关系，例如，某个设计意图要求设计的长方体的长 d0 永远是宽 d1 的两倍且多 8 个单位，则用户可双击长度尺寸，在【编辑尺寸】对话框中输入 2u1*d12+8mm，如图 2-65 所示，这样，当长方体的宽度发生变化时，长方体的长度也会自动变化以维持二者的尺寸关系。

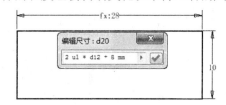

图2-65　参数化尺寸

在【编辑尺寸】对话框中输入的参数表达式可包含其他尺寸名称，也可包括三角函数、运算符号等。

2.9　定制草图工作区环境

本节将主要介绍草图环境设置选项。读者可以根据自己的习惯定制自己需要的草图工作环境。

草图工作环境的定制主要依靠【工具】标签栏【选项】面板中的【应用程序选项】来实现。打开【应用程序选项】对话框以后，选择【草图】标签栏，则进入草图设置界面中，如图 2-66 所示。

1.【约束设置】

单击【设置】按钮，弹出如图 2-67 所示的【约束设置】对话框。该对话框可用于控制草图约束和尺寸标注的显示、创建、推断、放宽拖动以及过约束的设置。

2.【显示】选项

可通过选择【网格线】来设置草图中网格线的显示，选择【辅网格线】设置草图中次要的或辅网格线的显示，选择【轴】设置草图平面轴的显示，选择【坐标系指示器】设置草图平面坐标系的显示。

3.【样条曲线拟合方式】选项

该选项用于设定点之间的样条曲线过渡，确定样条曲线识别的初始类型。

【标准】设定该拟合方式可创建点之间平滑连续的样条曲线。适用于 A 类曲面。

【AutoCAD】设定该拟合方式以使用 AutoCAD 拟合方式来创建样条曲线。不适用于 A 类曲面。

【最小能量-默认张力】：设定该拟合方式可创建平滑连续且曲率分布良好的样条曲线。适用于 A 类曲面。选取最长的进行计算，并创建最大的文件。

4.【二维草图】其他选项

【捕捉到网格】：可通过设置【捕捉到网格】来设置草图任务中的捕捉状态。选中该复选框以打开网格捕捉。

图2-66 【草图】标签栏　　　　　　　　图2-67 【约束设置】对话框

　　【在创建曲线过程中自动投影边】：启用选择功能，并通过【擦洗】线将现有几何图元投影到当前的草图平面上，此直线作为参考几何图元投影。选中该复选框以使用自动投影，不勾选该复选框则抑制自动投影。

　　【自动投影边以创建和编辑草图】：当创建或编辑草图时，将所选面的边自动投影到草图平面上作为参考几何图元。选中该复选框为新的和编辑过的草图创建参考几何图元，不勾选该复选框则抑制创建参考几何图元。

　　【创建和编辑草图时，将观察方向固定为草图平面】：勾选此复选框，指定重新定位图形窗口，以使草图平面与新建草图的视图平行；取消此复选框的勾选，在选定的草图平面上创建一个草图，而不考虑视图的方向。

　　【新建草图后，自动投影零件原点】：勾选此复选框，指定新建草图上投影的零件原点的配置；取消此复选框的勾选，手动投影原点。

　　【点对齐】：勾选此复选框，类推新创建几何图元的端点和现有几何图元的端点之间的对齐，将显示临时的点线以指定类推的对齐；取消此复选框的勾选，相对于特定点的类推对齐在草图命令中可通过将光标置于点上临时调用。

　　5.【三维草图】选项

　　【新建三维直线时自动折弯】：设置在绘制三维直线时，是否自动放置相切的拐角过渡。选中该复选框以自动放置拐角过渡，不勾选该复选框则抑制自动创建拐角过渡。

第 3 章

特征的创建与编辑

在 Autodesk Inventor 中，零件是特征的集合，设计零件的过程也就是依次设计零件的每一个特征的过程。在 Autodesk Inventor 中，主要有草图特征、放置特征和定位特征三种类型的特征，本章将简要讲述如何创建这三种特征以及特征的编辑等。

- ◉ 基于草图的简单特征的创建
- ◉ 复杂特征的创建
- ◉ 设计元素（iFeature）入门
- ◉ 定制特征工作区环境
- ◉ 实例——参数化齿轮的创建

3.1　基于特征的零件设计

在 CAD 技术的研究方面，如何正确地对实体进行描述和表示，采用何种描述方法才能使得计算机很好地理解实体以进行合理有效的几何推理，成为目前聚焦的问题。传统的实体表示方法是用简单原始的几何元素来表达实体，如线条、圆弧、圆柱以及圆锥等，这样不但显得很枯燥、单调，计算机也很难识别和理解这样粗糙的模型，因此迫切需要发展一种建立在高层次实体基础上的实体表示法。这种实体需要包含更多的工程信息（这种实体被称为特征），并且由此提出了以特征为基础基于特征的设计方法。

在 Autodesk Inventor 中，基本的设计思想就是这种基于特征的造型方法，一个零件可以视为一个或者多个特征的组合，如图 3-1 所示。

这些特征之间既可相互独立，又可相互关联。如果 A 特征的建立以 B 特征为基础，那么 B 特征称为 A 特征的父特征，A 特征成为 B 特征的子特征。子特征不会影响到父特征，但父特征会影响子特征，如果删除了父特征，那么子特征也不再存在。

在 Autodesk Inventor 的特征环境下，零件的全部特征都罗列在浏览器中的模型树里面，图 3-1 所示零件文件的浏览器如图 3-2 所示。一般来说，模型树上方的特征是父特征，如图 3-2 中的【拉伸 1】特征。右键单击【拉伸 1】特征，在弹出的快捷菜单中选择【删除】按钮，弹出【删除特征】对话框，提示用户如果删除了该特征，该特征的草图和基于该特征的子特征都会被删除，同时在浏览器中所有基于【拉伸 1】特征的子特征都会被选中，如图 3-3 所示。

在 Autodesk Inventor 中，特征也是用尺寸参数来约束的，用户可以通过编辑特征的尺寸来对特征进行修改。

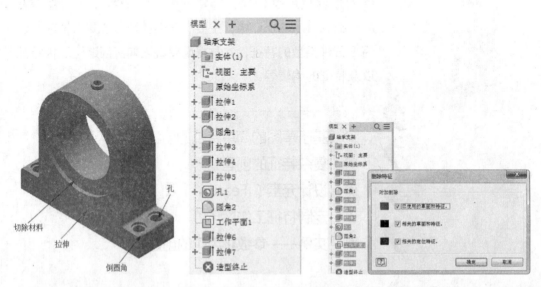

图3-1　零件是特征的组合　　图3-2　零件文件的浏览器　图3-3　删除父特征将删除子特征和关联的草图

3.2　基于草图的简单特征的创建

在 Autodesk Inventor 中，有一些特征是必须要在创建草图后才可以创建的，如拉伸特征，首先必须在草图中绘制拉伸的截面形状，否则就无法创建该特征，这样的特征称为基于草图的特征；有一些特征则不需要创建草图，而是直接在实体上创建，如倒角特征，它需要的要素是实体的边线，与草图没有一点关系，这些特征就是非基于草图的特征。本节将介绍一些基于草图的简单特征，另外有一些基于草图的特征非常复杂，将在"3.5复杂特征的创建"中讲述。

3.2.1　拉伸特征

拉伸特征是通过为草图截面轮廓添加深度的方式创建的特征。在零件的造型环境中，拉伸用来创建实体或切割实体；在部件的造型环境中，拉伸通常用来切割零件。特征的形状由截面形状、拉伸范围和扫掠斜角三个要素来控制。典型的利用拉伸创建的零件如图 3-4 所示，左侧为拉伸的草图截面，右侧为拉伸生成的特征。下面将按照顺序介绍拉伸特征的造型要素。首先单击【三维模型】标签栏【创建】面板上的【拉伸】工具按钮，弹出【拉伸】特性面板，如图 3-5 所示。

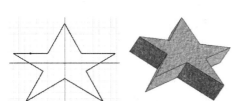

图 3-4　利用拉伸创建的零件　　　　图 3-5　【拉伸】特性面板

（1）特征类型：该特征位于【拉伸】特性面板最上边的右侧，用来确定要创建的特征类型，包括【实体】和【曲面】选项。

1)【实体】：选择封闭的截面形状拉伸成实体特征。

2)【曲面】：选择开放或封闭的曲线形状拉伸成曲面。

如图 3-6 所示为将封闭曲线和开放曲线拉伸生成的曲面。

（2）预览：显示在拉伸过程中创建的特征，单击该按钮进行预览切换。

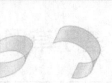

图3-6 将封闭曲线和开放曲线拉伸成曲面

：表示打开预览。

：表示关闭预览。

（3）输入几何图元：选择创建拉伸特征的几何图元。

1）【轮廓】：如果草图中只包含一个截面轮廓，则系统会自动选择该截面轮廓；如果草图中包含多个截面轮廓，则需要手动选择需要创建拉伸特征的截面轮廓。图 3-7 所示为选择多个截面轮廓创建拉伸特征的预览图。如果要取消某个截面轮廓的选择，按下 Ctrl 键，然后单击要取消的截面轮廓即可。截面轮廓可以是嵌套的截面轮廓，如图 3-8 所示。如果所选的截面轮廓是开放的轮廓，系统则默认将选择的开放轮廓拉伸为曲面，如图 3-9 所示。

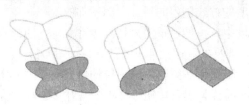

图3-7 选择多个截面轮廓

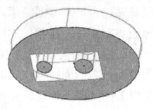

图3-8 选择嵌套的截面轮廓

图3-9 将开放轮廓拉伸形成曲面

（4）行为：对拉伸的方向以及拉伸距离等参数进行设置。

1）【默认方向】：系统默认的拉伸方向，拉伸终止面与草图平面平行。

2）【翻转方向】：与系统默认的拉伸方向相反，拉伸终止面与草图平面平行。

3）【对称】：以草图平面为起始点，沿两个方向拉伸，且每个方向上拉伸的距离为指定距离的一半。

4）【不对称】：拉伸距离为指定的两个数值，且拉伸方向为相反的两个方向。

5）【距离 A】：系统的默认方法，它需要指定起始平面和终止平面之间建立拉伸的深度。在该模式下，需要在拉伸深度文本框中输入具体的深度数值，数值可有正负，正值代表拉伸方向为正方向。也可利用方向按钮 指定方向，可沿默认方向拉伸或翻转方向拉伸，也可对称拉伸或不对称拉伸。同一个截面轮廓在 4 种方向下拉伸的结果如图 3-10 所示。

6）【贯通】：使得拉伸特征在指定方向上贯通所有特征和草图拉伸截面轮廓。可通过拖动截面轮廓的边，将拉伸反向到草图平面的另一端。

7）【到】：对于零件拉伸，选择终止拉伸的终点、顶点、面或平面。对于点和顶点，在

平行于通过选定的点或顶点的草图平面的平面上终止零件特征。对于面或平面，在选定的面上或者在延伸到终止平面外的面上终止零件特征。单击延伸面到结束特征按钮以在延伸到终止平面之外的面上终止零件特征。

方向1　　　　　　　　方向2　　　　　　　对称　　　　　　　不对称

图3-10　同一截面轮廓在4种方向下的拉伸结果

8）【到下一个】：选择下一个可用的面或平面，以终止指定方向上的拉伸。拖动操纵器可将截面轮廓翻转到草图平面的另一侧。使用"终止器"选择器选择一个实体或曲面以在其上终止拉伸，然后选择拉伸方向。

5．输出：指定拉伸特征的布尔运算。

1）选择【求并】选项，将拉伸特征产生的体积添加到另一个特征上去，二者合并为一个整体。

2）选择【求差】选项，从另一个特征中去除由拉伸特征产生的体积。

3）选择【求交】选项，将拉伸特征和其他特征的公共体积创建为新特征，未包含在公共体积内的材料被全部去除。

图3-11所示为在三种布尔操作模式下生成的零件特征。

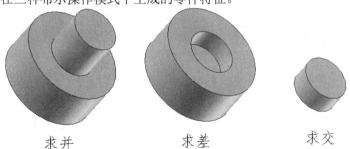

求并　　　　　　　　　求差　　　　　　　　求交

图3-11　三种布尔操作模式下生成的零件特征

4）【新建实体】：创建实体。如果拉伸是零件文件中的第一个实体特征，则此选项是默认选项。选择该选项可在包含现有实体的零件文件中创建单独的实体。每个实体均是独立的特征集合，独立于与其他实体而存在。实体可以与其他实体共享特征。

（6）【高级特性】：用来设置拉伸特征的其他参数。

1）【锥度A】：对于所有终止方式类型，都可为拉伸（垂直于草图平面）设置最大为180°的拉伸斜角，拉伸斜角在两个方向对等延伸。如果指定了拉伸斜角，图形窗口中会有符号显示拉伸斜角的固定边和方向，如图3-12所示。

使用拉伸斜角功能的一个常用用途就是创建锥形。要在一个方向上使特征变成锥形，可在创建拉伸特征时，使用【锥度】工具为特征指定拉伸斜角。在指定拉伸斜角时，正角表示实体沿拉伸矢量增加截面面积，负角则相反，如图3-13所示。对于嵌套截面轮廓来说，正角导致外回路增大，内回路减小，负角则相反。

正拉伸斜角   负拉伸斜角

图3-12   拉伸斜角   图3-13   不同拉伸角度时的拉伸结果

2）【iMate】：在封闭的回路（如拉伸圆柱体、旋转特征或孔）上放置 iMate。Autodesk Autodesk Inventor 会尝试将此 iMate 放置在最可能有用的封闭回路上。多数情况下，每个零件只能放置一个或两个 iMate。

3）【匹配形状】：如果选择了【匹配形状】选项，将创建填充类型操作，将截面轮廓的开口端延伸到公共边或面，所需的面将被缝合在一起，以形成与拉伸实体的完整相交。如果取消选择【匹配形状】选项，则通过将截面轮廓的开口端延伸到零件，并通过包含由草图平面和零件的交点定义的边，来消除开口端之间的间隙，及闭合开放的截面轮廓，按照指定闭合截面轮廓的方式来创建拉伸。

当上述的所有拉伸特征因素都已经设置完毕以后，单击【拉伸】特性面板上的【确定】按钮，即可创建拉伸特征。

3.2.2   旋转特征

在 Autodesk Inventor 中可让一个封闭的或不封闭的截面轮廓围绕一根旋转轴来创建旋转特征，如果截面轮廓是封闭的则创建实体特征，如果是非封闭的则创建曲面特征。用旋转来创建的典型零件如图 3-14 所示。

创建旋转特征，首先必须绘制好草图截面轮廓，然后单击【三维模型】标签栏【创建】面板上的【旋转】工具按钮，弹出【旋转】特性面板，如图 3-15 所示。

图3-14   用旋转创建的典型零件   图3-15   【旋转】特性面板

可以看到，很多造型的因素和拉伸特征的造型因素相似，所以这里不再详述，仅就其中的不同选项进行介绍。旋转轴可以是已经存在的直线，也可以是工作轴或构造线。在一些软件（如 Pro/Engineer）中，旋转轴必须是参考直线，这就不如 Autodesk Inventor 方便和快捷。旋转特征的终止方式可以是整圆或角度，如果选择角度则用户需要自己输入旋转的角度值。还可单击方向箭头以选择旋转方向，或在两个方向上等分输入旋转角度。

参数设置完毕以后，单击【确定】按钮即可创建旋转特征。图 3-16 所示为利用旋转创建的轴承外圈零件及其草图截面轮廓。

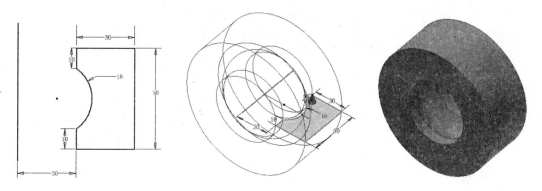

图3-16 利用旋转创建的轴承外圈零件及其草图截面轮廓

3.2.3 孔特征

在 Autodesk Inventor 中可利用打孔工具在零件环境、部件环境和焊接环境中创建参数化直孔、沉头孔、沉头平面孔或倒角孔特征，还可自定义螺纹孔的螺纹特征和顶角的类型，来满足设计要求。

在 Autodesk Inventor Professinal2020 中，孔特征已经不完全是基于草图的特征，在没有退化草图的情况下仍然可创建孔。

也可按照以前版本软件的方法来创建基于草图的孔，创建基于草图的孔是 Autodesk Inventor Professinal 2020 创建孔的方式之一。进入特征工作环境，单击【三维模型】标签栏【修改】面板上的【孔】工具按钮，弹出【孔】特性面板，如图 3-17 所示。该面板由参数设置部分和预览窗口组成。创建孔需要设定的参数，按照顺序简要说明如下：

（1）【位置】：指定孔的放置位置。在放置孔的过程中，我们可以通过以下三种情况设置孔的位置：

1）基于草图的孔。若放置孔的平面含有定位空位置的点草图，则系统自动捕捉这些点，作为孔的放置点。

2）基于参考边的孔。此方法是先选择方式孔的平面，然后选择参考边线，系统出现孔中心到参考边线的尺寸值，通过距离约束来确定孔的具体位置。

3）创建同心孔。采用该方式，首先选择要放置孔的平面，然后选择要同心的对象（可以是环形边或圆柱面），最后创建与同心引用对象具有同心约束的孔。

（2）【类型】：该选项组可以选择孔的类型和底座的类型。具体如下：

1）【简单孔】 ：创建不带螺纹的简单孔。

2）【配合孔】 ：选择该选项可以创建与特定紧固件匹配的标准孔。选择该选项后，【孔】特性面板弹出【紧固件】选项卡，如图 3-18 所示。在该选项卡中可以选择配合孔的标准、紧固件类型、尺寸和配合等参数。

图 3-17　【孔】特性面板

3）【螺纹孔】 ：选择该选项可以创建螺纹孔。选择该选项后，【孔】特性面板弹出【螺纹】选项卡，如图 3-19 所示，在该选项卡中可以选择螺纹的类型、尺寸、规格、类和方向等参数。

图3-18　【紧固件】选项

图3-19　【螺纹】选项

4）锥螺纹孔 ：选择该选项可以创建锥螺纹孔。选择该选项后，【孔】特性面板演出【螺纹】选项卡。在该选项卡中可以选择螺纹的类型、尺寸、规格和方向等参数。

5）无 ：用于定义孔的直径。

6）沉头孔 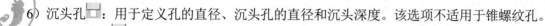：用于定义孔的直径、沉头孔的直径和沉头深度。该选项不适用于锥螺纹孔。

7）沉头平面孔 ：用于指定孔的直径、沉头平面直径和沉头平面深度。孔和螺纹深度从沉头平面的底部曲面进行测量。

8）倒角孔 ：用于指定孔的直径、倒角孔的直径、倒角孔的深度和角度等参数。

（3）【行为】：该选项组用来定义孔的终止方式、方向和孔底类型等参数。具体如下：

1）【终止方式】：终止方式包括【距离】 、【贯通】 或【到】 。其中，【到】方式仅可用于零件特征，在该方式下需指定是在曲面还是在延伸面（仅适用于零件特征）上终止孔。如果选择【距离】或【贯通】选项，可通过方向按钮 选择是否反转孔的方向。

2）【方向】：如果选择【距离】或【贯通】选项，可通过方向按钮选择是否反转孔的方向或选择孔的方向为对称。

3）【孔底】：通过【孔底】选项设定孔的底部形状。有两个选项：平直 和角度 ，如果选择了【角度】选项，可设定角度的值。

（4）【孔预览】：在【孔】特性面板的下方有一个预览区域，在该区域内可预览孔的形状。需要注意的是，孔的尺寸是在预览窗口中进行修改的。双击特性面板中孔图像上的尺寸，此时尺寸值变为可编辑状态，然后输入新值即完成修改。

（5）【高级特性】：

1）【iMate】：选择该选项以将 iMate 自动放置在创建的孔上。

2）【延伸端部】：选择该选项可将孔的起始面延伸到与目标实体没有相交的第一个位置。选中【延伸端部】可删除通过创建孔生成的碎片。如果结果不理想，取消选中【延伸端部】可撤销结果。

最后，单击【确定】按钮以指定的参数值创建孔。

3.3 定位特征

在 Autodesk Inventor 中，定位特征是指可作为参考特征投影到草图中并用来构建新特征的平面、轴或点。定位特征的作用是在几何图元不足以创建和定位新特征时，为特征创建提供必要的约束，以便于完成特征的创建。定位特征抽象地构造几何图元，本身是不可用来进行造型的。

在 Autodesk Inventor 的实体造型中，定位特征的重要性值得引起重视，许多常见的形状的创建离不开定位特征。图 3-20 所示为水龙头的三维造型。可以看到，这个水龙头的主体是一个截面面积变化特征，在这个造型中就利用了定位特征作为造型的参考，图中的平面就是所有用到的工作平面（定位特征的一种）。

一般情况下，零件环境和部件环境中的定位特征是相同的，但以下情况除外：

1）中点在部件中时不可选择点。

2）【三维移动/旋转】工具在部件文件中不可用于工作点上。

3）内嵌定位特征在部件中不可用。

4）不能使用投影几何图元，因为控制定位特征位置的装配约束不可用。

5）零件定位特征依赖于用来创建它们的特征。

6）在浏览器中，这些特征被嵌套在关联特征下面。

7）部件定位特征从属于创建它们时所用部件中的零部件。

8）在浏览器中，部件定位特征被列在装配层次的底部。

9）当用另一个部件来定位定位特征，以便创建零件时，便创建了装配约束。设置在需要选择装配定位特征时选择特征的选择优先级。

上文提到内嵌定位特征，这里略作解释。在零件中使用定位特征工具时，如果某一点、线或平面是所希望的输入，可创建内嵌定位特征。内嵌定位特征用于帮助创建其他定位特征。在浏览器中，它们显示为父定位特征的子定位特征。例如，可在两个工作点之间创建工作轴，而在启动【工作轴】工具前这两个点并不存在。当工作轴工具激活时，可动态创建工作点。

定位特征包括工作平面、工作轴和工作点，下面分别讲述。

3.3.1 基准定位特征

在 Autodesk Inventor 中有一些定位特征是不需要用户自己创建的，它们在创建一个零件或部件文件时自动产生，我们称之为基准定位特征。这些基准定位特征包括 X、Y、Z 轴以及它们的交点（即原点），还有它们所组成的平面（即 XY、YZ 和 XZ 平面）。图 3-21 所示分别为零件文件和部件文件中的基准定位特征，可以看到，基准定位特征全部位于浏览器中【原始坐标系】文件夹下面。

图3-20　水龙头的三维造型　　图3-21　零件文件和部件文件中的基准定位特征

基准定位特征的用途是：

1）基准定位特征可作为系统基础草图平面的载体。当用户新建了一个零件文件后，系统会自动在基准定位特征的 XY 平面上新建一个草图。

2）基准定位特征可为建立某些特殊的定位特征提供方便，如新建一个工作平面或工作轴，都可把基准定位特征作为参考。

3）另外，当在部件环境中装入第一个零件时，该零件的基准定位特征与部件环境中的基准定位特征重合，也就是说，第一个零件的坐标系和部件文件的坐标系是重合的。

3.3.2 工作点

工作点是参数化的构造点，可放置在零件几何图元、构造几何图元或三维空间中的任意位置。工作点的作用是用来标记轴、阵列中心、定义坐标系、定义平面（三点）和定义三维路径。工作点在零件环境和部件环境中都可使用。

在零件环境及在部件环境中，可用【三维模型】标签栏【定位特征】面板上的【工作点】工具选择模型的顶点、边和轴的交点，三个不平行平面的交点或平面的交点以及其他可作为工作点的定位特征也可在需要时人工创建工作点。

要创建工作点，可单击【三维模型】标签栏【定位特征】面板上的【工作点】工具按钮✧ 点。创建工作点的方法比较多且较为灵活。当工作点创建以后，在浏览器中会显示该工作点，如图3-22所示。

1）用户可选择单个对象创建工作点，如选择曲线和边的端点或中点，选择圆弧或圆的中心等，即可创建一个与所选的点位置重合的工作点。

2）还可通过选择多个对象来创建工作点。

可以说，在几何中如何确定一个点，在 Autodesk Inventor 中就需要选择什么样的元素来构造一个工作点，如选择两条相交的直线则在直线的交点位置处会创建工作点，选择三个相交的平面则在平面的交点处创建工作点等。图3-23所示为几种常用的创建工作点的方法。

图3-22 浏览器中显示工作点

两条直线相交　平面、工作轴或直线相交　中点处　顶点处　三个平面相交

图3-23 常用的创建工作点的方法

3.3.3 工作轴

工作轴是参数化附着在零件上的无限长的构造线，在三维零件设计中，常用来辅助创建工作平面、辅助草图中的几何图元的定位，创建特征和部件时用来标记对称的直线、中心线或两个旋转特征轴之间的距离，作为零部件装配的基准，创建三维扫掠时作为扫掠路径的参考等。

要创建工作轴，可单击【三维模型】标签栏【定位特征】面板上的【工作轴】工具按钮🗖。创建工作轴的方法很多，可选择单个元素创建工作轴，也可选择多个元素创建，如：

1）选择一个线性边、草图直线或三维草图直线，沿所选的几何图元创建工作轴。

2）选择一个旋转特征（如圆柱体），沿其旋转轴创建工作轴。

3）选择两个有效点，创建通过它们的工作轴。

4）选择一个工作点和一个平面（或面），创建与平面（或面）垂直并通过该工作点的工作轴。

5）选择两个非平行平面，在其相交位置创建工作轴。

6）选择一条直线和一个平面，创建的工作轴会与沿平面法向投影到平面上的直线的端点重合。

在各种情况下创建的工作轴如图 3-24 所示。

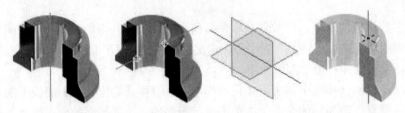

过旋转面或特征　　　　过两点　　　　过两平面交线　　　过一点且垂直于某平面

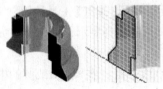

沿线性边　　　　沿草图直线　　　　沿三维草图直线　　与沿法向投影到平面上的直线端重合

图3-24　各种情况下创建的工作轴

3.3.4　工作平面

在零件中，工作平面是一个无限大的构造平面，该平面被参数化附着于某个特征；在部件中，工作平面与现有的零部件相约束。工作平面的作用很多，可用来构造轴、草图平面或终止平面，作为尺寸定位的基准面，作为另外工作平面的参考面，作为零件分割的分割面以及作为定位剖视观察位置或剖切平面等。

要创建工作平面，可单击【三维模型】标签栏【定位特征】面板上的【平面】工具按钮▣。可选择单个元素创建工作轴，也可选择多个元素创建。在 Autodesk Inventor 中，可采取与在立体几何学上创建一个平面相同的法则来建立工作平面。

1）选择一个平面，创建与此平面平行同时偏移一定距离的工作平面。

2）选择不共线的三点，创建一个通过这三个点的工作平面。

3）选择一个圆柱面和一条边，创建一个过这条边并且和圆柱面相切的工作平面。

4）选择一个点和一条轴，创建一个过点并且与轴垂直的工作平面。

5）选择一条边和一个平面，创建过边且与平面垂直的工作平面。

6）选择两条平行的边，创建过两条边的工作平面。

7）选择一个平面和平行于该平面的一条边，创建一个与该平面成一定角度的工作平面。

8）选择一个点和一个平面，创建过该点且与平面平行的工作平面。

9）选择一个曲面和一个平面，创建一个与曲面相切并且与平面平行的曲面。

10）选择一个圆柱面和一个构造直线的端点，创建在该点处与圆柱面相切的工作平面。

利用各种方法创建的工作平面如图 3-25 所示。

在零件或部件造型环境中，工作平面表现为透明的平面。工作平面创建以后，在浏览器中可看到相应的符号，如图 3-26 所示。

过三点

过边并与面相切

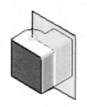
过点并与轴垂直

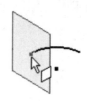
过曲线上的一点与曲线垂直

对分两个平行平面

过两条共面的边

从某个面偏移

与某个平面成一定角度

过一点并与平面平行

曲面相切并与平面平行

与圆柱体相切

图3-25　利用各种方法创建的工作平面

3.3.5　显示与编辑定位特征

定位特征创建以后，在左侧的浏览器中会显示出定位特征的符号，在这个符号上单击右键，则弹出如图 3-27 所示的快捷菜单。定位特征的显示与编辑操作主要通过右键快捷菜单中提供的选项进行。下面以工作平面为例，说明如何显示和编辑工作平面。

1. 显示工作平面

当新建了一个定位特征（如工作平面）后，这个特征是可见的。但是如果在绘图区域内建立了很多工作平面或工作轴等，而使得绘图区域杂乱，或不想显示这些辅助的定位特征时，可选择将其隐藏。如果要设置一个工作平面为不可见，在浏览器中右键单击该工作平面符号，在右键快捷菜单中去掉【可见性】选项前面的勾号即可，这时浏览器中的工作平面符号变成灰色。如果要重新显示该工作平面，选中【可见性】选项即可。

2. 编辑工作平面

如果要改变工作平面的定义尺寸，在右键快捷菜单中选择【编辑尺寸】选项，弹出【编辑尺寸】对话框，输入新的尺寸数值后单击右面的 按钮即可。

如果现有的工作平面不符合设计的需求，则需要进行重新定义。选择右键快捷菜单中的【重定义特征】选项，这时已有的工作平面将会消失，可重新选择几何要素以建立新的工作平面。

如果要删除一个工作平面，选择右键快捷菜单中的【删除】项，则工作平面即被删除。

对于其他的定位特征如工作轴和工作点，可进行的显示和编辑操作与对工作平面进行的操作类似，这里不再赘述。

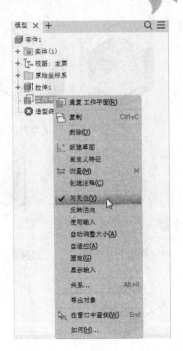

图3-26　浏览器中的工作平面符号　　　　　　图3-27　定位特征的右键快捷菜单

3.4　放置特征和阵列特征

在 Autodesk Inventor 中放置特征和阵列特征都不是基于草图的特征，也就是说这些特征的创建不依赖于草图，可在特征工作环境下直接创建，就好像直接放置在零件上一样。在 Autodesk Inventor Professional2020 中，放置特征包括圆角与倒角、零件抽壳、拔模斜度、镜像特征、螺纹特征、加强筋与肋板以及分割零件。阵列特征包括矩形阵列和环形阵列特征。

3.4.1　圆角与倒角

圆角和倒角用于调整零件内部或外部的拐角，使得零件边处产生曲面或斜面。二者是最典型的放置特征。在 Autodesk Inventor 中可利用圆角工具和倒角工具方便快捷地产生圆角和倒角。

1. 圆角

Autodesk Inventor 中可创建等半径圆角、变半径圆角和过渡圆角，如图 3-28 所示。可利用【三维模型】标签栏【修改】面板上的【圆角】工具按钮来生成圆角特征。【圆角】对话框如图 3-29 所示。

（1）边圆角：在零件的一条或多条边上添加内圆角或外圆角。在一次操作中，用户可以创建等半径和变半径圆角、不同大小的圆角和具有不同连续性（相切或平滑 G2）的圆角。在同

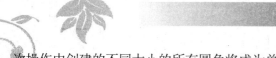

一次操作中创建的不同大小的所有圆角将成为单个特征。

等半径圆角 变半径圆角 过渡圆角

图3-28 等半径圆角、变半径圆角和过渡圆角

图3-29 【圆角】对话框

1）等半径圆角：由边、半径和模式三个部分组成。首先选择要生成圆角半径的边，然后指定圆角的半径，再选择一种圆角模式即可。圆角模式有三种选项：

● 选中【边】选项，只对选中的边创建圆角。

● 选中【回路】选项，对选中的回路的整个边线都会创建圆角特征。

● 选中【特征】选项，对因某个特征与其他面相交所导致的边以外的所有边都会创建圆角。这三种模式下创建的圆角特征如图 3-30 所示。

边模式 回路模式 特征模式

图3-30 三种模式下创建的圆角特征

对于其他的选项说明如下：

● 如果选中【所有圆角】选项，那么所有的凹边和拐角都将创建圆角特征。如果选中【所有圆边】选项，那么所有的凸边和拐角都将创建圆角特征。

● 【沿尖锐边旋转】选项：设置当指定圆角半径会使相邻面延伸时对圆角的解决方法。选中该复选框可在需要时改变指定的半径，以保持相邻面的边不延伸；不勾选复选框，则保持等半径，并且在需要时延伸相邻的面。

● 【在可能的位置使用球面连接】选项：设置圆角的拐角样式。选中该复选框可创建一个圆角，它就像一个球沿着边和拐角滚动的轨迹一样；不勾选该复选框，则在锐利拐角的圆角之间创建连续相切的过渡，如图 3-31 所示。

图3-31　圆角的拐角样式

● 【自动链选边】选项：设置边的选择配置。选择该复选框，在选择一条边以添加圆角时，自动选择所有与之相切的边；不勾选该复选框，则只选择指定的边。

● 【保留所有特征】选项：勾选此选项，所有与圆角相交的特征都将被选中，并且在圆角操作中将计算它们的交线；如果不勾选该复选框，则在圆角操作中只计算参与操作的边。

2）变半径圆角：如果要创建变半径圆角，可选择【圆角】对话框上的【变半径】选项卡，此时的【圆角】对话框如图 3-32 所示。创建变半径圆角的原理是首先选择边线上至少三个点，然后分别指定这几个点的圆角半径，则 Autodesk Inventor 会自动根据指定的半径创建变半径圆角。创建变半径圆角的一般步骤是：

①当选择要创建圆角特征的边时，边线的两个端点自动被定为【开始】和【结束】点。

②把鼠标指针移动到边线上，鼠标指针出现特征点的预览，如图 3-33 所示。

③单击左键即可创建点，同时在【圆角】对话框中也会显示这个创建点，其名称按照创建的先后顺序依次为点 1，点 2，点 3 等。

④单击其名称以选中该点，在右侧的【半径】和【位置】选项中可显示并且修改该点处的圆角半径和位置。注意，【位置】选项中的数值含义是该点与一个端点的距离占整条边线长度的比例。

● 【平滑半径过渡】选项：定义变半径圆角在控制点之间是如何创建的。选中该复选框可使圆角在控制点之间逐渐混合过渡，过渡是相切的（在点之间不存在跃变）。不勾选该复选框，则在点之间用线性过渡来创建圆角。

3）过渡圆角：指相交边上的圆角连续地相切过渡。要创建变半径的圆角，可选择【圆角】对话框上的【过渡】选项卡，此时【圆角】对话框如图 3-34 所示，首先选择一个两条或更多要创建过渡圆角边的顶点，然后依次选择边，此时会出现圆角的预览，修改左侧窗口内的每一条边的过渡尺寸，最后单击"确定"即可完成过渡圆角的创建。

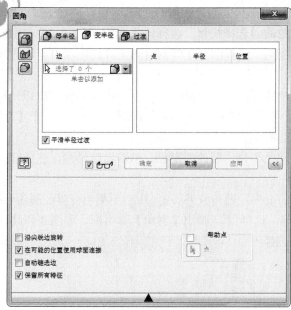

图3-32 【变半径】选项卡

图3-33 特征点的预览

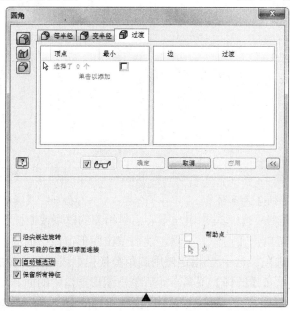

图3-34 【过渡】选项卡

（2）面圆角 ：在不需要共享边的两个所选面集之间添加内圆角或外圆角。选择 ，弹出【圆角】对话框，图 3-35 所示。

● 【面集 1】选项：选中 指定要包括在要创建圆角的第一个面集中的模型或曲面实体的一个或多个相切、相邻面。若要添加面，可单击【选择】工具，然后单击图形窗口中的面。

● 【面集 2】选项：选中 指定要创建圆角的第二个面集中的模型或曲面实体的一个或多个相切、相邻面。若要添加面，可单击【选择】工具，然后单击图形窗口中的面。

● 选中 ✦ 选项：反向反转在选择曲面时在其上创建圆角的一侧。

● 【包括相切面】选项：设置面圆角的面选择配置。选择该复选框，允许圆角在相切、相邻面上自动继续。不勾选该复选框则仅在两个选择的面之间创建圆角。此选项不会从选择集中添加或删除面。

● 【优化单个选择】选项：进行单个选择后，即自动前进到下一个【选择】按钮。对每个面集进行多项选择时，不勾选该复选框。要选择多个选项，可单击对话框中的下一个【选择】按钮或选择快捷菜单中的【继续】命令以完成特定选择。

● 【半径】选项：指定所选面集的圆角半径。要改变半径，单击该半径值，然后输入新的半径值即可。

3）全圆角 🔘：添加与三个相邻面相切的变半径圆角或外圆角。中心面集由变半径圆角取代。全圆角可用于圆化外部零件特征，如加强筋。选择 🔘，弹出【圆角】对话框，如图 3-36 所示。

图3-35　【圆角】对话框　　　　　　　图3-36　【圆角】对话框

● 【侧面集 1】选项：选中 ◄ 指定与中心面集相邻的模型或曲面实体的一个或多个相切、相邻面。若要添加面，可单击【选择】工具，然后单击图形窗口中的面。

● 【中心面集】选项：选中 ◄ 指定使用圆角替换模型或曲面实体的一个或多个相切、相邻面。若要添加面，可单击【选择】工具，然后单击图形窗口中的面。

● 【侧面集 2】选项：选中 ◄ 指定与中心面集相邻的模型或曲面实体的一个或多个相切、相邻面。若要添加面，可单击【选择】工具，然后单击图形窗口中的面。

● 【包括相切面】选项：设置面圆角的面选择配置。选择该复选框，允许圆角在相切、相邻面上自动继续。不勾选复选框则仅在两个选择的面之间创建圆角。此选项不会从选择集中添加或删除面。

● 【优化单个选择】选项：进行单个选择后，即自动前进到下一个【选择】按钮。进行多项选择时不勾选复选框。要选择多个选项，可单击对话框中的下一个【选择】按钮或选择快捷菜单中的【继续】命令以完成特定选择。

2. 倒角

倒角可在零件和部件环境中使零件的边产生斜角。倒角可使与边的距离等长、距边指定的距离和角度或从边到每个面的距离不同。与圆角相似，倒角不要求有草图，并被约束到要放置的边上。典型的倒角特征如图3-37所示。由于倒角是精加工特征，因此可考虑把倒角放在设计过程最后其他特征已稳定的时候。例如，在部件中，倒角经常用于准备后续操作（例如焊接）时去除材料。

可通过【三维模型】标签栏【修改】面板上的【倒角】工具按钮 来创建倒角特征。单击该按钮，弹出【倒角】对话框，如图3-38所示。首先需要选择创建倒角的方式，Autodesk Inventor中提供了三种创建倒角的方式，即以单一距离创建倒角、用距离和角度来创建倒角和用两个距离来创建倒角。

1）以倒角边长创建倒角 是最简单的一种创建倒角的方式，通过指定与所选择的边线偏移同样的距离来创建倒角，可选择单条边、多条边或相连的边界链以创建倒角，还可指定拐角过渡类型的外观。创建时仅需选择用来创建倒角的边以及指定倒角距离即可。对于该方式下的选项说明如下：

图3-37 典型的倒角特征　　　　　　　　　　图3-38 【倒角】对话框

● 【链选边】选项：可提供两个子功能选项，即【所有相切连接边】和【独立边】。选中【所有相切连接边】选项 ，在倒角中一次可选择所有相切边；选中【独立边】选项 一次只选择一条边。

● 【过渡】选项：可在选择了三个或多个相交边创建倒角时应用，以确定倒角的形状。选择【过渡】选项 则在各边交汇处创建交叉平面而不是拐角，选择【无过渡】选项 则倒角的外观好像通过铣去每个边而形成的尖角。有过渡和无过渡形成的倒角如图 3-39所示。

有过渡　　　　　　　　无过渡
图3-39 有过渡和无过渡形成的倒角

2）用倒角边长和角度创建倒角 顾名思义，需要指定倒角边长和倒角角度两个参数。选择该选项后，【倒角】对话框如图 3-40 所示。首先选择创建倒角的边，然后选择一个表面，倒角所成的斜面与该面的夹角就是所指定的倒角角度，倒角距离和倒角角度均可在右侧的【倒角边长】和【角度】文本框中输入；然后单击【确定】按钮即可创建倒角特征。

3）用两个倒角边长创建倒角 需要指定两个倒角距离来创建倒角。选择该选项后，【倒角】对话框如图 3-41 所示。首先选定倒角边，然后分别指定两个倒角距离即可。可利用【反向】选项使得模型距离反向，单击【确定】按钮即可完成倒角的创建。

图3-40　【倒角】对话框　　　　　　　　　　图3-41　【倒角】对话框

3.4.2　零件抽壳

抽壳是指从零件的内部去除材料，创建一个具有指定厚度的空腔零件。抽壳特征也是参数化特征，常用于模具和铸造方面的造型。利用抽壳特征设计的零件如图 3-42 所示。

创建抽壳特征的基本步骤如下：

1）单击【三维模型】标签栏【修改】面板上的【抽壳】工具按钮，弹出【抽壳】对话框，如图 3-43 所示。

2）选择开口面，指定一个或多个要去除的零件面，只保留作为壳壁的面。如果不想选择某个面，可按住 Ctrl 键左键单击该面即可。

3）选择好开口面以后，需要指定壳体的壁厚。在抽壳方式上有三种选择：

● 　选择【向内】选项则向零件内部偏移壳壁，原始零件的外壁成为抽壳的外壁。

● 　选择【向外】选项则向零件外部偏移壳壁，原始零件的外壁成为抽壳的内壁。

● 　选择【双向】选项则向零件内部和外部以相同距离偏移壳壁，每侧偏移厚度是零件厚度的一半。

4）在【特殊面厚度】栏中，用户可忽略默认厚度，而对所选的壁面应用其他厚度。需要指出的是，指定相等的壁厚是一个好的习惯，因为相等的壁厚有助于避免在加工和冷却的过程中出现变形。当然如果有特殊需要，也可为特定壳壁指定不同的厚度。单击"更多"按钮，展开"特殊面厚度"栏，然后单击"单击以添加"命令，激活选择命令，然后选择要抽壳的面。然后选择面。【选择】栏中显示应用新厚度的所选面个数，【厚度】栏中显示和修改为所选面所设置的新厚度。

5）【更多】选项卡提供了系统给予的抽壳优化措施，如不要过薄、不要过厚、中等，还可指定公差。

6）单击【确定】按钮完成抽壳特征的创建。

不同厚度情况下的抽壳特征如图 3-44 所示。

图3-42 利用抽壳特征设计的零件

图3-43 【抽壳】对话框

图3-44 不同厚度情况下的抽壳特征

3.4.3 拔模斜度

在进行铸件设计时，通常需要一个拔模面使得零件更容易从模子里面取出。在为模具或铸造零件设计特征时，可通过为拉伸或扫掠指定正的或负的扫掠斜角来应用拔模斜度，当然也可直接对现成的零件进行拔模斜度操作。Autodesk Inventor 提供了一个拔模斜度工具，可很方便地对零件进行拔模操作。

要对零件进行拔模斜度操作，可利用【三维模型】标签栏【修改】面板上的【拔模】工具按钮 。单击该按钮，弹出【面拔模】对话框，如图 3-45 所示。

图3-45 【面拔模】对话框

1. 固定边方式

对于固定边方式 来说，在每个平面的一个或多个相切的连续固定边处创建拔模，拔模结果是创建额外的面。创建拔模的一般步骤如下：

1）按照固定边方式创建拔模，首先应该选择拔模方向，可选择一条边，则边的方向就是拔模的方向，也可选择一个面，则面的垂线方向就是拔模的方向，当鼠标位于边或面上时，可出现拔模方向的预览，如图 3-46 所示。反向按钮 可使得拔模方向产生 180° 的翻转。

2）在右侧的【拔模斜度】选项中输入要进行拔模的斜度，可以是正值或负值。

3）选择要进行拔模的平面，可选择一个或多个拔模面。注意，拔模的平面不能与拔模方向垂直。当鼠标位于某个符合要求的平面时，会出现效果的预览，如图 3-47 所示。

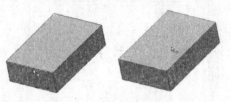

图3-46　拔模方向预览

4）单击【确定】按钮即可完成拔模斜度特征的创建，如图 3-48 所示。

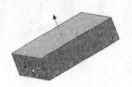　　　　　

图3-47　拔模方向预览　　　　　　图3-48　创建完成的拔模斜度特征

2．固定平面方式

对于【固定平面】方式来说，需要选择一个固定平面（也可是工作平面），选择以后开模方向就自动设定为垂直于所选平面，然后再选择拔模面，即可根据确定的拔模斜度角来创建拔模斜度特征。

3．分模线方式

对于【分模线】方式来说，创建有关二维或三维草图的拔模，模型将在分模线上方和下方进行拔模。

3.4.4　镜像特征

镜像特征可以以等长距离在平面的另外一侧创建一个或多个特征甚至整个实体的副本。如果零件中有多个相同的特征且在空间的排列上具有一定的对称性，可使用镜像工具来复制以减少工作量，提高工作效率。

要创建镜像特征，可单击【三维模型】标签栏【阵列】面板上的【镜像】工具按钮▲，弹出【镜像】对话框。首先要选择对各个特征进行镜像操作⊘还是对整个实体进行镜像操作⊘，两种类型操作的【镜像】对话框分别如图 3-49 所示。

1．对特征进行镜像

1）选择一个或多个要镜像的特征。如果所选特征带有从属特征，则它们也将被自动选中。

2）选择镜像平面，任何直的零件边、平坦零件表面、工作平面或工作轴都可作为用于镜像所选特征的对称平面。

3）在【创建方法】选项中，如果选中【优化】选项，则创建的镜像引用的是原始特征的直接副本。如果选中【完全相同】选项，则创建完全相同的镜像体，而不管它们是否与另一特征相交。当镜像特征终止在工作平面上时，使用此方法可高效地镜像出大量的特征。如果选中【调

整】选项，则用户可根据其中的每个特征分别计算各自的镜像特征。

4）单击【确定】按钮完成镜像特征的创建。

图3-49　两种类型操作的对话框

2. 对实体进行镜像

可用【镜像整个实体】选项，镜像包含不能单独镜像的特征的实体，实体的阵列也可包含其定位特征。步骤如下：

1）单击【包括定位/曲面特征】按钮，选择一个或多个要镜像的定位特征。

2）单击【镜像平面】按钮，选择工作平面或平面，所选定位特征将穿过该平面做镜像。

3）如果选择了【删除原始特征】选项，则删除原始实体，零件文件中仅保留镜像引用。可使用此选项对零件的左旋和右旋版本进行造型。

4）【创建方法】栏中选项的含义与镜像特征中对应选项的含义相同。注意，【调整】选项不能用于镜像整个实体。

5）单击【确定】按钮完成镜像特征的创建。图 3-50 所示为镜像示意图。

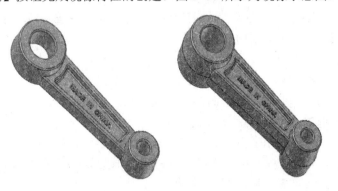

镜像各个特征　　　　　　　镜像整个实体

图3-50　镜像示意图

3.4.5　阵列特征

阵列特征可创建特征的多个副本，并且将这些副本在空间内按照一定的准则排列。特征副本在空间的排列方式有两种，即线性排列和圆周排列。在 Autodesk Inventor 中，前者称作矩形阵列，后者称作环形阵列，利用两种阵列方式创建的零件如图 3-51 所示。

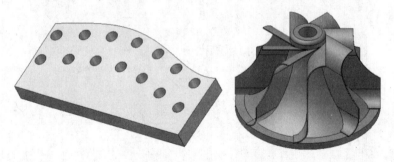

a）矩形阵列   b）环形阵列

图3-51 利用矩形阵列和环形阵列创建的零件

1．矩形阵列

矩形阵列是指复制一个或多个特征的副本，并且在矩形中或沿着指定的线性路径排列所得到的引用特征。线性路径可是直线、圆弧、样条曲线或修剪的椭圆。矩形阵列特征如图 3-51a 所示。

创建矩形阵列特征的步骤如下：

1）单击【三维模型】标签栏【阵列】面板上的【矩形阵列】工具按钮，弹出的【矩形阵列】对话框，如图 3-52 所示。

2）在 Autodesk Inventor Professional2020 中和镜像操作类似，也可选择阵列各个特征或阵列整个实体。如果要阵列各个特征。可选择要阵列的一个或多个特征，对于精加工特征（如圆角和倒角），仅当选择了它们的父特征时才能包含在阵列中。

3）选择阵列的两个方向。可用路径选择工具来选择线性路径以指定阵列的方向。路径可是二维或三维直线、圆弧、样条曲线、修剪的椭圆或边，可是开放回路，也可是闭合回路。【反向】按钮用来使得阵列方向反向。

4）为在该方向上复制的特征指定副本的个数 2 ，以及副本之间的距离 10 mm 。副本之间的距离可用三种方法来定义，即间距、距离和曲线长度。

● 【间距】选项：指定每个特征副本之间的距离。

● 【距离】选项：指定特征副本的总距离。

● 【曲线长度】：指定在指定长度的曲线上平均排列特征的副本。两个方向上的设置是完全相同的。对于任何一个方向，可用【起始位置】选项选择路径上的一点以指定一列或两列的起点。如果路径是封闭回路，则必须指定起点。

5）在【计算】栏中：

● 选择【优化】选项则创建一个副本并重新生成面，而不是重生成特征。

● 选择【完全相同】选项则创建完全相同的特征，而不管终止方式。

● 选择【调整】选项可使特征在遇到面时终止。需要注意的是，用【完全相同】方法创建的阵列比用【调整】方法创建的阵列计算速度快。如果使用【调整】方法，则阵列特征会在遇到平面时终止，所以可能会得到一个其大小和形状与原始特征不同的特征。

6）在【方向】栏中，可选择【完全相同】选项来用第一个所选特征的放置方式放置所有特征，或选择【方向1】或【方向2】选项指定控制阵列特征旋转的路径。

7）单击【确定】按钮完成阵列特征的创建。

注 意

> 阵列整个实体的选项与阵列特征的选项基本相同，只是【调整】选项在阵列整个实体时不可用。

在矩形阵列（环形）阵列中，可抑制某一个或几个单独的引用特征（即创建的特征副本）。当创建了一个矩形阵列特征后，在浏览器中会显示每一个引用的图标，右键单击某个引用，该引用即被选中，同时打开右键快捷菜单，如图3-53所示。如果选择【抑制】选项，该特征即被抑制，同时变为不可见。要同时抑制几个引用，在按住 Ctrl 键的同时左键单击想要抑制的引用即可。如果要去除引用的抑制，右键单击被抑制的引用，在弹出的快捷菜单中单击【抑制】选项去掉前面的勾号即可。

图3-52　【矩形阵列】对话框

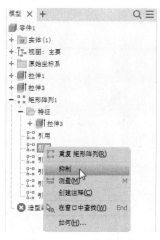

图3-53　右键快捷菜单

2．环形阵列

环形阵列是指复制一个或多个特征，然后在圆弧或圆中按照指定的数量和间距排列所得到的引用特征，如图3-51b 所示。

创建环形阵列特征的步骤如下：

1）单击【三维模型】标签栏【阵列】面板上的【环形阵列】工具按钮，弹出【环形阵列】对话框，如图3-54所示。

2）选择阵列各个特征或阵列整个实体。如果要阵列各个特征，则选择要阵列的一个或多个特征。

3）选择旋转轴。旋转轴可是边线、工作轴以及圆柱的中心线等，它可不和特征在同一个平面上。

4）在【放置】栏中，可指定引用的数目 6 ，引用之间的夹角 360 deg 。

创建方法与矩形阵列中的对应选项相同。

5）在【放置方法】栏中，可定义引用夹角是所有引用之间的夹角（【范围】选项）还是两个引用之间的夹角（【增量】选项）。

6）单击【确定】按钮完成阵列特征的创建。

如果选择【阵列整个实体】选项，则【调整】选项不可用。其他选项的含义与阵列各个特征的对应选项相同。

3.4.6　螺纹特征

在 Autodesk Inventor 中可使用【螺纹】特征工具在孔或诸如轴、螺柱、螺栓等圆柱面上创建螺纹特征，如图 3-55 所示。Autodesk Inventor 的螺纹特征实际上不是真实存在的螺纹，而是用贴图的方法实现的效果图，这样可大大减少系统的计算量，使得特征的创建时间更短，效率更高。

图3-54　【环形阵列】对话框

图3-55　螺纹特征

创建螺纹特征的步骤如下：

1）单击【三维模型】标签栏【修改】面板上的【螺纹】工具按钮，弹出【螺纹】特性面板，如图 3-56 所示。

2）在该面板的【面】选项中，首先应该选择螺纹所在的平面。

3）在选择螺纹所在的面后，【螺纹】特性面板弹出【螺纹】选项卡，如图 3-57 所示，该选项卡可用来设置螺纹的类型、尺寸、规格、类和方向等参数。

4）在【深度】选项中，可指定螺纹是全螺纹，也可指定螺纹相对于螺纹起始面的偏移量和螺纹的长度。

5）当选中了【显示模型中的螺纹】选项时，创建的螺纹可在模型上显示出来，否则即使创建了螺纹也不会显示在零件上。

6）单击【确定】按钮即可创建螺纹。

Autodesk Inventor 使用 Excel 电子表格来管理螺纹和螺纹孔数据。默认情况下，电子表格位于\Autodesk Inventor 安装文件夹\Autodesk Inventor2020\Design Data\ 文件夹中。电子表格中包含了一些常用行业标准的螺纹类型和标准的螺纹孔大小，用户可编辑该电子表格，使其包含更多标准的螺纹大小和更多标准的螺纹类型，还可创建自定义螺纹大小，创建自定义螺纹类型等。

图3-56 【螺纹】特性面板

图3-57 【螺纹】选项卡

电子表格的基本形式如下：

1）每张工作表表示不同的螺纹类型或行业标准。

2）每个工作表上的单元格 A1 保留用来定义测量单位。

3）每行表示一个螺纹条目。

4）每列表示一个螺纹条目的独特信息。

用户要自行创建或修改螺纹（或螺纹孔）数据时应该考虑以下因素：

1）编辑文件之前备份电子表格（thread.xls）；要在电子表格中创建新的螺纹类型，首先要复制一份现有工作表，以便维持数据列结构的完整性，然后在新工作表中进行修改得到新的螺纹数据。

2）要创建自定义螺纹孔大小，首先要在电子表格中创建一个新工作表，使其包含自定义的螺纹定义，然后选择【螺纹】特性面板中的【定义】选项卡，再选择【螺纹类型】列表中的【自定义】选项。

3）修改电子表格不会使现有的螺纹和螺纹孔产生关联变动。

4）修改并保存电子表格后，编辑螺纹特征并选择不同的螺纹类型，然后保存文件即可。

3.4.7 加强筋与肋板

在模具和铸件的制造过程中，常常需要为零件增加加强筋和肋板（也叫作隔板或腹板），以提高零件强度。在塑料零件中，它们也常常用来提高刚性和防止弯曲。Autodesk Inventor 提供了加强筋工具，可快速地在零件中添加加强筋和肋板。加强筋是指封闭的薄壁支撑形状，如图3-58 所示，肋板指开放的薄壁支撑形状。

加强筋和肋板也是非基于草图的特征，在草图中要完成的工作就是绘制二者的截面轮廓。可创建一个封闭的截面轮廓作为加强筋的轮廓，或创建一个开放的截面轮廓作为肋板的轮廓，也可创建多个相交或不相交的截面轮廓定义网状加强筋和肋板。

图3-58　加强筋和肋板

加强筋的创建过程比较简单。创建如图 3-59 所示的加强筋的步骤如下：

1）绘制如图 3-60 所示的加强筋草图轮廓。

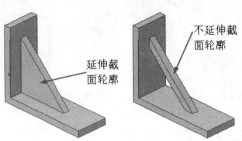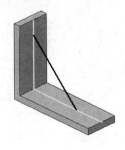

图3-59　加强筋　　　　　　　　　图3-60　加强筋的草图轮廓

2）回到零件特征环境中，单击【三维模型】标签栏【创建】面板上的【加强筋】工具按钮，弹出【加强筋】对话框，如图 3-61 所示。

图3-61　【加强筋】对话框

3）由于草图上只有一个截面轮廓，所以该轮廓自动被选中。

4）选择类型。加强筋有两种类型，即【垂直于草图平面】类型和【平行于草图平面】类型。选择【垂直于草图平面】类型，垂直于草图平面拉伸几何图元，厚度平行于草图平面；选择【平行于草图平面】类型，平行于草图平面拉伸几何图元。厚度垂直于草图平面。

5）可指定加强筋的厚度，还可指定其厚度的方向，可在截面轮廓的任一侧应用厚度，或在截面轮廓的两侧同等延伸。

6）加强筋终止方式有两种，即【到表面或平面】选项和【有限的】选项。选择【到表面或平面】选项，则加强筋终止于下一个面。选择【有限的】选项，则需要设置终止加强筋的距离，这时可在下面的文本框中输入一个数值。

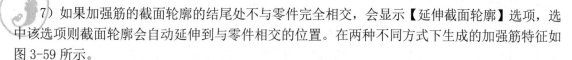

7）如果加强筋的截面轮廓的结尾处不与零件完全相交，会显示【延伸截面轮廓】选项，选中该选项则截面轮廓会自动延伸到与零件相交的位置。在两种不同方式下生成的加强筋特征如图 3-59 所示。

8）单击【确定】按钮完成加强筋的创建。

如果要创建图 3-58 所示的网状加强筋，可首先在零件草图中绘制如图 3-62 所示的截面轮廓，然后回到零件环境中，在【加强筋】对话框中指定各个参数即可，步骤与上述完全一致。需要注意的是，在终止方式中只能够选择【有限的】选项并且输入具体的数值。

3.4.8 分割零件

Autodesk Inventor 的零件分割功能可把一个零件整体分割为两个部分，任何一个部分都可成为独立的零件。在实际的零件设计中，如果两个零件可装配成一个部件，并且要求装配面完全吻合，可首先设计部件，然后利用分割工具把部件分割为两个零件，这样零件的装配面的尺寸就已经完全符合要求，不用分别在设计两个零件的时候特别注意装配面的尺寸配合问题了。这样可有效地提高工作效率。零件分割的范例如图 3-63 所示。

1）单击【三维模型】标签栏【修改】面板上的【分割】工具按钮 ⬛，弹出【分割】对话框，如图 3-64 所示。可以看到，分割方式有两种，零件分割用来分割零件实体，面分割用来分割面。这里仅讲述零件的分割。

2）分割零件首先应该选择分割工具。在零件的分割中，分割工具可以是工作平面或在工作平面或零件面上绘制的分断线。分断线可以是直线、圆弧或样条曲线，也可以将曲面体用作分割工具，用户可根据具体情况自行选择。

图3-62 网状加强筋的截面轮廓

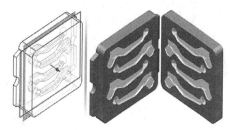

图3-63 零件分割范例

3）选择分割工具以后，在【删除】选项中确定要去除分割产生的哪一部分的。

4）单击【确定】按钮以完成分割。

图3-64 【分割】对话框

可利用分割工具将零件分割成两个零件，并分别使用唯一的名称保存。首先将零件进行分割，去除分割后的一部分，然后在主菜单中使用【保存副本为】选项将零件与分断线一起保存。然后重新打开源文件，使用【分割】工具分割零件，选择去除分割后的另一半，使用【保存副本为】选项保存零件的剩余一半。分割所成的两个部分都保存在不同的文件中。

3.5 复杂特征的创建

在前面的章节中讲述了简单的草图特征和放置特征，这些特征的创建通常只需要一个草图就已经足够了。在 Autodesk Inventor 中除了这些简单的特征以外，还有一些复杂的特征，创建这些特征往往需要两个或两个以上草图，在创建的过程中也往往需要大量的工作平面、工作轴等辅助定位特征。这些复杂的零件特征称为复杂的特征，如放样、扫掠、螺旋扫掠特征等。本节将重点讲解这些复杂特征的创建。虽然一个零件的大部分特征一般都是利用简单的特征创建的，但是一些复杂的特征是简单特征不能够完成的，必须借助这些复杂特征创建工具来完成。

3.5.1 放样特征

放样特征是通过光滑过渡两个或更多工作平面或平面上的截面轮廓的形状而创建的，它常用来创建一些具有复杂形状的零件，如塑料模具或铸型的表面。这些表面可用作拉伸的终止截面，如图 3-65 所示。放样特征也可用来创建一些形状比较复杂的零件，如图 3-66 所示。

要创建放样特征，可单击【三维模型】标签栏【创建】面板上的【放样】工具按钮，弹出的【放样】对话框，如图 3-67 所示。下面对创建放样特征的各个关键要素简要说明。

图3-65　表面作为拉伸的终止截面　　　　　　　图3-66　放样特征创建的零件

1．截面形状

放样特征是通过将多个截面轮廓与单独的平面、非平面或工作平面上的各种形状相混合来创建复杂的形状，因此截面形状的创建是放样特征的基础也是关键要素。

1）如果截面形状是非封闭的曲线或闭合曲线，或是零件面的闭合面回路，则放样生成曲面特征。

2）如果截面形状是封闭的曲线，或是零件面的闭合面回路，或是一组连续的模型边，则可生成实体特征也可生成曲面特征。

3）截面形状是在草图上创建的，因此在放样特征的创建过程中，往往需要首先创建大量的工作平面以在相应的位置创建草图，再在草图上绘制放样截面形状。图 3-68 所示为图 3-65 和

3-66 所示的曲面和零件的放样截面轮廓。

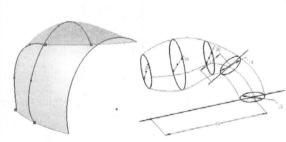

图3-67 【放样】对话框　　　　　　图3-68 放样的截面轮廓

4）可创建任意多个截面轮廓，但是要避免放样形状扭曲，最好沿一条直线向量在每个截面轮廓上映射点。

5）可通过添加轨道进一步控制形状。轨道是连接至每个截面上的点的二维或三维线。起始和终止截面轮廓可以是特征上的平面，并可与特征平面相切以获得平滑过渡。可使用现有面作为放样的起始和终止面，在该面上创建草图以使面的边可被选中用于放样。如果使用平面或非平面的回路，可直接选中它，而不需要在该面上创建草图。

2．轨道

为了加强对放样形状的控制，这里引入了【轨道】的概念。轨道是在截面之上或之外终止的二维或三维直线、圆弧或样条曲线，如二维或三维草图中开放或闭合的曲线以及一组连续的模型边等都可作为轨道。轨道必须与每个截面都相交，并且都应该是平滑的，在方向上没有突变。创建放样时，如果轨道延伸到截面之外，则将忽略延伸到截面之外的那一部分轨道。轨道可影响整个放样实体，而不仅仅是与它相交的面或截面。如果没有指定轨道，对齐的截面和仅具有两个截面的放样将用直线连接。未定义轨道的截面顶点受相邻轨道的影响。

3．输出类型和布尔操作

可选择放样的输出是实体还是曲面，可通过【输出】选项上的【实体】按钮和【曲面】按钮来实现。还可利用放样来实现三种布尔操作，即【求并】、【求差】和【求交】。对此前面已经有过相关介绍，这里不再赘述。

4．条件

【放样】对话框上的【条件】选项卡如图 3-69 所示。【条件】选项用来指定终止截面轮廓的边界条件，以控制放样体末端的形状。可对每一个草图几何图元分别设置边界条件。

放样有三种边界条件：

1）选择【无条件】选项，则对其末端形状不加以干涉。

2）【相切条件】选项仅当所选的草图与侧面的曲面或实体相毗邻，或选中面回路时可用，这时放样的末端与相毗邻的曲面或实体表面相切。

3）【方向条件】选项仅当曲线是二维草图时可用。需要用户指定放样特征的末端形状相对于截面轮廓平面的角度。

当选择【相切条件】和【方向条件】选项时，需要指定【角度】和【权值】条件。

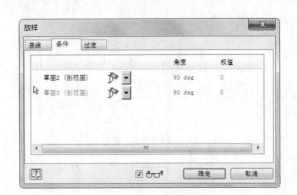

图3-69　【条件】选项卡

1）【角度】条件指定草图平面和由草图平面上的放样创建的面之间的角度。

2）【权值】条件决定角度如何影响放样外观的无量纲值。大数值创建逐渐过渡，而小数值创建突然过渡。从图 3-70 中可看出，权值为 0 意味着没有相切，小权值可能导致从第一个截面轮廓到放样曲面的不连续过渡，大权值可能导致从第一个截面轮廓到放样曲面的光滑过渡。需要注意的是，特别大的权值会导致放样曲面的扭曲，并且可能会生成自交的曲面。此时应该在每个截面轮廓的截面上设置工作点并构造轨道（穿过工作点的二维或三维线），以使形状扭曲最小化。

线宽为0　　　　　　　　线宽为2　　　　　　　　线宽为5

图3-70　不同线宽下的放样

5．过渡

【放样】对话框上的【过渡】选项卡如图 3-71 所示。

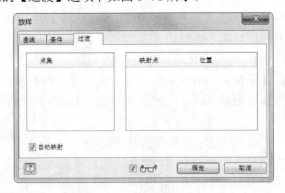

图3-71　【过渡】选项卡

【过渡】特征定义一个截面的各段如何映射到其前后截面的各段中，可看到默认的选项是【自动映射】。如果关闭【自动映射】，将列出自动计算的点集并根据需要添加或删除点。关闭

【自动映射】以后，放样实体和【放样】对话框如图 3-72 所示。

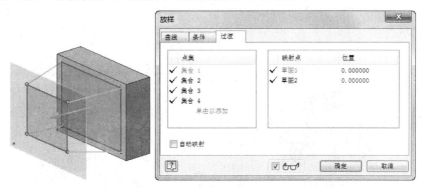

图3-72　放样实体和【放样】对话框

1)【点集】选项：表示在每个放样截面上列出自动计算的点。

2)【映射点】选项：表示在草图上列出自动计算的点，以便沿着这些点线性对齐截面轮廓，使放样特征的扭曲最小化。点按照选择截面轮廓的顺序列出。

3)【位置】选项：用无量纲值指定相对于所选点的位置。0 表示直线的一端，0.5 表示直线的中点，1 表示直线的另一端，用户可进行修改。

当所有需要的参数已经设置完毕后，单击【确定】按钮即可完成放样特征的创建。

3.5.2　扫掠特征

在实际工作中，常常需要创建一些沿着一个不规则轨迹有着相同截面形状的对象，如管道和管路、把手、衬垫凹槽等。Inventor 提供了一个【扫掠】工具来完成此类特征的创建，它通过沿一条平面路径移动草图截面轮廓来创建一个特征。如果截面轮廓是曲线则创建曲面，如果是闭合曲线则创建实体。图 3-73 所示的杯子把手就是利用扫掠工具生成的。

创建扫掠特征最重要的两个要素就是截面轮廓和扫掠路径。

1) 截面轮廓可是闭合的或非闭合的曲线，截面轮廓可嵌套，但不能相交。如果选择多个截面轮廓，按下 Ctrl 键，然后继续选择即可。

2) 扫掠路径可以是开放的曲线或闭合的回路，截面轮廓在扫掠路径的所有位置都与扫掠路径保持垂直，扫掠路径的起点必须放置在截面轮廓和扫掠路径所在平面的相交处。扫掠路径草图必须在与扫掠截面轮廓平面相交的平面上。

有以下两种方法来定位扫掠路径草图和截面轮廓：①创建两个相交的工作平面，在一个平面上绘制代表扫掠特征截面形状的截面轮廓，在其相交平面上绘制表示扫掠轨迹的扫掠路径；②创建一个过渡工具体，如一个块，单击【草图】按钮，然后单击该块的平面，绘制代表扫掠特征横截面的截面轮廓，然后单击【草图】按钮完成草图。再次单击【草图】按钮并选择与轮廓平面相交的平面。绘制扫掠轨迹，单击【草图】按钮结束绘制。创建扫掠特征时，选择求交操作，只留下扫掠形成的实体并删除工具体（方块）。

创建扫掠特征的基本步骤是：

1) 单击【三维模型】标签栏【创建】面板上的【扫掠】工具按钮，弹出【扫掠】特性面板，如图 3-74 所示。

图3-73　扫掠生成的杯子把手　　　　　　　　图3-74　【扫掠】特性面板

2）首先选择截面轮廓。选择草图的一个或多个截面轮廓以沿选定的路径进行扫掠，也可利用实体扫掠  选项对所选的实体沿所选的路径进行扫掠。

3）然后再选择扫掠路径。选择扫掠截面轮廓所围绕的轨迹或路径，路径可以是开放回路，也可以是封闭回路，但无论扫掠路径开放与否，扫掠路径必须要贯穿截面草图平面，否则无法创建扫掠特征。

4）选择扫掠方向。用户创建扫掠特征时，除了必须指定截面轮廓和路径外，还要选择扫掠方向、设置扩张角或扭转角等来控制截面轮廓的扫掠方向、比例和扭曲。

"方向"选项有三种方式可以选择，分别是：

　　【跟随路径】选项：保持该扫掠截面轮廓相对于路径不变。所有扫掠截面都维持与该路径相关的原始截面轮廓。选择该选项后激活【扩张角】和【扭转角】。

　　扩张角相当于拉伸特征的拔模角度，用来设置扫掠过程中在路径的垂直平面内扫掠体的拔模角度变化，当选择正角度时，扫掠特征沿离开起点方向的截面面积增大，反之减小。它不适于封闭的路径。

扭转角用来设置轮廓沿路径扫掠的同时，在轴向方向自身旋转的角度，即在从扫掠开始到扫掠结束轮廓自身旋转的角度。图 3-75 所示为扫掠扩张角为 0°和 5°时的扫掠结果。

●　　【固定】选项：将使扫掠截面轮廓平行于原始截面轮廓。

●　　【引导】选项：引导轨道扫掠，即创建扫掠时，选择一条附加曲线或轨道来控制截面轮廓的比例和扭曲。这种扫掠在用于具有不同截面轮廓的对象，沿着轮廓被扫掠时，这些设计可能会旋转或扭曲，如吹风机的手柄和高跟鞋底。

在此类型的扫掠中，可以通过控制截面轮廓在 X 和 Y 方向上的缩放创建符合引导轨道的扫掠特征。截面轮廓缩放方式有以下 3 种：

①X 和 Y：在扫掠过程中，截面轮廓在引导轨道的影响下随路径在 X 和 Y 方向同时缩放。

②X：在扫掠过程中，截面轮廓在引导轨道的影响下随路径在 X 方向上进行缩放。

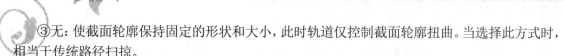

③无：使截面轮廓保持固定的形状和大小，此时轨道仅控制截面轮廓扭曲。当选择此方式时，相当于传统路径扫掠。

0° 扩张角　　　　　5° 扩张角

图3-75　不同扩张角下的扫掠结果

5）进行布尔运算，包括【求并】 、【求差】 、【求交】 和【新建实体】 。

6）选择【优化单个选择】选项，进行单个选择后，即自动前进到下一个选择器。进行多项选择时不勾选该复选框。

当所有需要的参数已经设置完毕后，单击【确定】按钮即可完成扫掠特征的创建。

3.5.3　螺旋扫掠特征

螺旋扫掠特征是扫掠特征的一个特例，它的作用是创建扫掠路径为螺旋线的三维实体特征，如弹簧、发条以及圆柱体上真实的螺纹特征等，如图3-76所示。

创建螺旋扫掠特征的基本步骤是：

1）单击【三维模型】标签栏【创建】面板上的【螺旋扫掠】工具按钮 ，弹出【螺旋扫掠】对话框，如图3-77所示。

2）创建螺旋扫掠特征首先需要选择的两个要素是截面轮廓和旋转轴。截面轮廓应该是一个封闭的曲线，用以创建实体；旋转轴应该是一条直线，它不能与截面轮廓曲线相交，但是必须在同一个平面内。如图3-78所示，该螺旋扫掠实体的截面轮廓和旋转轴分别在从图示两个平面建立的草图中，两个草图平面互相垂直，但是截面轮廓和旋转轴是在一个平面中的。所以，实际的情况是可在同一个草图中创建截面轮廓和旋转轴，也可在不同的草图中创建，但是二者"不相交，同平面"的要求一定要满足。

图3-76　三维螺旋实体　　　　　　　　图3-77　【螺旋扫掠】对话框

3）在【旋转】选项中，可指定螺旋扫掠按顺时针方向 还是逆时针方向旋转 。

4）如果要设置螺旋的尺寸，可打开【螺旋规格】选项卡，如图 3-79 所示。可设置的螺旋类型一共有 4 种，即 "螺距和转数" "转数和高度" "螺距和高度" 以及 "螺旋"。选择了不同的类型以后，在下面的参数文本框中输入相应的参数即可。需要注意的是，如果要创建发条之类没有高度的螺旋特征，可使用【平面螺旋】选项。

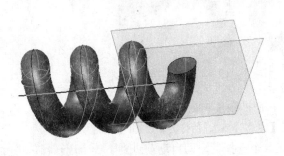

图3-78　螺旋扫掠特征　　　　　　　　　　　　图3-79　【螺旋规格】选项卡

5）如果要设置螺旋端部的特征，可选择【螺旋端部】选项卡，如图 3-80 所示。注意，只有当螺旋线是平底时可用，而在螺旋扫掠截面轮廓时不可用。可指定螺旋扫掠的两端为【自然】或【平底】样式，开始端和终止端可以是不同的终止类型。如果选择【平底】选项，可指定具体的过渡段包角和平底段包角。

● 过渡段包角是螺旋扫掠获得过渡的距离（单位为度，一般少于一圈）。图 3-81a 所示的图形中顶部是自然结束，底部是四分之一圈（90°）过渡并且未使用平底段包角的螺旋扫掠。

● 平底段包角是螺旋扫掠过渡后不带螺距（平底）的延伸距离（度数），它是从螺旋扫掠的正常旋转的末端过渡到平底端的末尾。图 3-81b 所示的图形为与图 3-81a 所示的图形过渡段包角相同，但指定了一半转向（180°）的平底段包角的螺旋扫掠。

6）当所有需要的参数都指定完毕以后，单击【确定】按钮即可创建螺旋扫掠特征。

另外，螺旋扫掠还有一个重要的功能就是创建真实的螺纹，如图 3-82 所示。这主要是利用了螺旋扫掠的布尔操作功能。图 3-82a 所示的添加螺纹特征是通过向圆柱体上添加扫掠形成的螺纹得到的，图 3-82b 所示的切削螺纹特征是通过以螺旋扫掠切削圆柱体得到的，二者的螺纹截面形状如图 3-83 所示。

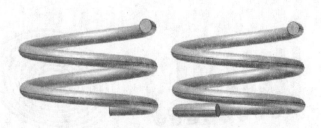

a）未使用平底段包角　　　　　　b）使用平底段包角

图3-80　【螺旋端部】选项卡　　　　　　　　　图3-81　不同过渡包角下的扫掠结果

  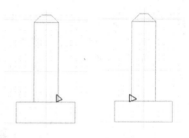

a）添加螺纹   b）切削螺纹

图3-82   扫掠创建真实螺纹   图3-83   螺纹截面形状

3.5.4 加厚偏移特征

在实际设计中,经常会根据零件材料的应力范围等因素对零件的厚度进行修改。在 Autodesk Inventor 中, 可使用【加厚/偏移】工具添加或去除零件的厚度, 以及从零件面或其他曲面创建偏移曲面。典型的加厚/偏移特征如图 3-84 所示。如果要添加或去除零件或缝合曲面的面的厚度, 或从一个或多个面或缝合曲面创建偏移曲面, 可单击【三维模型】标签栏内【修改】面板上的【加厚/偏移】工具按钮 , 在弹出的如图 3-85 所示的【加厚/偏移】对话框中进行设置。下面对各个关键参数分别加以说明。

加厚前   加厚后

图3-84   典型的加厚/偏移特征

图3-85   【加厚/偏移】对话框

1. 选择面

1）可设定是【面】或【缝合曲面】选项, 如果选择【缝合曲面】选项, 可一次单击选择一组相连的面。用户可选择零件的表面（平面和曲面），也可以选择创建的曲面或输入的曲面。如果是输入的曲面，则必须将输入的曲面升级到零件环境中才可进行偏移或加厚。

2）曲面如果不相邻则不能进行偏移。另外，竖直曲面只能从缝合曲面的内部边界创建。

2. 偏移距离

指定加厚平面较原来平面偏移的距离。

3. 输出和布尔操作以及方向

可选择输出是【实体】□或【曲面】□。加厚/偏移操作提供布尔工具，可使得加厚或偏移的实体或曲面与其他实体或曲面之间产生求并、求交、求差关系。利用方向按钮 ▷ ◁ ☒ 可将厚度或偏移特征沿一个方向延伸或在两个方向上同等延伸。

4. 其他

1）如果选中了【自动链选面】选项，则会自动选择多个相切的相邻面进行加厚，所有选中的面使用相同的布尔操作和方向加厚。

2）如果选中了【创建竖直曲面】选项，则对于偏移特征需要先创建将偏移面连接到原始缝合曲面的竖直面或侧面。竖直曲面仅在内部曲面的边处创建，而不会在曲面边界的边处创建。另外，竖直曲面无法将偏移曲面添加到实体零件。

指定完毕必要的参数以后，单击【确定】按钮即可创建特征。

3.5.5 凸雕特征

在零件设计中，往往需要在零件表面增添一些凸起或凹进的图案或文字，以实现某种功能或美观性，如图 3-86 所示。

在 Autodesk Inventor 中，可利用凸雕工具来实现这种设计功能。进行凸雕的基本思路是首先建立草图（因为凸雕也是基于草图的特征），然后在草图上绘制用来形成特征的草图几何图元或草图文本，然后在指定的面上进行特征的生成，或将特征以缠绕或投影到其他面上。单击【三维模型】标签栏内【创建】面板上的【凸雕】工具按钮 ✎，弹出【凸雕】对话框，如图 3-87 所示。

1. 截面轮廓

在创建截面轮廓以前，首先应该选择创建凸雕特征的面。

图3-86　零件表面凸起或凹进的文字

1）如果是在平面上创建，则可直接在该平面上创建草图绘制截面轮廓。

2）如果在曲面上创建凸雕特征，则应该在相应的位置建立工作平面或利用其他的辅助平面，然后在工作平面上建立草图。图 3-86 中右侧零件的草图平面以及草图如图 3-88 所示。

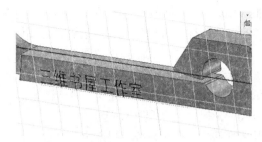

图3-87　【凸雕】对话框　　　　　　　图3-88　凸雕的草图平面以及草图

　　草图中的截面轮廓用作凸雕图像，可使用【草图】标签栏中的工具创建截面轮廓。截面轮廓主要有两种，一是使用【文本】工具创建文本；二是使用草图工具创建形状，如圆形和多边形等。

　　2．类型

　　【类型】选项可指定凸雕区域的方向。有三个选项可选择：

　　1)【从面凸雕】选项：将升高截面轮廓区域，也就是说截面将凸起。

　　2)【从面凹雕】选项：将凹进截面轮廓区域。

　　3)【从平面凸雕/凹雕】选项：将从草图平面向两个方向或一个方向拉伸，向模型中添加并从中去除材料。如果向两个方向拉伸，则会在去除的同时添加材料，这取决于截面轮廓相对于零件的位置。如果凸雕或凹雕对零件的外形没有任何的改变作用，那么该特征将无法生成，系统也会给出错误信息。

　　3．深度和方向

　　可指定凸雕或凹雕的深度，即凸雕或凹雕截面轮廓的偏移深度。还可指定凸雕或凹雕特征的方向，当截面轮廓位于从模型面偏移的工作平面上时尤其有用，因为截面轮廓位于偏移的平面上时，如果深度不合适，由于截面轮廓不能够延伸到零件的表面形成切割，将不能够生成凹雕特征的。

　　4．顶面颜色

　　通过单击【顶面颜色】按钮可指定凸雕区域面（注意不是其边）上的颜色。在弹出的【颜色】对话框中，单击向下箭头将显示一个列表，在该列表中滚动或键入开头的字母即可查找所需的颜色。

　　5．折叠到面

　　对于【从面凸雕】和【从面凹雕】类型，用户可通过选中【折叠到面】选项指定截面轮廓缠绕在曲面上。注意，仅限于单个面，不能是接缝面。面只能是平面或圆锥形面，而不能是样条曲线。如果不选中该复选框，图像将投影到面而不是折叠到面。如果截面轮廓相对于曲率有些大，当凸雕或凹雕区域向曲面投影时会轻微失真。在遇到垂直面时，缠绕即停止。图 3-86 右侧的零件就是利用【折叠到面】选项形成的，这从它的草图（图 3-88）可以看出。

　　当指定完毕所有的参数以后，单击【确定】按钮即可完成特征的创建。

3.5.6 贴图特征

在 Autodesk Inventor 中，可将图像应用到零件面来创建贴图特征，用于表示如标签、艺术字体的品牌名称、徽标和担保封条等。贴图中的图像可以是位图、Word 文档或 Excel 电子表格。在实际设计中，贴图应该放置在凹进的区域中，以便为部件中的其他零部件提供间隙或防止在包装时损坏。典型的贴图特征如图 3-89a 所示。

在零件的表面创建贴图特征的一般步骤是：

1）导入图像。贴图特征是基于草图的特征，如果不是在草图环境下并且当前的工作环境中没有退化的草图，那么系统将提示用户当前没有退化的草图以建立特征。所以用户在建立贴图特征以前，需要在零件的表面或相关的辅助平面上利用【草图】标签栏上的【插入图像】工具 导入图像。

2）退出草图环境。单击【三维模型】标签栏【创建】面板上的【贴图】工具按钮 ，则弹出【贴图】对话框，如图 3-89b 所示。

a)   b)

图3-89　贴图特征范例

3）选择已经导入的图像，然后选择图像要附着的表面。如果选中【折叠到面】选项，则指定图像缠绕到一个或多个曲面上，不勾选该复选框则将图像投影到一个或多个面上而不缠绕。选中【链选面】选项则将贴图应用到相邻的面，如跨一条边的两侧的面。在放置贴图图像时应避免与拐角交叠，否则贴图将沿着边被剪切，因为贴图无法平滑地缠绕到两个面。

4）指定了所有的参数以后，单击【确定】按钮即可完成特征的创建。

3.6　编辑特征

　　在设计过程中，用户创建了特征以后往往需要对其进行修改，以满足设计或装配的要求。对于基于草图的特征，可编辑草图以编辑特征，还可直接对特征进行修改；对于非基于草图的放置特征，直接进行修改即可。

3.6.1　编辑退化的草图以编辑特征

要编辑基于草图创建的特征，可编辑退化的草图以更新特征，具体方法是：

1）在浏览器中找到需要修改的特征，在该特征上单击右键，从弹出的快捷菜单中选择【编辑草图】选项。或右键单击该特征的退化的草图标志，在右键快捷菜单中选择【编辑草图】选项，此时该特征将被暂时隐藏，同时显示其草图。

2）进入草图环境后，用户可利用【草图】标签栏中的工具对草图进行所需的编辑，如要添加新尺寸，可单击【通用尺寸】工具，然后单击以选择几何图元并放置尺寸。

3）当草图修改完毕以后，单击右键，在弹出的快捷菜单中选择【完成二维草图】选项或者直接单击【草图】标签栏上的【完成草图】工具✔，重新回到零件特征模式下，此时特征将会自动更新。如果没有自动更新，即可单击【快速访问】工具栏上的【更新】按钮🗲来更新特征。

3.6.2 直接修改特征

对于所有的特征，无论是基于草图的还是非基于草图的，都可直接修改。在图形窗口或浏览器中选择要编辑的特征，单击右键并从弹出的快捷菜单中选择【编辑特征】选项，将显示特征草图（如果适用）和特征对话框。根据需要修改特征的具体参数，如单击【截面轮廓】选项重新定义特征的截面轮廓，在选择一个有效的截面轮廓后才能选择其他值。修改完成后一般特征会自动更新，如果没有自动更新可单击【快速访问】工具栏上的【更新】按钮🗲，使用新值更新特征。

在编辑特征时，有些细节需要注意，如不能将特征类型从实体改为曲面；在浏览器中的特征上单击右键并从弹出的快捷菜单中选择【删除】选项，但可以选择是否保留特征草图几何图元，如果保留了草图几何图元，可用它们来重新创建一个特征，并选择不同的特征类型。

3.7 设计元素（iFeature）入门

在实际设计工作中，常常会出现大量相同特征的设计问题，如同一个零件上有不规则排列的 20 个凸台特征。在同一个零件中，可通过对浏览器中的特征进行复制、粘贴来实现特征的重用。但是如果在不同的零件中都存在某一个相同的特征时，简单的复制、粘贴就不能奏效了。另外，在设计过程中还经常需要对某一个特征进行某个尺寸的修改而大量重用，这时，可使用 Autodesk Inventor 的设计元素（iFeature）功能，将多个设计的特征或草图指定为 iFeature，并且保存在扩展名为 ide 的文件中。这样，用户可在任何一个设计文件中导入该文件包含的特征或草图，避免了毫无意义的重复设计，节省了大量时间。同时，用户还可修改 ide 文件中的特征的定义，通过对特征参数的修改从而改变其具体的特征，这样可在需要修改特征然后进行重用时节约大量的劳动量。

3.7.1 创建和修改 iFeature

1. 创建 iFeature

在零件或草图环境下，创建 iFeature 的一般步骤是：

1）单击【管理】标签栏【编写】面板中的【提取 iFeature】按钮来创建当前零件特征或草图的 iFeature 文件。单击该按钮以后，弹出【提取 iFeature】对话框，如图 3-90 所示。

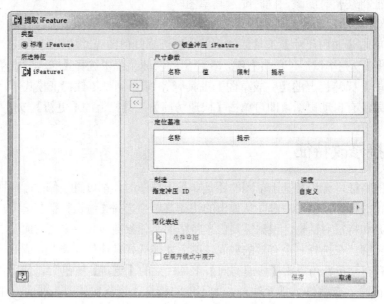

图3-90　【提取iFeature】对话框

2）从浏览器中选择需要加入到 iFeature 中的零件特征，可选择零件中的一个特征，也可选择多个特征。当选择了一个或几个特征以后，特征的相关参数全部显示在【提取 iFeature】对话框左侧的窗口中，如图 3-91 所示。

图3-91　显示特征的相关参数

3）双击左侧窗口中的尺寸，或选中某个尺寸然后单击按钮，则该尺寸会加入到右侧的【尺寸参数】窗口中，可选择部分尺寸或全部尺寸，如图 3-92 所示。如果要去除某个已经加入的尺寸，可选中该尺寸，然后单击 按钮。单击【保存】按钮即可保存 iFeature 文件，文件扩展名为 ide，用户可自行选择保存的文件名和路径。

4）【提取 iFeature】对话框右侧下方是【定位基准】窗口，【定位基准】窗口描述了放置 iFeature 时加入到特征上的基准界面。典型的基准界面是草图平面，但用户可添加其他要在定位 iFeature 时使用的几何元素。用描述性的名称重命名定位基准，可使 iFeature 的放置更易于理解。可在【定位基准】列表中添加或删除基准，也可重命名定位基准。

5）在创建 iFeature 时，为了在以后可以更加方便容易地重用 iFeature，一定要考虑到使用易于理解的参数名。在图 3-92 中可看到原始的尺寸名称都是类似 d0 的名称。

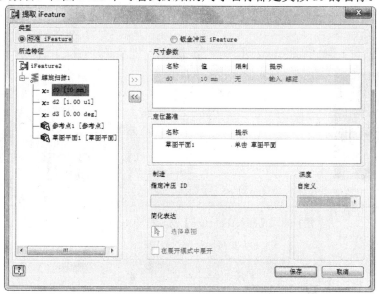

图3-92 修改特征参数

在实际运用中，如果添加的参数很多，则以后将很难区分清楚哪个尺寸对应哪个特征。但如果使用描述性的参数名称（如【圆柱半径】、【圆柱高度】等）就没有这个问题了，如添加有效的提示信息可避免忽略重要的特征信息，添加尺寸限制可避免设计中出现工艺等问题，为 iFeature 文件指定合理的名称，可便于日后快速地选择*.ide 文件，提高工作效率，避免混淆和错误等。

2. 修改 iFeature

如果要修改某个特征的参数，可在如图 3-92 所示对话框的【尺寸参数】窗口中单击某个尺寸的某个具体项目（如名称、值、限制和提示），则选中的项目处于可编辑的状态，用户可根据具体情况自己修改尺寸各个项目。然后单击【保存】按钮就可保存 iFeature 文件。当 iFeature 创建并且保存了以后，就可在其他的零件设计中重用该 iFeature 了。下面讲述如何放置 iFeature。

3.7.2 放置 iFeature

要将已经创建的 iFeature 特征放置在零件的表面上，需要借助【插入 iFeature】工具来实

103

现。步骤如下：

1）单击【管理】标签栏【插入】面板上的【插入 iFeature】工具按钮，弹出【打开】对话框。

2）选择 ide 文件，弹出【插入 iFeature】对话框。

3）指定 iFeature 的放置位置，同时在工作区域内出现要插入的 iFeature 的预览，此时的【插入 iFeature】对话框和 iFeature 预览如图 3-93 所示。

4）可以看到，在 iFeature 图形的放置位置（图中为圆柱形底部）出现了一个移动箭头标志和旋转箭头标志，单击移动箭头标志可移动 iFeature 图形，单击旋转箭头标志可旋转 iFeature 图形。也可在图 3-94 所示对话框的窗口中编辑【角度】选项以定量旋转 iFeature 图形。

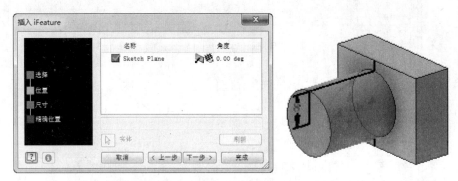

图3-93　【插入iFeature】对话框和iFeature预览

图3-94　【插入iFeature】对话框

5）单击【下一步】按钮，此时的【插入 iFeature】对话框如图 3-95 所示。在该对话框中可编辑 iFeature 的尺寸特征，用户单击某个尺寸值然后输入新的数值即可。注意，这里对 iFeature 的改变不会影响零件文件中的已经放置的 iFeature 引用，也不会修改源 iFeature 文件。

6）单击【下一步】按钮完成最后一步的设置，即进一步确定要放置 iFeature 的精确位置，此时的【插入 iFeature】对话框如图 3-96 所示。用户可选择是否编辑草图，如果激活草图编辑，则意味着 iFeature 可通过约束和尺寸定位。此时 iFeature 的草图被激活到编辑状态，可通过在父特征上使用尺寸和约束来定位 iFeature 的草图，以达到精确控制 iFeature 位置的目的。

图3-95 【插入 iFeature】对话框　　　　图3-96 【插入 iFeature】对话框

3.7.3 深入研究放置 iFeature

在前面讲解 iFeature 的放置时，曾经提到关于定位基准的问题，这里将对其进行详细介绍。通过定位基准的辅助，用户可更加精确地放置 iFeature。

1. 在放置灵活性和体现设计意图之间取得平衡

精通了 iFeature 的创建和使用后，可创建更复杂的特征。用户可决定在【创建 iFeature】对话框的【定位基准】列表中包含哪些几何图元。在【定位基准】列表中，可添加用于定位 iFeature 的基础特征草图的参考边。包含参考边可体现更多的设计意图，但是要求 iFeature 的放置方法与它最初的放置方法一致。

2. 为包含共享几何图元的 iFeature 指定定位基准

由多个共享几何图元的特征创建 iFeature 时，默认情况下共享图元在【定位基准】列表中只出现一次。例如，由一个在偏移工作平面上终止的拉伸特征来创建 iFeature。该工作平面是从拉伸所在的草图平面偏移而来。在【创建 iFeature】对话框中，几何图元按以下方式显示：

1）在【所选特征】树中，面同时列在工作平面特征（平面 1 [平面]）和拉伸特征（截面轮廓平面 2 [草图平面]）的下面。

2）在【定位基准】列表中，面只显示一次（截面轮廓平面 2）。

3）在【定位基准】列表中选择面会使【所选特征】树中的两个面同时亮显。

在【定位基准】列表中，可在平面上单击右键并从弹出的快捷菜单中选择【独立】选项，单独列出平面。当使用 iFeature 时，可分别选择并放置每个平面。使用 iFeature 有很大的灵活性，但是需要在放置时选择附加的定位基准。另外，用户可重命名平面，使它们在放置 iFeature 时更容易理解。可将【平面 1】重命名为"工作平面偏移面"，将【截面轮廓平面 2】重命名为"草图平面"等。

3. 为包含多个草图的 iFeature 指定定位基准

在向【定位基准】列表添加几何图元元素时，从多个草图特征（如放样和扫掠）创建的 iFeature 更为有用。下面分别讲述。

1）放样。放样包含两个或更多独立草图平面上的草图。默认情况下，在放样特征中所选的第一个截面轮廓会在【定位基准】列表中显示。其余草图平面的位置将相对于第一个截面轮廓来定义。通过在【定位基准】列表中包含其他草图平面，可在放置 iFeature 时选择包含平面

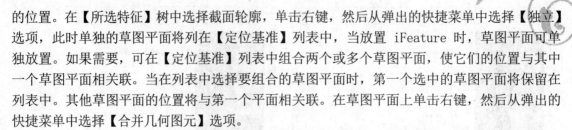

的位置。在【所选特征】树中选择截面轮廓，单击右键，然后从弹出的快捷菜单中选择【独立】选项，此时单独的草图平面将列在【定位基准】列表中，当放置 iFeature 时，草图平面可单独放置。如果需要，可在【定位基准】列表中组合两个或多个草图平面，使它们的位置与其中一个草图平面相关联。当在列表中选择要组合的草图平面时，第一个选中的草图平面将保留在列表中。其他草图平面的位置将与第一个平面相关联。在草图平面上单击右键，然后从弹出的快捷菜单中选择【合并几何图元】选项。

2）扫掠。如果截面轮廓和扫掠路径草图不存在关联关系，则默认情况下截面轮廓草图将在【定位基准】列表中显示。在这种情况下，路径草图的位置是相对于截面轮廓定义的。要使路径草图的放置与截面轮廓草图无关，可将它添加到【定位基准】列表中。在【所选特征】树中的路径草图上单击右键，然后从弹出的快捷菜单中选择【独立】选项。对于有些 iFeature，如用扫掠特征创建的 O 形密封圈，可能需要相对于路径草图来定义位置。在【定位基准】列表中的路径草图上单击右键，并从弹出的快捷菜单中选择【合并】选项，单击截面轮廓草图。由于路径草图是优先选择的，所以它将被列出来。

3.8　表驱动工厂（iPart）入门

　　大型工程项目的设计一般都是由很多设计者共同完成最终的设计任务，在这种协同设计的过程中，保证部件设计的一致性、发布带内置版本信息的零件以及建立首选零件库、管理和重复使用设计数据等对设计全局的影响就会十分显著。如果在设计中没有很好地共享和协作，将大大降低设计的总效率，造成大量的重复性劳动，如 A 部门设计了一套螺栓，B 部门同样设计了一套螺栓，这两套螺栓的尺寸参数仅有螺距不同，其他参数完全一样，试想如果 A 部门将设计的螺栓以某种通用的格式共享，如果 B 部门要使用，仅仅修改一下格式中的螺距数据即可，这样就可节省很多劳动。Autodesk Inventor 提供了表驱动工厂（iPart），通过创建和放置 iPart、发布零件族，可使所有参与者在协同设计过程中共享设计意图，使得设计者的合作和沟通更加方便。

iPart 是由 iPart 工厂生成的零件，具有如下的特点：

1）它有多个配置，每一个配置都由 iPart 工厂中定义的电子表格的一行来确定。

2）iPart 工厂设计者指定了每个 iPart 中包含或不包含的参数、特性、iMate 值和其他参数。

3）系统将为添加的每一个项目在 iPart 表中创建一个列，表中的每一行表示该 iPart 的一个引用。

3.8.1　创建 iPart 工厂

要创建 iPart 工厂，必须首先打开一个新零件（或现有零件、钣金零件），然后确定设计的哪一部分要随每个引用一同修改。然后单击【管理】选项卡【编写】面板中的【创建 iPart】工

具按钮 ，弹出【iPart 编写器】对话框，如图 3-97 所示。在该对话框中可定义表中表示零件引用的行，指定其参数、特性、螺纹信息、iMate 信息、特征抑制和定位特征包含的各种变化形式。最后保存零件，零件即被自动另存为一个【iPart 工厂】，参数表格在浏览器中也会显示出来。下面简要介绍如何创建 iPart 工厂的各个参数。

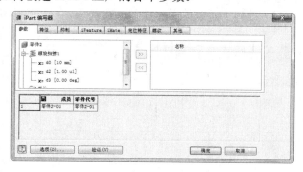

图3-97　【iPart编写器】对话框

1.【参数】选项卡

1）在如图 3-97 所示的【参数】选项卡中，左侧的窗口列出了可作为 iPart 的特征及其参数，如果双击某个特征，或选中该特征后单击 按钮，则该特征下的所有尺寸参数都会加入到右边的窗口中，成为 iPart 工厂零件的参数。双击某个特征的某个尺寸，或选中该特征后单击 按钮，也可将该尺寸加入到右侧的窗口中。

2）如果要删除右侧窗口中的某个参数，将其选中后单击 按钮即可。

3）加入到 iPart 工厂中的参数同时出现在下方的表格中，成为表格的一行。如果要向表格中添加新的一行，创建另外一个引用，可选择表格中的一行，然后单击右键，在弹出的快捷菜单中选择【插入行】选项，则会创建一个新的行。新行中的参数数值完全是第一行的复制，用户可随意修改。

2.【特性】选项卡

选择【iPart 编写器】对话框中的【特性】选项卡，则该对话框如图 3-98 所示。【特性】选项卡中列出了要包含在 iPart 中的概要信息、项目信息和物理特性信息。用户可决定是否在 iPart 工厂中包含这些非尺寸的参数信息。加入和删除参数的方式与【参数】选项卡中相同，这里不再重复。

图3-98　【特性】选项卡

3.【抑制】选项卡

【抑制】选项卡如图 3-99 所示。【抑制】选项卡可为 iPart 的每个引用指定要计算或抑制的单独的特征。左侧窗口为零件的所有特征，右侧窗口为要计算或抑制的特征，用户可从左侧窗口中选择特征加入到右侧窗口中。右侧窗口的每个特征都在 iPart 表中创建一列，该列的值可人为设定是【计算】或【抑制】。如果特征被抑制，那么 iPart 工厂中将不会显示该特征。

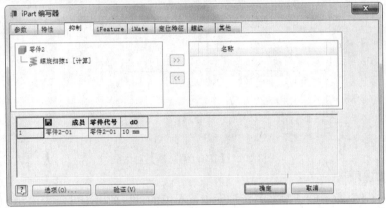

图3-99　【抑制】选项卡

4.【iMate】选项卡

【iMate】选项卡如图 3-100 所示。在左侧的窗口中显示了模型中定义的 iMate，单击可展开浏览器中的 iMate，然后单击方向箭头可在所选 iMate 列表中添加或删除 iMate。对于自定义 iPart，只有添加到【所选 iMate】列表中才可修改。

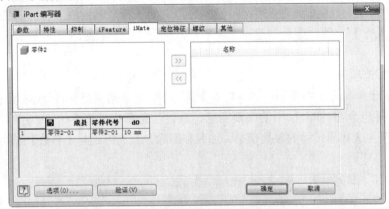

图3-100　【iMate】选项卡

5.【定位特征】选项卡

【定位特征】选项卡如图 3-101 所示。该选项卡可指定要在 iPart 的各个引用中包含或排除的定位特征。在左侧的窗口中列出了零件的定位特征，右侧窗口中将列出了要包含在 iPart 工厂中的定位特征。每个特征都在 iPart 表中创建一列。

6.【螺纹】选项卡

如果零件中包含螺纹，可选择是否将螺纹添加到 iPart 工厂中。【螺纹】选项卡如图 3-102 所示，左侧窗口中显示了零件上的螺纹特征。可将其中的一个或几个参数特征添加到右侧的窗口中，添加到右侧窗口中的每一个螺纹参数将添加到 iPart 表格中并成为单独的一列。用户可编辑表格中螺纹参数的数值。

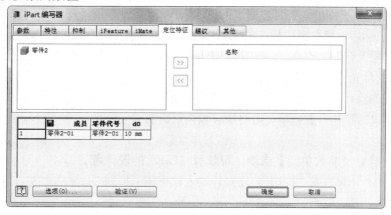

图3-101　【定位特征】选项卡

7. 【其他】选项卡

用户可在【其他】选项卡里面选择为 iPart 工厂添加新的参数并且为参数赋值。

最后单击【确定】按钮即可完成创建 iPart 工厂。

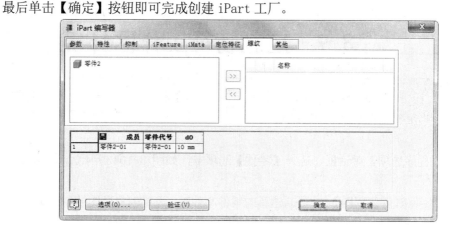

图3-102　【螺纹】选项卡

3.8.2　iPart 电子表格管理

当由一个零件创建了一个 iPart 工厂以后，一个 iPart 表格也同时建立了，并且出现在浏览器中。iPart 工厂的特征主要由这个表格来控制，通过修改电子表格中的参数，可改变 iPart 工厂的特征。

在浏览器中的电子表格图标 ⊞ 上单击右键。可看到在弹出的快捷菜单上有【删除】、【通过电子表格编辑】和【编辑表】等选项，如图 3-103 所示。

1）如果选择【删除】选项，则电子表格将被删除，iPart 工厂将退化为基本的零件。

2）如果选择【通过电子表格编辑】选项，将自动打开 Excel，用户可对表格进行编辑。

3）如果选择【编辑表】选项，将弹出【iPart 编写器】对话框，用户可重新对表格进行定

109

义和修改等。

在【iPart 编写器】对话框的电子表格中，每一行是它定义的 iPart 工厂的电子表格中的一行，也是 iPart 的一个引用。在一行中单击右键，然后选择右键快捷菜单中的选项可以编辑表。

1）单击【插入行】选项，可添加其他 iPart 的版本，然后可根据需要编辑的单元值创建唯一引用。

2）单击【删除行】选项会从表中删除 iPart 引用。

3）单击【设为默认行】选项，可将该行设为默认的 iPart 引用。

图3-103　快捷菜单

4）单击【自定义参数单元】选项，可放置 iPart 的设计者在单元中指定的"计算"或"抑制"，还允许输入以下值：抑制 Suppress, S, s, OFF, Off, off, 0，计算 Compute, U, u, C, c, ON, On, on, 1 等。

电子表格中的列表示在【所选特征】列表中已命名的特征。在列中单击右键，然后选择右键菜单中的选项可以编辑表。例如，单击【自定义参数列】选项可放置 iPart 的设计者指定的计算特征或抑制特征，单击【删除列】选项可从表中删除列。

3.9　定制特征工作区环境

在 Autodesk Inventor 中，可单击【工具】标签栏中的【应用程序设置】按钮来定制特征环境的工作区域。

打开【应用程序选项】对话框，选择【零件】选项卡，如图 3-104 所示。各个参数解释如下：

（1）【新建零件时创建草图】：设置创建新的零件文件时，设置创建草图的首选项。选择【不新建草图】选项，创建零件时禁用自动创建草图功能。选择【在 X-Y 平面创建草图】选项，创建零件时把【X-Y】面设置为草图平面，下面两个选项类似。

（2）【构造】：其中的【不透明曲面】选项可以设置所创建的曲面是否透明。在默认的设置下创建的曲面为半透明的，但可以通过选中该选项修改为不透明。

（3）【自动隐藏内嵌定位特征】：如果选中该选项，当通过其他定位特征退化时，定位特征将会自动被隐藏。

（4）【自动使用定位特征和曲面特征】：如果选中该选项，浏览器会更整洁，特征从属项之间的通信也会更有效。但是不能在无共享内容的退化特征之间回退零件结束标记，如拉伸特征及其退化的草图。取消该选项，如果创建了多个工作平面，则每个平面都从前一个工作平面偏移（如为放样特征创建草图），最好取消该选项。自动使用会导致不希望出现的浏览器节点的深度嵌套。

（5）【三维夹点】：其中的【选择时显示夹点】选项可以在选择零件或部件的面或边时显示夹点。当选择优先设置为边和面时，夹点将显示，并可以使用三维夹点编辑面。在夹点上单击将启动【三维夹点】命令。

图3-104　【零件】选项卡

（6）【尺寸约束】：可以指定由三维夹点编辑导致的特征变化与现有约束不一致时尺寸约束如何响应。

● 　【永不放宽】选项：防止在具有线性尺寸或角度尺寸的方向上对特征进行夹点编辑。

● 　【在没有表达式的情况下放宽】选项：防止在由基于等式的线性尺寸或角度尺寸定义的方向上对特征进行夹点编辑。没有等式的尺寸不受影响。

● 　【始终放宽】选项：允许对特征进行夹点编辑，而不考虑是否应用线性尺寸、角度尺寸或基于等式的尺寸。

● 　【提示】选项：与【始终放宽】选项类似，但是如果夹点编辑影响尺寸或基于表达式的尺寸，将显示一条警告。接受后，尺寸和等式将被放宽，并且夹点编辑结束后二者将更新为数值。

（7）【几何约束】：指定由三维夹点编辑导致的特征变化与现有约束不一致时几何约束如何响应。

● 　【永不打断】选项：防止约束存在时对特征进行夹点编辑。

● 　【始终打断】选项：断开一个或多个约束，使得即使约束存在时也能够对特征进行夹点编辑。

● 　【提示】选项：与【始终打断】类似，但是如果夹点编辑打断一个或多个约束，将显示一条警告。

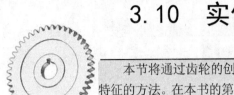

3.10 实例——参数化齿轮的创建

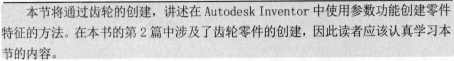

本节将通过齿轮的创建，讲述在 Autodesk Inventor 中使用参数功能创建零件特征的方法。在本书的第 2 篇中涉及了齿轮零件的创建，因此读者应该认真学习本节的内容。

齿轮的实例文件位于网盘的"\第3章"目录下，文件名是"参数化齿轮.ipt"。

3.10.1 创建参数和草图

齿轮是通过对其截面轮廓进行拉伸得到的，也是一种基于草图的特征。首先进行草图的绘制，步骤如下：

1）运行 Autodesk Inventor Professional2020，选择【Standard.ipt】模板，新建一个零件文件，然后单击【三维模型】选项卡【草图】面板中的【开始创建二维草图】按钮，进入到草图环境中。

2）单击【管理】标签栏【参数】面板上的【参数】工具按钮fx，弹出【参数】对话框，单击【添加数字】按钮，在【用户参数】一栏中添加用户自定义的参数变量。这里需要添加四个用户参数：齿轮齿数 Z、模数 M、齿形角 a 和齿厚 L。这是创建尺寸的四个关键要素。同时还要为参数指定数值和单位。这里，取 Z＝31，M＝3，a＝20deg，L＝10 mm。此时的【参数】对话框如图 3-105 所示。

图3-105 【参数】对话框

3）选择【草图】标签栏，利用【绘图】面板上的圆、圆弧和直线工具绘制齿轮的草图截面轮廓，再使用【圆心、半径】工具分别绘制齿轮的分度圆、齿顶圆和齿根圆，然后使用【三点圆弧】和【直线】工具绘制齿轮的齿形截面轮廓，如图 3-106 所示。

4）单击【草图】标签栏【约束】面板中的【尺寸】工具按钮，为齿轮的草图轮廓添加尺寸约束。注意，这里应该完全根据国标所规定的齿轮标准尺寸进行标注，如分度圆的直径应该是模数×齿数，齿根圆应该是模数×（齿数－2.5）等。在草图工作区域内单击右键，在弹出的快捷菜单中选择【尺寸显示】选项，在它的子菜单中选择【表达式】选项，这样尺寸就会以表

达式的方式显示。标注尺寸以后的齿轮草图截面轮廓如图 3-107 所示。

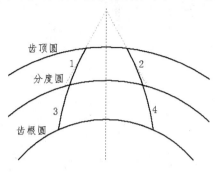

图3-106 齿形截面轮廓

5）单击【草图】标签栏【修改】面板中的【修剪】工具按钮 ✂️，修剪多余的线段，结果如图 3-108 所示。

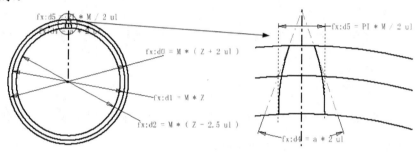

图3-107 标注尺寸后的齿轮草图截面轮廓

3.10.2 创建三维模型

1）单击【草图】标签栏中的【完成草图】工具按钮 ✔️，退出草图环境，进入特征环境中。单击【三维模型】标签栏【创建】面板上的【拉伸】工具按钮 ▣，在弹出的【拉伸】特性面板中选择齿根圆为截面轮廓，在拉伸距离中输入 L 作为拉伸距离，单击【确定】按钮完成拉伸特征。

2）在浏览器中，单击【拉伸 1】特征选项前面的展开符号，被【拉伸 1】选项消耗的退化的草图将会显示出来，右键单击该草图，在弹出的快捷菜单中选择【共享草图】选项，则拉伸 1 退化的草图会重新显示，虽然现在不是在草图环境，但是还可利用这个草图创建特征。重新编辑一下该草图，使得其截面轮廓如图 3-108 所示。单击【三维模型】标签栏【创建】面板上的【拉伸】工具按钮 ▣，选择轮齿的截面轮廓作为轮廓截面，将拉伸的深度设置为 L，拉伸完毕以后隐藏该拉伸特征的草图，拉伸的结果如图 3-109 所示。

3）对轮齿进行环形阵列操作。单击【三维模型】标签栏【阵列】面板上的【环形阵列】工具按钮 ▦，选择齿轮的齿形作为要阵列的特征，以齿根圆的轴线作为阵列的旋转轴，输入环形阵列特征的个数为 Z（即齿数）、阵列角度为 360º。单击【确定】按钮完成阵列特征的创建，结果如图 3-110 所示。

4）创建齿轮的安装定位特征。首先在齿轮的侧面新建一个草图，绘制如图 3-111 所示的截面轮廓，然后以环形为截面轮廓进行拉伸。【拉伸】特性面板的设置以及拉伸形成的特征如图3-112 所示。同理，在另一侧创建安装定位特征。

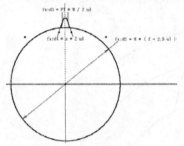

图3-108　草图截面轮廓

图3-109　拉伸一个轮齿

图3-110　环形阵列轮齿

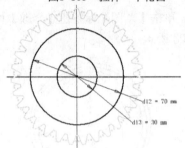

图3-111　绘制草图截面轮廓

图3-112　"拉伸"特性面板以及拉伸形成的特征

5）创建键槽特征。首先在齿轮中心凸台的表面新建草图，绘制如图 3-113 所示的截面轮廓，然后选择【拉伸】工具，以该截面轮廓为拉伸的截面轮廓。【拉伸】特性面板以及完成齿轮的造型如图 3-114 所示。

至此，齿轮零件已经创建完毕。用户可把这个零件作为创建其他齿轮零件的一个模板，在创建不同模数、齿数和齿厚的齿轮时，通过在参数表中修改相应的参数，然后对零件进行更新，即可得到想要的齿轮零件。例如，将上面的齿轮的齿数改为45，则得到如图 3-115 所示的齿轮零件。

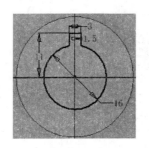

图3-113　绘制草图截面轮廓

图3-114　【拉伸】特性面板以及完成的齿轮造型　　　图3-115　齿数为45的齿轮

第 4 章

部件装配

Autodesk Inventor 提供了将单独的零件或者子部件装配成为部件的功能。本章扼要讲述了部件装配的方法和过程，还介绍了零部件的衍生、干涉检查与约束的驱动、iMate 智能装配的基础知识，以及 Autodesk Inventor 中独有的自适应设计等常用功能。

- ⊙ 添加和编辑约束
- ⊙ 衍生零件和部件
- ⊙ 定制装配工作区环境
- ⊙ 自适应部件装配范例——剪刀

4.1 Autodesk Inventor 的部件设计

在 Autodesk Inventor 中，可以将现有的零件或者部件按照一定的装配约束条件装配成一个部件，同时这个部件也可以作为子部件装配到其他的部件中，最后零件和子部件构成一个符合设计构想的整体部件，如图 4-1 所示。

图4-1 Autodesk Inventor中装配完毕的部件

按照通常的设计思路，设计者和工程师首先创建布局，然后设计零件，最后把所有零部件组装为部件，这种方法称为自下而上的设计方法。使用 Autodesk Inventor 创建部件时可以在位创建零件或者放置现有零件，从而使设计过程更加简单有效，这种方法称为自上而下的设计方法。这种自上而下的设计方法的优点是：

1）这种以部件为中心的设计方法支持自上而下、自下而上和混合的设计策略。Autodesk Inventor 可以在设计过程中的任何环节创建部件，而不是在最后才创建部件。

2）如果用户正在做一个全新的设计方案，可以从一个空的部件开始，然后在具体设计时创建零件。

3）如果要修改部件，可以在位创建新零件，以使它们与现有的零件相配合。对外部零部件所做的更改将自动反映到部件模型和用于说明它们的工程图中。

在 Autodesk Inventor 中，可以自由地使用自下而上的设计方法、自上而下的设计方法以及二者同时使用的混合设计方法。下面分别简要介绍。

1. 自下而上的设计方法

对于从零件到部件的设计方法，也就是自下而上的部件设计方法，在进行设计时，需要向部件文件中放置现有的零件和子部件，并通过应用装配约束（如配合和表面齐平约束）将其定位。如果可能，应按照制造过程中的装配顺序放置零部件，除非零部件在它们的零件文件中是以自适应特征创建的，否则它们就有可能无法满足部件设计的要求。

在 Autodesk Inventor 中，可以在部件中放置零件，然后在部件环境中使零件自适应。当零件的特征被约束到其他的零部件时，在当前设计中的零件将自动调整本身大小以适应装配尺寸。如果希望所有欠约束的特征在被装配约束定位时自适应，可以将子部件指定为自适应。如果子部件中的零件被约束到固定几何图元，它的特征将根据需要调整大小。

2．自上而下的设计方法

对于从部件到零件的设计方法，也就是自上而下的部件设计方法，用户在进行设计时会遵循一定的设计标准并创建满足这些标准的零部件。设计者将列出已知的参数，并且会创建一个工程布局（贯穿并推进整个设计过程的二维设计）。布局可能包含一些关联项目，如部件靠立的墙和底板、从部件设计中传入或接受输出的机械以及其他固定数据。布局中也可以包含其他标准，如机械特征。可以在零件文件中绘制布局，然后将它放置到部件文件中。在设计进程中，草图将不断地生成特征。最终的部件是专门设计用来解决当前设计问题的相关零件的集合体。

3．混合设计方法

混合部件设计的方法结合了自下而上的设计策略和自上而下的设计策略的优点。在这种设计思路下，可以知道某些需求，也可以使用一些标准零部件，但还是应当产生满足特定目的的新设计。通常，从一些现有的零部件开始设计所需的其他零件，首先分析设计意图，接着插入或创建固定（基础）零部件。设计部件时，可以添加现有的零部件，或根据需要在位创建新的零部件。这样部件的设计过程就会十分灵活，可以根据具体的情况选择自下而上还是自上而下的设计方法。

4.2　零部件基础操作

本节将讲述如何在部件环境中装入零部件、替换零部件、旋转和移动零部件、阵列零部件等基本的操作技巧，这些是在部件环境中进行设计的必需技能。

4.2.1　添加和替换零部件

在 Autodesk Inventor 中，不仅仅可以装入用 Autodesk Inventor 创建的零部件，还可以输入并使用 SAT、STEP 和 Pro/Engineer 等格式和类型的文件，也可以输入 Mechanical Desktop 零件和部件，其特征将被转换为 Autodesk Inventor 特征，或将 Mechanical Desktop 零件或部件作为零部件放置到 Autodesk Inventor 的部件中。输入的各种非 Autodesk Inventor 格式的文件被认为是一个实体，不能在 Autodesk Inventor 中编辑其特征，但是可以向作为基础特征的实体添加特征，或创建特征从实体中去除材料。

1．添加零部件

要在 Autodesk Inventor 中添加已有的零部件，可以：

1）单击【装配】标签栏【零部件】面板上的【放置】工具按钮，这时弹出【装入零部件】对话框，用户可以选择需要装入进行装配的零部件。

2）选择完毕以后单击该对话框的【打开】按钮，则选择的零部件会添加到部件文件中来。另外，从 Windows 的浏览器中将文件拖放到显示部件装配的图形窗口中，也可以装入零部件。

3）装入第一个零部件后，单击右键，在弹出的快捷菜单中选择【在原点处固定放置】选项，系统会自动将其固定，也就是说删除该零部件所有的自由度，并且它的原点及坐标轴与部件的原点及坐标轴完全重合。这样后续零件就可以相对于该零部件进行放置和约束。要恢复零部件的自由度（解除固定），可以在图形窗口或部件浏览器中的零部件引用上单击鼠标右键，然后不勾选右键快捷菜单中【固定】选项旁边的复选标记。在部件浏览器中，固定的零部件会显示一个图钉图标。

4）如果用户需要放置多个同样的零件，可以单击左键，继续装入第二个相同的零件，否则单击右键，在弹出的快捷菜单中选择【取消】选项即可。在实际的装配设计过程中，最好按照制造中的装配顺序来装入零部件，因为这样可以尽量与真实的装配过程吻合，如果出现问题，也可以尽快找到原因。

2．替换零部件

在设计过程中，可能需要根据设计的需要替换部件中的某个零部件。要替换零部件，可以：

1）单击【装配】标签栏【零部件】面板上的【替换】工具按钮，然后在工作区域内选择要替换的零部件。

2）打开选择文件的【打开】对话框，可以自行选择用来替换原来零部件的新零部件。

3）新的零部件或零部件的所有引用被放置在与原始零部件相同的位置，替换零部件的原点与被替换零部件的原点重合。如果可能，装配约束将被保留。

4）如果替换零部件具有与原始零部件不同的形状，原始零部件的所有装配约束都将丢失，必须添加新的装配约束以正确定位零部件。如果装入的零件为原始零件的继承零件（包含编辑内容的零件副本），则替换时约束就不会丢失。

4.2.2　旋转和移动零部件

约束零部件时，可能需要暂时移动或旋转约束的零部件，以便更好地查看其他零部件，或定位某个零部件以便于放置约束。要移动旋转零部件，可以：

1）单击【装配】标签栏【位置】面板上的【自由移动】工具按钮，然后单击零部件同时拖动鼠标即可移动零部件。

2）要旋转零部件，可以单击【装配】标签栏【位置】面板上的【自由旋转】工具按钮，在要旋转的零部件上单击左键，出现三维旋转符号。

● 要进行自由旋转，请在三维旋转符号内单击鼠标，并拖动到要查看的方向。

● 要围绕水平轴旋转，可以单击三维旋转符号的顶部或底部控制点并竖直拖动。

● 要围绕竖直轴旋转，可以单击三维旋转符号的左边或右边控制点并水平拖动。

● 要平行于屏幕旋转，可以在三维旋转符号的边缘上移动鼠标，直到符号变为圆，然后单击边框并在环形方向拖动。

● 要改变旋转中心，可以在边缘内部或外部单击鼠标以设置新的旋转中心。

当旋转或移动零部件时，将暂时忽略零部件的约束。当单击工具栏上的【更新】按钮更新部件的时候，将恢复由零部件约束确定的零部件的位置。如果零部件没有约束或固定的零部件位置，则它将重新定位到移动或者旋转到的新位置。对于固定的零部件来说，旋转将忽略其固定位置，零部件仍被固定，但它的位置被旋转了。

4.2.3 镜像和阵列零部件

在特征环境下可以阵列和镜像特征，在部件环境下也可以阵列和镜像零部件。通过阵列和镜像零部件，可以减小不必要的重复设计的工作量，增加工作效率。镜像和阵列零部件分别如图 4-2 和图 4-3 所示。

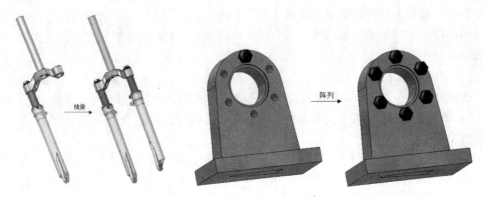

图4-2　镜像零部件　　　　　　　　图4-3　阵列零部件

1. 镜像

1）单击【装配】标签栏【阵列】面板中的【镜像】按钮，弹出【镜像零部件】对话框如图 4-4 所示。

2）选择镜像平面。可以将工作平面或零件上的已有平面指定为镜像平面。

3）选择需要进行镜像的零部件。选择后在白色窗口中会显示已经选择的零部件，该窗口中零部件标志的前面会有各种标志，如、等，单击这些标志则会发生变化，如单击则变成，再次单击变成等。这些符号表示了如何创建所选零部件的引用。

● 表示在新部件文件中创建镜像的引用，引用和源零部件关于镜像平面对称，如图 4-5 所示。

● 表示在当前或新部件文件中创建重复使用的新引用，引用将围绕最靠近镜像平面的轴旋转并相对于镜像平面放置在相对的位置，如图 4-6 所示。

● 表示子部件或零件不包含在镜像操作中，如图 4-7 所示。

● 如果部件包含重复使用的和排除的零部件，或者重复使用的子部件不完整，则显示图标。该图标不会出现在零件图标左侧，仅出现在部件图标左侧。

4）选中【重用标准件和工厂零件】复选框可以限制库零部件的镜像状态。在【预览零部件】选项中，选择某个复选框则可以在图形窗口中以"幻影色"显示镜像的与选中项类型一致的零部件的状态。

5）每一个 Autodesk Inventor 的零部件都将作为一个新的文件保存在硬盘中，所以此时将打开图 4-8 所示的【镜像零部件：文件名】对话框。可以在对话框中以设置保存镜像零部件文件。用户可以单击显示在窗口中的副本文件名来重命名该文件。

在【命名方案】选项中，用户可以指定【前缀】或【后缀】（默认值为 _MIR）来重命名【名称】列中选定的零部件。选择【增量】选项则可以用依次递增的数字来命名文件。

120

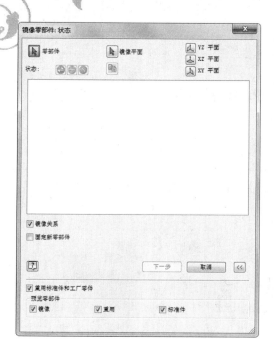

图4-4 【镜像零部件】对话框

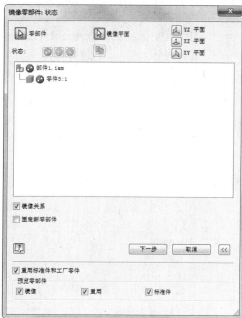

图4-5 引用和源零部件关于镜像平面对称

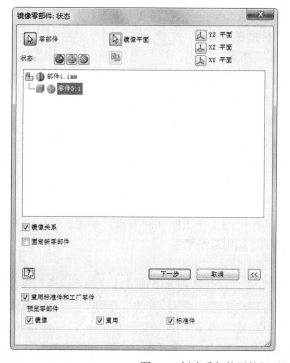

图4-6 创建重复使用的新引用

　　在【零部件目标】选项中,用户可以指定部件结构中镜像零部件的目标。选择【插入到部件中】选项则将所有新部件作为同级零部件放到顶层部件中,选择【在新窗口中打开】选项则在新窗口中打开包含所有镜像的部件的新部件。

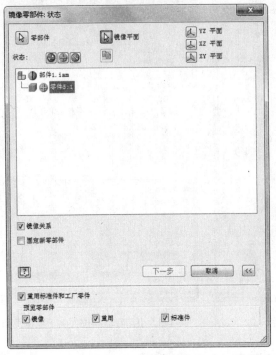

图4-7　子部件或零件不包含在镜像操作中

6）单击【确定】按钮，完成零部件的镜像。

对零部件进行镜像复制需要注意以下事项：

①生成的镜像零部件并不关联，因此如果修改原始零部件，它并不会更新。

②装配特征（包含工作平面）不会从源部件复制到镜像的部件中。

③焊接不会从源部件复制到镜像的部件中。

④零部件阵列中包含的特征将作为单个元素（而不是作为阵列）被复制。

⑤镜像的部件使用与原始部件相同的设计视图。

⑥仅当镜像或重复使用约束关系中的两个引用时才会保留约束关系，如果仅镜像其中一个引用则不会保留。

⑦镜像的部件中维护了零件或子部件中的工作平面间的约束。如果有必要，则必须重新创建零件和子部件间的工作平面以及部件的基准工作平面。

2．阵列

Autodesk Inventor 中可以在部件中将零部件排列为矩形或环形阵列。使用零部件阵列可以提高工作效率，并且可以更有效地实现用户的设计意图。例如，用户可能需要放置多个螺栓以便将一个零部件固定到另一个零部件上，或者将多个零件或子部件装入一个复杂的部件中。在部件环境中的阵列操作与在零件特征环境中类似，这里仅重点介绍不同点。

1）创建阵列。要创建零部件的阵列，可以单击【管理】标签栏【阵列】面板上的【阵列】工具按钮，则弹出【阵列零部件】对话框，如图 4-9 所示。可以有三种创建阵列的方法：

● 可以创建关联的零部件阵列。这是默认的阵列创建方式，如图 4-9 所示。

首先选择要阵列的零部件，然后在【特征阵列选择】中选择特征阵列，则需进行阵列的零部件将参照特征阵列的放置位置和间距进行阵列。对特征阵列的修改将自动更新部件阵列中零部件的数量和间距，同时与阵列的零部件相关联的约束在部件阵列中被复制和保留。创建关联的零部件阵列如图 4-10 所示，螺栓为要阵列的零件，特征阵列为机架部件上的孔阵列。

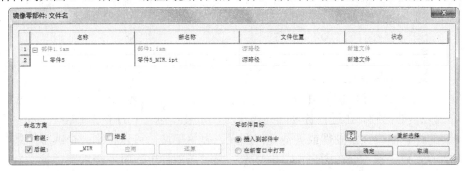

图4-8　【镜像零部件：文件名】对话框

图4-9　【阵列零部件】对话框

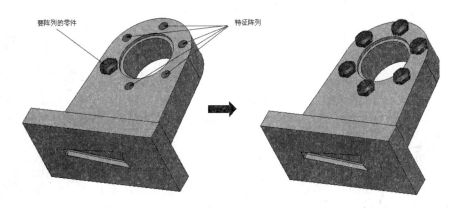

图4-10　创建关联的零部件阵列

● 矩形阵列，需要选择【阵列零部件】对话框上的【矩形阵列】选项卡，如图 4-11 所示。依次选择要阵列的特征、矩形阵列的两个方向、副本在两个方向上的数量和距离即可。

● 环形阵列，需要选择【阵列零部件】对话框上的【环形阵列】选项卡，如图 4-12 所示。依次选择要阵列的特征、环形阵列的旋转轴、副本的数量和副本之间的角度间隔即可。

图4-11 【矩形阵列】选项卡

图4-12 【环形阵列】选项卡

2）阵列元素的抑制。在进行各种阵列操作时，如果阵列产生的个别元素与别的零部件（如与阵列冲突的杆、槽口、紧固件或其他几何图元）发生干涉，可以抑制一个或多个装配阵列元素。被抑制的阵列元素不会在图形窗口中显示，并且当部件更新时不会重新计算。其他几何图元可以占据被抑制元素相同的位置而不会发生干涉。要抑制某一个元素，在浏览器中选择该元素，单击右键，在弹出的快捷菜单中选择【抑制】选项即可。图4-13所示为抑制了两个阵列元素。如果要接触某个元素的抑制，同样在右键快捷菜单中去掉【抑制】前面的勾号即可。

3）阵列元素的独立。默认情况下，所有创建的非源阵列元素与源零部件是关联的。如果修改了源零部件的特征，则所有的阵列元素也随之改变。但是也可以选择打断这种关联，使得阵列元素独立于源零部件。要使得某个非源阵列元素独立，可以在浏览器中选择一个或多个非源阵列元素，单击鼠标右键并选择右键快捷菜单中的【独立】选项即可打断阵列链接。当阵列元素独立时，所选阵列元素将被抑制，元素中包含的每个零部件引用的副本都放置在与被抑制元素相同的位置和方向上，新的零部件在浏览器装配层次的底部独立列出，浏览器中的符号指示阵列链接被打断，如图4-14所示。

图4-13 抑制两个阵列元素

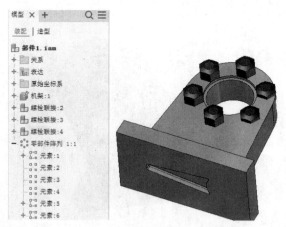
图4-14 阵列链接被打断

4.2.4 零部件拉伸、打孔和倒角

在部件环境中，【三维模型】标签栏也提供了拉伸、打孔和倒角工具，也就是说可以在部件

环境下直接对子零部件进行编辑。其中，拉伸和打孔依然是基于草图的特征，如果想在部件环境下进行拉伸，必须进入到单个零件编辑环境下，建立草图特征，再进行拉伸和打孔。倒角是典型的放置特征，无需建立草图，可以直接在部件环境下对任何零件进行倒角操作。拉伸、打孔和倒角的有关操作已经在前面的章节中做过讲述，所以这里不再详细讲述。

4.3　添加和编辑约束

本节将主要讲解如何正确使用装配约束来装配零部件。

除了添加装配约束以组合零部件以外，Autodesk Inventor 还可以添加运动约束以驱动部件的转动部分转动，以方便进行部件运动动态的观察，甚至可以录制部件运动的动画视频文件；还可以添加过渡约束，使得零部件之间的某些曲面始终保持一定的关系。

在部件文件中装入或创建零部件后，可以使用装配约束建立部件中的零部件的方向并模拟零部件之间的机械关系。例如，可以使两个平面配合，将两个零件上的圆柱特征指定为保持同心关系，或约束一个零部件上的球面，使其与另一个零部件上的平面保持相切关系。装配约束决定了部件中的零部件如何配合在一起。若应用了约束，就删除了自由度，限制了零部件移动的方式。

装配约束不仅仅是将零部件组合在一起，正确应用装配约束还可以为 Autodesk Inventor 提供执行干涉检查、冲突和接触动态及分析以及质量特性计算所需的信息。当正确应用约束时，可以驱动基本约束的值并查看部件中零部件的移动。关于驱动约束的问题将在后面章节中讲述。

4.3.1　配合约束

配合约束可将零部件面对面放置或使这些零部件表面齐平相邻，该约束将删除平面之间的一个线性平移自由度和两个角度旋转自由度。

配合约束有两种类型，一是【配合】约束，互相垂直地相对放置选中的面，使面重合，如图 4-15 所示；二是【对齐】约束，用来对齐相邻的零部件，可以通过选中的面、线或点来对齐零部件，使其表面法线指向相同方向，如图 4-16 所示。

图4-15　【配合】约束

图4-16　【对齐】约束

要在两个零部件之间添加配合约束，可以：

1）单击【装配】标签栏【位置】面板上的【约束】工具按钮，弹出【放置约束】对话框，如图 4-17 所示。

图4-17　【放置约束】对话框

2）选择【类型】中的【配合】按钮，然后单击【选择】中的两个红色箭头，分别选择配合的两个平面、曲线、平面、边或点。

3）如果选择了【先单击零件】选项，则将可选几何图元限制为单一零部件。这个功能适合在零部件处于紧密接近或部分相互遮挡时使用。

4）【偏移量】选项用来指定零部件相互之间偏移的距离。

5）在【求解方法】选项中可以选择配合的方式，即配合或者表面齐平。

6）可以通过选中【显示预览】选项来预览装配后的图形。

7）通过选中【预计偏移量和方向】选项可在装配时由系统自动预测合适的装配偏移量和偏移方向。

8）单击【确定】按钮，完成配合装配。

4.3.2　角度约束

对准角度约束可以使得零部件上平面或者边线按照一定的角度放置，该约束将删除平面之间的一个旋转自由度或两个角度旋转自由度。

可以有两种对准角度的约束方法：一是【定向角度】方式，它始终应用于右手规则，也就是说右手的拇指外的四指指向旋转的方向，拇指指向为旋转轴的正向。当设定了一个对准角度之后，需要对准角度的零件总是沿一个方向旋转即旋转轴的正向。二是【非定向角度】方式，它是默认的方式，在该方式下可以选择任意一种旋转方式。如果解出的位置近似于上次计算出的位置，则自动应用左手定则。典型的对准角度约束如图 4-18 所示。

要在两个零部件之间添加配合约束，可以：

1）单击【装配】标签栏【位置】面板上的【约束】工具按钮，弹出【放置约束】对话框如图 4-17 所示。

2）单击【类型】中的【角度】按钮，对话框中出现【角度】选项，如图 4-19 所示。

3）同添加【配合】约束一样，首先选择面或者边，然后指定面或者边之间的夹角，选择对准角度的方式等。

4）单击【确定】按钮，完成对准角度约束的创建。

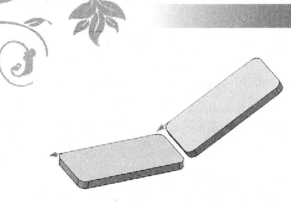

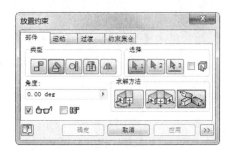

图4-18　对准角度约束　　　　　　　　　图4-19　【角度】选项

4.3.3　相切约束

相切约束可定位面、平面、圆柱面、球面、圆锥面和规则的样条曲线在相切点处相切，相切约束将删除线性平移的一个自由度，或在圆柱和平面之间删除一个线性自由度和一个旋转自由度。相切约束有两种方式，即内切和外切，如图 4-20 所示。

要在两个零部件之间添加相切约束，可以：

1）单击【装配】标签栏【位置】面板上的【约束】工具按钮□，弹出【放置约束】对话框，如图 4-17 所示。

2）单击【类型】中的【相切】按钮，出现【相切】选项，如图 4-21 所示。

3）依次选择相切的面、曲线、平面或点，指定偏移量，选择内切或者外切的相切方式。

4）单击【确定】按钮即可完成相切约束的创建。

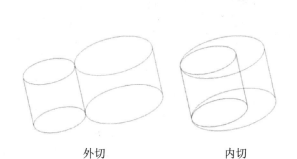

外切　　　　　　　　　　　内切

图4-20　内切和外切　　　　　　　　　图4-21　【相切】选项

4.3.4　插入约束

插入约束是平面之间的面对面配合约束和两个零部件的轴之间的配合约束的组合，它将配合约束放置于所选面之间，同时将圆柱体沿轴向同轴放置。插入约束保留了旋转自由度，平动自由度将被删除。插入约束可用于在孔中放置螺栓杆部、杆部与孔对齐、螺栓头部与平面配合等。典型的插入约束如图 4-22 所示。

要在两个零部件之间添加插入约束，可以：

1）单击【装配】标签栏【位置】面板上的【约束】工具按钮□，弹出【放置约束】对话框，如图 4-17 所示。

2）单击【类型】中的【插入】按钮，对话框中出现【插入】选项，如图 4-23 所示。

3）依次选择装配的两个零件的面或平面，指定偏移量，选择插入方式。选择【反向】选项将使第一个选中的零部件的配合方向反向，选择【对齐】选项则使第二个选中的零部件的配合方向反向。

4）单击【确定】按钮，完成约束的创建。

这里再次强调，插入装配不仅约束同轴，还约束表面的平齐。图 4-24 所示为在装配表面选择不同时，装配结果会截然不同。

图4-22 典型的插入约束

图4-23 【插入】选项

图4-24 装配表面选择不同导致不同的装配结果

4.3.5 对称约束

对称约束可根据平面或平整面对称地放置两个对象。如图 4-25 所示。

对称约束的操作步骤如下：

1）单击【装配】标签栏【位置】面板上的【约束】工具按钮，弹出【放置约束】对话框，如图 4-17 所示。

2）单击【类型】选项中的【对称】按钮，对话框中出现【对称】选项，如图 4-26 所示。

图4-25 【对称】约束

图4-26 【对称】选项

3）依次选择装配的两个零件，然后选择对称面。

4）单击【确定】按钮，完成对称约束的创建。

4.3.6 运动约束

在 Autodesk Inventor 中，还可以向部件中的零部件添加运动约束。运动约束可用于驱动齿轮、带轮、齿条与齿轮以及其他设备的运动。可以在两个或多个零部件间应用运动约束，通过驱动一个零部件使其他零部件做相应的运动。

运动约束指定了零部件之间的预定运动，因为它们只在剩余自由度上运转，所以不会与位置约束冲突、不会调整自适应零件的大小或移动固定零部件。重要的一点是，运动约束不会保持零部件之间的位置关系，所以在应用运动约束之前需先完全约束零部件，然后可以抑制限制要驱动的零部件的运动的约束。

要为零部件添加运动约束，可以：

1）单击【装配】标签栏【位置】面板上的【约束】工具按钮□┓，弹出【放置约束】对话框，选择【运动】选项卡，如图 4-27 所示。

图4-27 【运动】选项卡

2）选择运动的类型，在 Autodesk Inventor Professional 2020 中可以选择两种运动类型：

● 转动约束：指定了选择的第一个零件按指定传动比相对于另一个零件转动。典型的使用是齿轮和滑轮。

● 转动-平动约束：指定了选择的第一个零件按指定距离相对于另一个零件的平动而转动。典型的使用是齿条与齿轮运动。

3）指定了运动方式以后，选择要约束到一起的零部件上的几何图元。可以指定一个或更多的曲面、平面或点以定义零部件如何固定在一起。

4）指定转动运动类型下的传动比、转动-平动类型下的距离（即指定相对于第一个零件旋转一次时，第二个零件所移动的距离），以及两种运动类型下的运动方式。

5）单击【确定】按钮，完成运动约束的创建。

运动约束创建以后，可以在浏览器中看到它的图标。还可以驱动运动约束，使得约束的零部件按照约束的规则运动。这方面的内容将在 4.4.3 驱动约束小节中讲述。

4.3.7 过渡约束

过渡约束指定了零件之间的一系列相邻面之间的预定关系，非常典型的过渡约束范例（如插槽中的凸轮）如图 4-28 所示。当零部件沿着开放的自由度滑动时，过渡约束会保持面与面之间的接触。如在图 4-28 中，当凸轮在插槽中移动时，凸轮的表面一直同插槽的表面接触。

要为零部件添加过渡约束，可以单击【装配】标签栏【位置】面板上的【约束】工具按钮口，弹出【放置约束】对话框，选择【过渡】选项卡，如图 4-29 所示，分别选择要约束在一起的两个零部件的表面，第一次选择移动面，第二次选择过渡面，然后单击【确定】按钮即可完成过渡约束的创建。

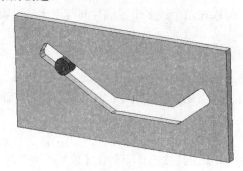

图4-28　过渡约束范例

图4-29　【过渡】选项卡

4.3.8　编辑约束

当装配约束不符合实际的设计要求时就需要更改，在 Autodesk Inventor 中可以快速地修改装配约束。首先选择浏览器中的某个装配约束，单击右键，在弹出的快捷菜单中选择【编辑】选项，弹出如图 4-30 所示的【放置约束】对话框。用户可以通过重新定义装配约束的每一个要素来进行相应的修改，如重新选择零部件，重新定义运动方式和偏移量等。

图4-30　【放置约束】对话框

1）如果要快速地修改装配约束的偏移量，可以选择右键快捷菜单中的【修改】选项，弹出【编辑尺寸】对话框，输入新的偏移量数值即可。

2）如果要使某个约束不再有效，可以选择右键快捷菜单中的【抑制】选项，此时装配约束被抑制，浏览器中的装配图标变成灰色。要解除抑制，再次选择右键快捷菜单中的【抑制】选项，将其前面的勾号去除即可。

3）如果约束策略或设计需求改变，也可以删除某个约束，以解除约束或者添加新的约束。选择右键快捷菜单中的【删除】选项即可将约束完全删除。

4）也可以重命名装配约束，选中相应的约束，然后再单击该约束，即可以进行重命名。在

实际设计应用中，可以给约束取一个易于辨别和查找的名称，以防止部件中存在大量的装配约束时无法快速查找该约束。

4.4　观察和分析部件

在 Autodesk Inventor 中，可以利用它提供的工具方便地观察和分析零部件，如创建各个方向的剖视图以观察部件的装配是否合理；可以分析零件的装配干涉以修正错误的装配关系；还可以驱动运动约束使零部件发生运动，以便更加直观地观察部件的装配是否达到预定的要求等。下面分别讲述如何实现上述功能。

4.4.1　部件剖视图

部件的剖视图可以帮助用户更加清楚地了解部件的装配关系，因为在剖视图中，腔体内部或被其他零部件遮挡的部分完全可见。典型的部件剖视图如图 4-31 所示。在剖切部件时，仍然可以使用零件和部件工具在部件环境中创建或修改零件。

图4-31　典型的部件剖视图

要在部件环境中创建剖视图，可以选择【视图】标签栏内【外观】面板上的【剖切】工具按钮，可以看到有四种剖切方式，即不剖切、1/4 剖、半剖和 3/4 剖。下面以半剖和 1/4 剖为例说明在部件环境中进行剖切的方法。

1）进行部件剖切的首要工作是选择剖切平面，在图 4-31 所示的装配部件中，因为没有现成的平面可以让我们对其进行半剖切，所以需要创建一个工作平面。选择在如图 4-32 所示的位置创建一个工作平面，以该平面为剖切平面可以恰好使得部件的圆柱形外壳被半剖。

2）单击【视图】标签栏【外观】面板上的【半剖】工具按钮，用鼠标左键选择创建的工作平面，部件被剖切成如图 4-31 所示的剖视图形式。

3）1/4 剖切需要两个互相垂直的平面，面向用户的 3/4 的部分被删除。在图 4-31 所示的部件中，需要创建如图 4-33 所示的两个互相垂直的工作平面作为剖切面。

4）单击【视图】标签栏【外观】面板上的【1/4 剖切】工具按钮，再选择部件上如图 4-33 所示的两个互相垂直的工作平面中的任意工作平面，单击 按钮，然后再选择部件上的另一工作平面，单击 按钮，则部件被剖切成如图 4-34 所示的形状。

5）在部件上单击右键，可以看见右键快捷菜单中有【反向剖切】、【3/4 剖切】选项。如果选择【反向剖切】选项，则可以显示在相反方向上进行剖切的结果，1/4 反向剖切如图 4-35 所示。

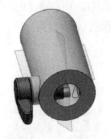

图4-32　建立作为剖切面的工作平面　　　　图4-33　两个互相垂直的工作平面作为剖切面

6）需要注意的是，如果不断地选择【反向剖切】选项，则部件的每一个剖切部分都会依次成为剖切结果。如果选择右键快捷菜单中的【3/4 剖切】选项，则部件的被 1/4 剖切后的剩余部分（即部件的 3/4）将成为剖切结果。如果在图 4-34 所示的剖切中选择【3/4 剖切】，则剖切结果如图 4-36 所示。同样，在 3/4 剖的右键快捷菜单中也会出现【1/4 剖切】选项，作用与此相反。

7）如果要恢复部件的完整形式，即不剖切形式，可以单击【视图】标签栏【外观】面板上的【退出剖视图】工具按钮▦。

图4-34　1/4剖切　　　　　　图4-35　1/4反向剖切　　　　　图4-36　3/4剖切

4.4.2　干涉检查（过盈检查）

在部件中，如果两个零件同时占据了相同的空间，则称部件发生了干涉。Autodesk Inventor 的装配功能本身不提供智能检测干涉的功能，也就是说如果装配关系使得某个零部件发生了干涉，那么也会按照约束照常装配，不会提示用户或者自动更改。所以 Autodesk Inventor 在装配之外提供了干涉检查的工具，利用这个工具可以很方便地检查到两组零部件之间以及一组零部件内部的干涉部分，并且将干涉部分暂时显示为红色实体，以方便用户观察。同时还会给出干涉报告列出干涉的零件或者子部件，显示干涉信息，如干涉部分的质心的坐标、干涉的体积等。

要检查一组零部件内部或者两组零部件之间的干涉，可以：

1）单击【检验】标签栏内【干涉】面板中的【干涉检查】选项▦，弹出如图 4-37 所示的【干涉检查】对话框。

2）如果要检查一组零部件之间的干涉，可以单击【定义选择集 1】选项前的箭头按钮，然后选择一组部件，单击【确定】按钮显示检查结果。

3）如果要检查两组零部件之间的干涉，就要分别在【干涉检查】对话框中定义选择集 1 和定义选择集 2，也就是要检查干涉的两组零部件，单击【确定】按钮显示检查结果。

4）如果检查不到任何的干涉存在，则弹出对话框显示【没有检测到干涉】，说明部件中没有干涉存在，否则会弹出【检测到干涉】对话框。

在图 4-38 所示的零件中，分别选择手柄连杆组和齿轮凸轮轴组作为要检查干涉的零部件，对其进行干涉检查，检查结果右图所示。从图中可以看出，干涉部分以红色显示且显示为实体，并在【检测到干涉】对话框中显示发生干涉的零部件名称、干涉部分的质心坐标和体积等物理信息。

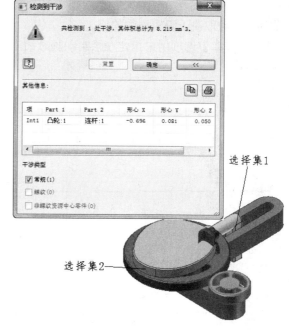

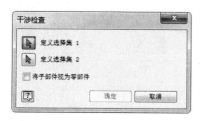

图4-37 【干涉检查】对话框

图4-38 检测到干涉并输出结果

4.4.3 驱动约束

往往在装配完毕的部件中包含有可以运动的机构，这时候可以利用 Autodesk Inventor 的驱动约束工具来模拟机构运动。驱动约束是按照顺序来模拟机械运动的，零部件按照指定的增量和距离依次进行定位。

进行驱动约束都是在浏览器中进行的，步骤如下：

1）选择浏览器中的某一个装配的图标，单击右键，可以在弹出的快捷菜单中看到【驱动】选项，选择后弹出如图 4-39 所示的【驱动】对话框。

2）【开始】选项用来设置偏移量或角度的起始位置，数值可以被输入、测量或设置为尺寸值，默认值是定义的偏移量或角度。

3）【结束】选项用来设置偏移量或角度的终止位置，默认值是起始值加 10。

4）【暂停延迟】选项以秒为单位设置各步之间的延迟，默认值是 0.0。一组播放控制按钮用

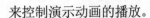

来控制演示动画的播放。

5)【录像】⊙按钮用来将动画录制为 AVI 文件。

6)如果选中【驱动自适应】复选框,可以在调整零部件时保持约束关系。

7)如果选中【碰撞检测】选项则驱动约束的部件同时检测干涉,如果检测到内部干涉,将给出警告(见图 4-40)并停止运动,同时在浏览器和工作区域内显示发生干涉的零件和约束值。

8)在【增量】选项中,【增量值】文本框中指定的数值将作为增量,【总步数】选项指定以相等步长将驱动过程分隔为指定的数目。

9)在【重复次数】选项中,选择【开始/结束】选项则从起始值到结束值驱动约束,在起始值处重设。选择【开始/结束/开始】选项则从起始值到结束值驱动约束并返回起始值,一次重复中完成的周期数取决于编辑框中的值。

(10)【Avi 速率】选项用来指定在录制动画时拍摄"快照"作为一帧的增量。

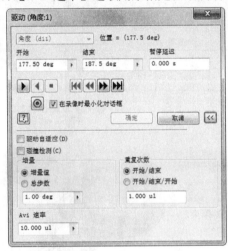

图4-39 【驱动】对话框

图4-40 检测到内部干涉

4.5 自上而下的装配设计

本节将讲述如何在部件环境下设计和修改零部件。这是进行自上而下设计零件的基础。

在产品的设计过程中,有两种较为常用的设计方法,一种是首先设计零件,最后把所有零部件组装为部件,在组装过程中随时根据发现的问题进行零件的修改;另一种则是遵循从部件到零件的设计思路,即从一个空的部件开始,然后在具体设计时创建零件,如果要修改部件,则可以在位创建新零件,以使它们与现有的零件相配合。前者称作自下而上的设计方法,后者称作自上而下的设计方法。

自下而上的设计方法是传统的设计方法,在这种方法中,已有的特征将决定最终的装配体特征,这样使得设计者往往不能够对总体设计特征有很强的把握力度。因此,自上而下的设计方法应运而生。在这种设计思路下,用户首先从总体的装配组件入手,根据总体装配的需要,在位创建零件，同时创建的零件与其母体部件自动添加系统认为最合适的装配约束，当然用户可以选择是否保留这些自动添加的约束，也可以手工添加所需的约束。所以，在自上而下的设计过程中，最后完成的零件是最下一级的零件。

在产品的设计中，往往混合应用自上而下和自下而上的设计方法。混合部件设计的方法结合了自下而上的设计策略和自上而下的设计策略的优点，这样会使部件的设计过程十分灵活，可以根据具体情况，选择自下而上还是自上而下的设计方法。

如果掌握了自上而下的装配设计思想，那么要实现自上而下的装配设计方法将十分简单。自上而下的设计方法的实现主要依靠在位创建和编辑零部件的功能来实现。

4.5.1 在位创建零件

在位创建零件就是在部件文件环境中新建零件。新建的零件是一个独立的零件，在位创建零件时需要指定创建的零件的文件名和位置以及使用的模板等。

创建在位零件与插入先前创建的零件文件结果相同，而且可以方便地在零部件面（或部件工作平面）上绘制草图和在特征草图中包含其他零部件的几何图元。当创建的零件约束到部件中的固定几何图元时，可以关联包含其他零件的几何图元，并把零件指定为自适应以允许新零件改变大小。用户还可以在其他零件的面上开始和终止拉伸特征。默认情况下，这种方法创建的特征是自适应的。另外，还可以在部件中创建草图和特征，但它们不是零件，它们包含在部件文件（.iam）中。下面按照步骤说明在位创建零件的方法。

1）单击【装配】标签栏【零部件】面板上的【创建】工具按钮 ，弹出【创建在位零部件】对话框，如图 4-41 所示。

图4-41 【创建在位零部件】对话框

2）指定所创建的新零部件的文件名。

3）在【模板】选项中可以选择创建何种类型的文件。

4）指定新文件的位置。

5）如果选中【将草图平面约束到选定的面或平面】选项，则在所选零件面和草图平面之间创建配合约束。如果新零部件是部件中的第一个零部件，则该选项不可用。在图 4-42 中，在圆柱体零件的上表面在位创建了一个锥形零件，则锥形零件的底面自动与圆柱体零件的上表面添加了一个配合约束，从部件的浏览器中可以清楚地看出这一点。

6）单击【确定】按钮，关闭对话框，回到部件环境中，首先需要选择一个用来创建在位零部件的草图。可以选择原始坐标系中的坐标平面、零部件的表面或者工作平面等来创建草图，

135

绘制草图几何图元，

7）草图创建完毕后，选择【拉伸】、【旋转】、【放样】等造型工具创建零件的特征。

8）当一个特征创建完毕以后，还可以继续创建基于草图的特征或者放置特征。

9）当零件已经创建完毕后，在工作区域内单击右键，在弹出的快捷菜单中选择【完成编辑】选项即可回到部件环境中。

图4-42　自动放置约束

4.5.2　在位编辑零件

Autodesk Inventor 可以方便地直接在部件环境中编辑零部件，与在特征环境中编辑零件的方法和形式完全一样。

要在部件环境中编辑零部件，首先要激活零部件。激活零部件的方法有两种：一是在浏览器中单击要激活的零部件，单击右键，在右键快捷菜单中选择【编辑】选项；二是在工作区域内双击要激活的零部件。

当零部件处于激活状态时，浏览器内其他零部件的符号变得灰暗，而激活的零件的特征和以前一样，如图 4-43 所示。而在工作区域内，如果在着色显示模式下工作，激活的零件处于着色显示模式，所有其他的零部件以线框模式显示。如果在线框显示模式下工作，激活的零件会处于普通的线框显示模式，未激活的零部件以暗显的线框显示。图 4-44 所示为在着色模式下的激活零部件与未激活零部件。

1）当零件激活以后，【装配】标签栏变为【三维模型】标签栏。

2）可以为该零件添加新的特征，也可以修改、删除零件的已有特征，既可以通过修改特征的草图以修改零件的特征，也可以直接修改特征。要修改特征的草图，可以右键单击该特征，在弹出的快捷菜单上选择【编辑草图】选项；要编辑特征，可以选择右键快捷菜单中的【编辑特征】选项。

3）可以通过右键快捷菜单中的【显示尺寸】选项显示选中特征的关键尺寸，通过【抑制特征】选项抑制选中的特征，通过【自适应】选项使得当前零件变为自适应零件等。

当子部件被激活以后，可以删除零件、改变固定状态、显示自由度或把零部件指定为自适

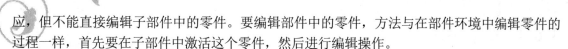

应，但不能直接编辑子部件中的零件。要编辑部件中的零件，方法与在部件环境中编辑零件的过程一样，首先要在子部件中激活这个零件，然后进行编辑操作。

如果要从激活的零部件环境退回到部件环境中，在工作区域内单击右键，在弹出的快捷菜单中选择【完成编辑】选项或单击【三维模型】标签栏中的【返回】按钮即可。

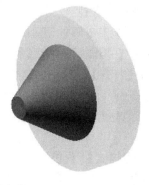

图4-43　浏览器中的激活零部件与未激活零部件　　图4-44　着色模式下的激活零部件与未激活零部件

4.6　衍生零件和部件

衍生零件和衍生部件是将现有零件和部件作为基础特征而创建的新零件，可以将一个零件作为基础特征，通过衍生生成新的零件，也可以把一个部件作为基础特征，通过衍生生成新的零件，新零件中可以包含部件的全部零件，也可以包含一部分零件。可以从一个零件衍生零件，也可以从一个部件衍生零件。衍生零件和衍生部件有所不同，下面分别介绍。

用户可以使用衍生零件来探究替换设计和加工过程。例如，在部件中，可以去除一组零件或与其他零件合并，以创建具有所需形状的单一零件；可以从一个仅包含定位特征和草图几何图元的零件衍生得到一个或多个零件；当为部件设计框架时，可以在部件中使用衍生零件作为一个布局，之后可以编辑原始零件，并更新衍生零件以自动将所做的更改反映到布局中来；可以从实体中衍生一个曲面作为布局，或用来定义部件中零件的包容要求；可以从零件中衍生参数并用于新零件等。

源零部件与衍生的零件存在着关联，如果修改了源零部件，则衍生零件也会随之变化。也可以选择断开两者之间的关联关系，此时源零部件与衍生零件成为独立的个体，衍生零件成为一个常规特征（或部件中的零部件），对它所做的更改只保存在当前文件中。

因为衍生零件是单一实体，因此可以用任意零件特征来对其进行自定义。从部件衍生出零件后，可以添加特征。这种工作流程在创建焊接件，以及对衍生零件中包含的一个或多个零件进行打孔或切割时很有用处。

4.6.1 衍生零件

可以用 Autodesk Inventor 零件作为基础零件创建新的衍生零件，零件中的实体特征、可见草图、定位特征、曲面、参数和 iMate 都可以合并到衍生零件中。在产生衍生零件的过程中，可以将衍生零件相对于原始零件按比例放大或缩小，或者用基础零件的任意基准工作平面进行镜像。衍生几何图元的位置和方向与基础零件完全相同。

1. 创建衍生零件

要以零件为基础零件创建衍生零件，可以：

1）单击【三维模型】标签栏【创建】面板中的【衍生零部件】工具按钮 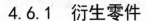，弹出【打开】对话框。在【打开】对话框中浏览并选择要作为基础零件的零件文件（.ipt），然后单击【打开】按钮。

2）在工作区域内出现源零件的预览图形及其尺寸，同时出现【衍生零件】对话框，如图 4-45 所示。

3）【衍生样式】：提供以下命令按钮，可以选择按钮来创建包含平面接缝或不包含平面接缝的单实体零件、多实体零件（如果源包含多个实体）或包含工作曲面的零件。 创建包含平面之间合并的接缝的单实体零件， 创建保留平面接缝的单实体零件。 如果源包含单个实体则创建单实体零件。如果源包含多个可见的实体则选择所需的实体以创建多实体零件，这是默认选项。 创建保留平面接缝的单实体零件。

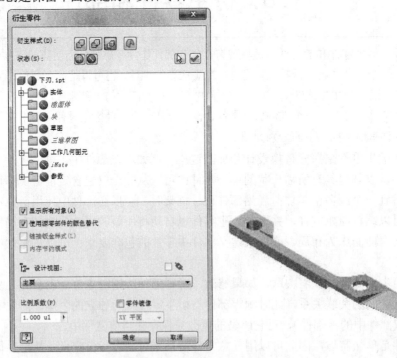

图4-45　【衍生零件】对话框

4）在【衍生零件】对话框中，模型元素（如实体特征以及定位特征、曲面、iMate 信息等）以层次结构显示，并且左侧都有符号显示，如 和 。单击这些符号则它们会互相转变。 表示要选择包含在衍生零件中的元素，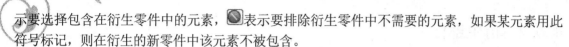表示要排除衍生零件中不需要的元素，如果某元素用此符号标记，则在衍生的新零件中该元素不被包含。

5）指定创建衍生零件的比例系数和镜像平面，默认比例系数为 1.0，或者输入任意正数。如果需要以某个平面为镜像产生镜像零件，可以选中【零件镜像】复选框，然后选择一个基准工作平面作为镜像平面。

6）单击【确定】按钮即可创建衍生零件。图 4-46 所示为衍生零件的范例。

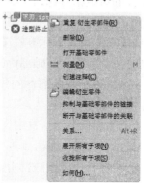

图4-46　衍生零件的范例　　　　　图4-47　衍生零件在浏览器中的右键快捷菜单

2．创建衍生零件的注意事项

1）可以选择根据源零件衍生生成实体，或者生成工作曲面以用于定义草图平面、工作几何图元和布尔特征（如拉伸到曲面），可以通过在【衍生零件】对话框中将【实体】前面的符号变成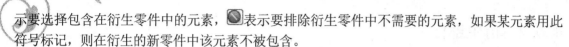或者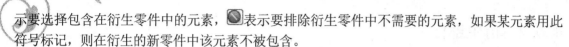。

2）如果选择要包含到衍生零件中的几何图元组（如曲面），则以后添加到基础零件上的任意可见表面在更新时都会添加到衍生零件中。

3．编辑衍生零件

当创建了衍生零件以后，浏览器中会出现相应的图标，在该图标上单击右键，将弹出快捷菜单，如图 4-47 所示。如果要打开衍生零件的源零件，可以在右键快捷菜单中选择【打开基础零部件】选项。如果要对衍生零件重新进行编辑，可以选择右键快捷菜单中的【编辑衍生零件】选项。如果要断开衍生零件与源零件的关联，使得改变源零件时衍生零件不随之变化，可以选择右键快捷菜单中的【断开与基础零件的关联】选项。如果要删除衍生特征，选择右键快捷菜单中的【删除】选项即可。

衍生的零件实际上是一个实体特征，与用拉伸或者旋转创建的特征没有本质的不同。创建了衍生零件之后，完全可以再次添加其他的特征以改变衍生零件的形状。在图 4-48 所示即为在图 4-46 所示的衍生零件的基础上添加了孔特征。

图4-48　添加了孔特征的衍生零件

4.6.2 衍生部件

衍生部件是基于现有部件的新零件。可以将一个部件中的多个零件连接为一个实体，也可以从另一个零件中提取出一个零件。这类自上而下的装配造型更易于观察，并且可以避免出错和节省时间。

衍生部件的组成部分源自于部件文件，它可能包含零件、子部件和衍生零件。创建衍生部件的步骤是：

1）单击【三维模型】标签栏【创建】面板上的【衍生零部件】工具按钮 ，弹出【打开】对话框，浏览找到要作为基础部件的部件文件（.iam），然后单击【打开】按钮。

2）工作区域内出现源部件的预览图形及其尺寸（如果包含尺寸），同时出现【衍生部件】对话框，如图4-49所示。

3）在【衍生部件】对话框中，模型元素（如零件或者子部件等）以层次结构显示，并且上侧都有符号显示，如⊕、⊘、⊖、▣和◉。单击这些符号则它们会互相转变。⊕符号表示选择要包含在衍生零件中的组成部分。⊘符号表示排除衍生零件中不需要的组成部分，用此符号标记的项在更新到衍生零件时将被忽略。⊖符号表示去除衍生零件中的组成部分，如果被去除的组成部分与零件相交，其结果将形成空腔。▣符号表示将衍生零件中选择的零部件表示为边框。◉符号表示将选定的零部件与衍生零件相交。

4）单击【确定】按钮，完成衍生部件创建。图4-49所示部件的衍生零件如图4-50所示。

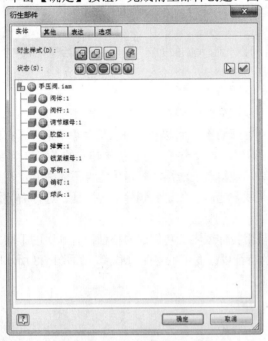

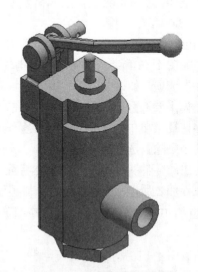

图4-49　【衍生部件】对话框　　　　　　　图4-50　由部件衍生的零件

衍生部件不可以像衍生零件那样，能够镜像或调整比例，但是在衍生零件环境中的一些编辑操作（如打开基础零部件、编辑衍生部件以及删除等操作）在衍生部件环境中同样可以进行。另外，如果选择了添加或去除子部件，则在更新时任何以后添加到子部件的零部件将自动反映

出来。

4.7 iMate 智能装配

在装配一个大型的部件时，经常有很多零部件都使用相同的装配约束，如一个箱体盖上有很多大小不同的固定螺栓，如果手工装配则费时费力。在 Autodesk Inventor 中，为了解决这个问题，引入了 iMate 的设计概念。下面介绍如何创建和编辑 iMate，并用 iMate 来装配零件。

4.7.1 iMate 基础知识

在装配一个大型的部件时，经常有很多零部件都使用相同的装配约束，如一个箱体盖上有很多大小不同的固定螺栓，如果手工装配则费时费力。在 Autodesk Inventor 中，为了解决这个问题，引入了 iMate 的设计概念。iMate 是随零部件保存的约束，可以在以后重复使用。iMate 使用在零部件中存储的预定义信息告知零部件如何与部件中的其他零部件建立连接。插入带有 iMate 的零部件时，它会智能化地捕捉到装配位置。带有 iMate 的零部件可以被其他零部件替换，但是仍然保留这些智能 iMate 约束。iMate 技术提高了在部件中装入和替换零部件的精确度和速度，因此在大型部件的装配中得到广泛的应用，大大提高了工作效率。

当 iMate 创建以后，它将保存在零部件中，定义零部件约束对中的一个。当在部件中放置零部件时，它会自动定位到具有相同名称的 iMate 上。这就是利用 iMate 智能装配的基本原理。创建了单个 iMate 以后，可以在浏览器中选择多个 iMate 以创建由 iMate 组合的 iMate 组，这样就可以同时放置多个约束，对于同时具有多个约束的零部件装配，iMate 组可以使装配具有更高的精度和速度。

4.7.2 创建和编辑 iMate

在 Autodesk Inventor 中，可以有三种方法来创建 iMate，即创建单个 iMate、创建 iMate 组和从现有约束创建 iMate 或者 iMate 组。下面以创建单个 iMate 为例，讲述创建和编辑 iMate 的基本方法，对于另外两种创建方法只做简单介绍。

1. 创建 iMate

下面以图 4-51 所示的两个零件（螺栓和阀盖零件）为例讲述如何创建单个 iMate，即在这两个零件中创建 iMate，以使得可以自动将螺栓装配到机架的孔中。

1）在螺栓零件中，单击【管理】标签栏【编写】面板中的【iMate】工具按钮 ，则弹出【创建 iMate】

图 4-51 螺栓和阀盖零件

对话框,如图 4-52 所示。

图4-52　【创建iMate】对话框

2)选择一种装配约束或者运动约束的类型。这里选择了插入约束方式。

3)在零件上选择要放置约束的特征,如图 4-53 所示。

4)设定偏移量(传动比)和装配方式(运动方式)等。这里我们全部采用了默认值。

5)单击【确定】按钮,完成 iMate 的创建。

当 iMate 创建完毕以后,在零件上会出现一个小图标,在零件的浏览器上出现 iMate 文件夹,如图 4-54 所示,其中包含有创建的 iMate 的名称,名称显示了 iMate 的类型。为螺栓添加插入约束后,iMate 的默认名称为【iInsert:1】。

图4-53　选择要放置约束的特征　　　　图4-54　浏览器中的iMate文件夹

按照同样的步骤为阀盖零件上的螺栓孔设置 iMate,iMate 约束类型等的设置与螺栓零件的一样。为机架零件创建 iMate 所选择的零件特征和生成 iMate 后的浏览器和机架零件如图 4-55 所示。

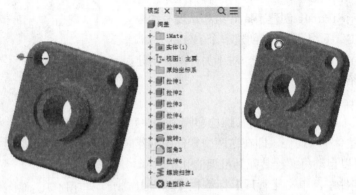

图4-55　生成iMate后的浏览器和机架零件

按照同样的步骤可以继续为零件添加其他类型的 iMate 约束。创建的每一个 iMate 都是系统自动命名的，其名称反映了 iMate 约束的类型，如插入 iMate 约束的名称可以是【iInset:1】（插入类型）或者【iMate:2】（配合类型）等。但是如果在一个零件中存在多个相同类型的 iMate，诸如 iInsert:1、iInsert:2iMate 的名称就会很容易令人混淆，所以建议将系统默认的 iMate 名称重命名为更具含义的名称。例如，为标识几何图元，可以将【Mate1】重命名为【轴1】，将名为【Mate2】的第二个 iMate 重命名为【面1】。

2. 编辑 iMate

要对 iMate 进行重命名以及编辑等操作，可以在浏览器中选中 iMate，单击右键，在弹出的快捷菜单中选择相应的选项即可。

1）选择【特性】选项可以弹出【iMate 特性】对话框，如图 4-56 所示。在该对话框中可以修改 iMate 的名称，选择是否抑制该 iMate 约束，更改偏移量和该 iMate 的索引等。

2）选择【编辑】选项可以弹出【编辑 iMate】对话框，如图 4-57 所示。用户可以重新定义 iMate。

图4-56 【iMate特性】对话框　　　　图4-57 【编辑iMate】对话框

3）如果要删除 iMate，选择右键快捷菜单中的【删除】选项即可。

4）如果要将多个 iMate 组合为一个 iMate 组，可以在按住 Ctrl 键或者 Shift 键的同时选中多个 iMate，单击右键，在弹出的快捷菜单中选择【创建组合】选项即可，创建的 iMate 组也在浏览器中显示出来。图 4-58 所示为将机架零件中的两个 iMate 组合成一个 iMate 组：iComposite:1。

3. 类推 iMate

如果部件中的一个零部件具有多个约束，还可以将这个零部件的约束类推到一个 iMate 约束中去，这就是 Autodesk Inventor 的 iMate 类推功能。基本步骤如下：

1）在装配约束上单击鼠标右键，然后在弹出的快捷菜单中选择【类推 iMate】选项，弹出【类推 iMate】对话框，如图 4-59 所示。

2）在【名称】选项中为所选引用上包含的约束创建的 iMate 取个名字。

3）选中【创建组合 iMate】选项则自动将从类推约束创建的 iMate 合并到单个组合 iMate 中，不勾选该复选框将创建多个单一 iMate。

4）单击【确定】按钮即完成 iMate 的创建，同时创建的 iMate 出现在浏览器中。

图4-58　浏览器中的iMate组　　　　图4-59　【类推iMate】对话框

4.7.3　用 iMate 来装配零部件

当零部件中的 iMate 都已经创建完毕后，就可以利用 iMate 来快速地装配零部件了。使用 iMate 装配零部件的方法有利用【放置约束】工具进行装配、使用 Alt 键拖动快捷方式来进行装配和通过自动放置 iMate 进行装配。这里分别简要介绍。

1. 用【添加装配约束】工具进行装配

1）利用【装配】标签栏【零部件】面板上的【放置】工具打开包含要连接的且已经创建了 iMate 的零件或者部件文件。

2）按住 Ctrl 键并单击包含要匹配的 iMate 定义的零部件，单击鼠标右键，在弹出的快捷菜单中选择【iMate 图示符可见性】选项，则所选零部件上的 iMate 图示符将显示出来。

3）选择【装配】标签栏【位置】面板上的【放置约束】工具，再选择与 iMate 相同的装配类型，单击两个零部件上的相应的 iMate 图示符，然后单击【应用】按钮即可完成装配。

2. 使用 Alt 键拖动快捷方式来进行装配

1）单击【装配】标签栏【零部件】面板上的【放置】工具按钮，装入一个或多个具有已定义 iMate 的零部件。注意，确保在【装入零部件】对话框中未选中【使用 iMate 交互放置】选项，如图 4-60 所示。

2）选择包含要匹配的 iMate 的零部件。

3）按住 Alt 键，单击一个 iMate 图示符并将其拖动到另一个零部件上的匹配 iMate 图示符上。开始拖动后，如果需要，可以松开 Alt 键。当第二个 iMate 图示符亮显并且听到捕捉声音表明零部件已被约束时，单击以添加。

4）根据需要，继续选择和匹配 iMate。

3. 自动放置 iMate 进行装配

这是装配速度最快的一种装配方式，步骤如下：

1）单击【装配】标签栏【零部件】面板上的【放置】工具按钮，在图 4-60 所示的【装入零部件】对话框中选择具有一个或多个已定义 iMate 的零部件，注意一定要选中【使用 iMate 交互放置】复选框，然后单击【打开】按钮。

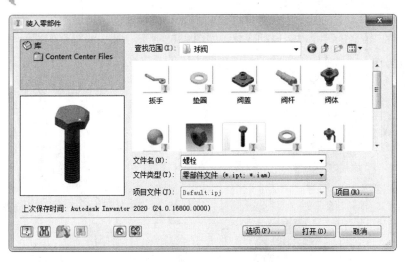

图4-60　【装入零部件】对话框

2）零部件被自动放置，并且浏览器中显示一个退化的 iMate 符号。注意，如果所放置的零部件没有自动求解，则所选零部件将附着到图形窗口中的光标位置。单击以放置它，单击鼠标右键，然后在弹出的快捷菜单中选择【取消】选项。

3）选择和放置具有已定义 iMate 的其他零部件，注意确保每次都在【装入零部件】对话框中选中【使用 iMate 交互放置】选项，如图 4-60 所示。当新的零部件装入后，系统将根据零部件之间匹配的 iMate 名称自动完成装配。用户在这种模式下所需要进行的工作仅仅是装入零部件。

4.8　自适应设计

与其他三维 CAD 软件相比，Autodesk Inventor 的一个突出的技术优势就是自适应功能。自适应技术充分体现了现代设计的理念，并且将计算机辅助设计的长处发挥到了极致。在实际设计中，自适应设计方法能够在一定的约束条件下自动调整特征的尺寸、草图的尺寸以及零部件的装配位置，因此给设计者带来了很大的方便和极高的设计效率。

4.8.1　自适应设计基础知识

1. 自适应设计原理

自适应功能简而言之就是利用自适应零部件中存在的欠约束几何图元，在该零部件的装配条件改变时，自动调整零部件的相应特征以满足新的装配条件。在实际部件设计中，部件中的某个零件由于种种原因往往需要在设计过程中进行修改，当这个零件的某些特征被修改以后，与该特征有装配关系的零部件也往往需要修改，如图 4-61 所示的轴和轴套零件，轴套的内表面与轴的外表面有配合的装配约束，如果因为某种需要修改了轴的直径尺寸，那么轴套的内径也必须同时修改以维持二者的装配关系。此时就可以将轴套设计为自适应的零件，这样当轴的直径尺寸发生变化时，轴套的尺寸也会自动变化，如图 4-62 所示。如果将轴套的端面与轴的端面利用对齐约束进行配合，则自适应的轴套的长度将随着轴的长度变化而自动变化，如图 4-63 所示。

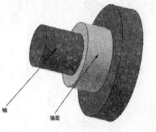

图4-61　轴和轴套零件　　　　　　　图4-62　轴套内径随着轴直径的变化而变化

图4-63　轴套的长度将随着轴的长度变化而变化

　　要实现零件的自适应，那么零件的某些几何图元就应该是欠约束的，也就是说几何图元不是完全被尺寸约束的。图 4-61 所示的轴套零件通过拉伸形成，其拉伸的草图及其尺寸标注如图 4-64 所示。可以看到，拉伸的环形截面的内径和外径都没有标注，仅仅标注了内外环的距离，也就是轴套的厚度。在这种欠约束的情况下，轴套零件的厚度永远都会是 4mm，但是轴套的内径是可以变化的，这是形成自适应的基础。当然，自适应特征不仅仅是靠欠约束的几何图元形成的，还要为基于欠约束几何图元的特征指定自适应特性才可以，我们将在后面的章节中讲述。

　　在 Autodesk Inventor 中，所有欠约束的几何图元都可以被指定为欠约束的，具有未定自由度的特征或者零件也被称为欠约束的，所以欠约束的范围可以包括以下几种情况：

　　1）未标注尺寸的草图几何图元。
　　2）从未标注尺寸的草图几何图元创建的特征。
　　3）具有未定义的角度或长度的特征。
　　4）参考其他零件上的几何图元的定位特征。
　　5）包含投影原点的草图。
　　6）包含自适应草图或特征的零件。
　　7）包含带自适应草图或特征的零件的子部件。

　　从以上可以看出，具有自适应特征的几何图元主要包括以下几种：

　　1）自适应特征。在欠约束的几何图元和其他零部件的完全约束特征之间添加装配约束时，自适应特征会改变大小和形状。可以在零件文档中将某一个特征指定为自适应。

　　2）自适应零件。如果某个零件被指定为自适应的零件，那么欠约束的零件几何图元能够自动调整自身大小，装配约束根据其他零件来定位自适应零件，并根据完全约束的零件特征调整零件的拓扑结构。总之，自适应零件中的欠约束特征可以根据装配约束和其他零件的位置调整

自身大小。

3）自适应子部件。欠约束的子部件可以指定为自适应子部件。在部件环境中，自适应子部件可以被拖动到任何位置，或者约束到上级部件或者其他部件中的零部件中。例如，自适应的活塞和连杆子部件在插入到气缸部件中时可以改变大小和位置。

4）自适应定位特征。如果将定位特征设置为自适应，那么当创建定位特征的几何图元发生变化时，定位特征也会随之变化。例如，由一个零件的表面偏移出一个工作平面，当零件的表面因为设计的变动发生变化时，该工作平面自动随之变化。当某些零件的特征依赖于这些定位特征时，这些特征也会自动变化，如果这种变化符合设计要求，那么会显著的节约工作时间，提高效率。

在图4-65所示的部件中，圆管零件文件中创建的工作平面被约束到另一个零件的面。尽管工作平面"属于"圆管零件文件，但它并不依赖于任何圆管几何图元。圆管的一端终止于从零件面偏移出来的工作平面。圆管零件中的工作平面是自适应的，因为如果关联的零件面移动了，它允许圆管长度相应自动改变。

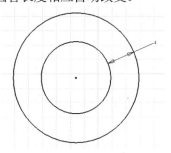

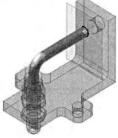

图4-64　轴套拉伸的草图及其尺寸标注　　　图4-65　圆管长度随工作平面位置的变化而变化

2．自适应模型准则

下面介绍使用自适应模型的准则。在部件设计的早期阶段，某些要求是已知的，而其他要求却经常改变，自适应零件在这时就很有用，因为它们可以根据设计更改而调整。通常，在以下情况下使用自适应模型：

1）如果部件设计没有完全定义，并且在某个特殊位置需要一个零件或子部件，但它的最终尺寸还不知道，此时可以考虑自适应设计方法。

2）一个位置或特征大小由部件中的另一个零件的位置或特征大小确定，则未确定的零件或者其特征可以使用自适应方法。

3）一个部件中的多个引用随着另一个零件的位置和特征尺寸做调整时，可以考虑自适应方法。只有一个零件引用定义其自适应特征。如果部件中使用了同一零件的多个引用，那么所有引用（包括其他部件中的引用）都是自适应性的。

3．使用自适应几何图元的限制条件

1）每个旋转特征仅使用一个相切。

2）在两点、两线或者点和线之间应用约束时，避免使用偏移。

3）避免在两点、点和面、点和线、线和面之间使用配合约束。

4）避免球面与平面、球面与圆锥面、两个球面之间的相切。

在带有一个自适应零件的多个引用的部件中，非自适应引用间的约束可能需要两次更新才

147

能正确解决。在非自适应的部件中，可以将几何图元约束到原始定位特征（平面、轴和原点）。在自适应部件中，这种约束不会影响零部件的位置。

> **注意**
>
> 在外部 CAD 系统中创建的零件不能变为自适应，因为输入的零件被认为是完全尺寸标注的。另外，一个零件只有一个引用可以设为自适应，如果零件已经被设置为自适应，关联菜单中的【自适应】选项将不可用。

4.8.2　控制对象的自适应状态

在 Autodesk Inventor 中可以将零件特征、零件或者子部件以及定位特征（如工作平面、工作轴等）指定为自适应状态，以及修改其自适应状态。

1. 指定零件特征为自适应

要将零件的某个特征参数指定为自适应状态，可以：

1）在零件文件中或者激活某个零件的部件文件中找到该特征，单击右键，从弹出的快捷菜单中选择【特性】选项，弹出【特征特性】对话框。

2）在【自适应】选项中选择成为自适应的参数，如图 4-65 所示。

3）选择【草图】选项则控制截面轮廓草图是否自适应。

4）选择【参数】选项则控制特征参数（如拉伸深度和旋转角度）是否自适应。

5）选择【起始/终止平面】选项则控制终止平面是否自适应。

6）单击【确定】按钮完成设置。

需要指出的是，不同类型特征的【特征特性】对话框是不相同的，能够指定成为自适应元素的项目也不完全相同。

1）对于拉伸和旋转特征，其【特征特性】对话框如图 4-66 所示。

2）对于打孔特征，其【特征特性】对话框如图 4-67 所示。在该对话框中可以指定关于孔的各种要素（如草图、孔深、公称直径、沉头孔直径和沉头孔深度等）为自适应的特征。

3）对于放样和扫掠特征，其【特征特性】对话框如图 4-68 所示。可以看到，能够修改的只有特征名称和抑制状态以及颜色样式，不能在其中设置自适应特征。要将放样和扫掠特征指定为自适应，只能通过将整个零件指定为自适应来将零件的全部特征指定为自适应。

如果要将某个特征的所有参数设置为自适应，在零件特征环境下选中浏览器中的零件图标，单击右键，选择快捷菜单中的【自适应】选项即可，如图 4-69 所示。

2. 指定零件或者子部件为自适应

在部件文件中，可以将一个零件或者子部件指定为自适应的零部件。首先在浏览器中选择该零件或者子部件，单击右键，在弹出的快捷菜单中选择【自适应】选项，则零部件即可被指定为自适应状态，其图标也发生变化，如图 4-70 所示。

> **注意**
>
> 仅在部件中将一个零件设置为自适应以后，该零件是无法进行自适应操作的，还必须进入零件特征环境中，将该零件相应的特征设置为自适应。这两个步骤缺一不可，否则部件中的零件将不能够进行自适应装配以及其他相关的自适应操作。

图4-66 【特征特性】对话框

图4-67 打孔特征的【特征特性】
对话框

图4-68 放样和扫掠特征
的【特征特性】对话框

图4-69 将特征的所有参数设置为自适应

图4-70 指定零件或者子部件为自适应

3．指定定位特征为自适应

使用自适应定位特征可以在几何特征和零部件之间构造关系模型。自适应定位特征用作构造几何图元（点、平面和轴），以定位在部件中在位创建的零件。

如果要将非自适应定位特征转换为自适应定位特征，可以：

1）在浏览器或图形窗口中选择定位特征并单击鼠标右键，在弹出的快捷菜单中选择【自适应】选项。

2）单击【装配】标签栏【位置】面板上的【约束】工具按钮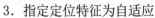。

3）将定位特征约束到部件中的零件上，使它适应零件的改变。

在部件中，如果要使用单独零件上的几何图元作为定位特征的基准，可以：

1）在浏览器中双击激活一个零件文件。

2）单击【三维模型】标签栏【定位特征】面板中的定位特征工具，然后在另一个零部件上选择几何图元来放置该定位特征。

3）使用特征工具创建新特征（如拉伸或旋转），然后使用定位特征作为其终止平面或旋转轴。

注意

如果需要，可以使用以下提示创建自适应定位特征：①当某些定位特征由另一个定位特征使用时，隐藏这些定位特征。选择【工具】>【选项】>【应用程序选项】>【零件】选项卡，然后选择【自动隐藏内嵌定位特征】选项。②创建内嵌定位特征。例如，单击【工作点】工具，再单击鼠标右键，然后选择【创建工作轴】或【创建工作平面】，继续单击鼠标右键并创建定位特征，直到创建出工作点为止。

4.8.3　基于自适应的零件设计

1．自适应零件设计的关键问题

在 Autodesk Inventor 中，自上而下的零部件设计思想和自适应的设计方法结合得天衣无缝，并且这种结合使得零部件能够十分"智能"的自动更新，这样，当设计蓝图中某一个零件发生变化时，与之存在关联的自适应零部件的形状和装配关系也会自动变化以适应它的变化，这样就避免了手工改动全部需要改动的零部件，从而节省了大量劳动。下面首先讲述自适应零件设计的几个关键问题。

1）在位创建零部件是实现自适应零件设计的前提。在位创建的零部件与放入现有的零部件结果是完全一样的，只有在位创建零部件，才有可能实现零部件的几何图元之间的关联，零件才可以产生自适应性。所以，自适应零件的设计都是在部件环境下通过在位创建零部件方法产生的。

2）零部件之间的几何图元的关联是产生零件自适应性的基础。例如，由一个零件 A 的端面的投影轮廓拉伸出一个另一个零件 B，这时候零件 B 就被自动设置为自适应的零件，当零件 A 的端面发生变化时，零件 B 也会自动随之变化。再如，零件 C 是由一个截面轮廓拉伸至零件 D 的一个端面为止，此时零件 C 被自动设置为自适应，那么当零件 D 的截面位置发生变化时，零件 C 也会随之变化。

3）在位创建零部件的自适应性是可以设置的。选择【工具】标签栏，单击【选项】面板中的【应用程序选项】，弹出【应用程序选项】对话框，选择【部件】选项卡，在【在位特征】栏中选中【配合平面】选项则构造特征将得到所需的大小并使之与平面配合，但不允许它调整。选中【自适应特征】选项则当其构造的基础平面改变时，自动调整在位特征的大小或位置。另外，当部件中新建零件的特征时，往往将所选的几何图元从一个零件投影到另一个零件的草图来创建参考草图，如果选择了【在位造型时启用关联的边/回路几何图元投影】选项，则投影的几何图元是关联的，并且会在父零件改变时更新。

2．自适应轴套零件的设计过程

下面讲解图 4-71 所示的自适应轴套零件的在位创建。

1）新建一个部件文件，并且创建一个轴零件，如图 4-72 所示。

2）在位创建轴套零件。选择图 4-72 中的草图平面新建草图，再选择【投影几何图元】工具，将轴的截面投影到当前草图中，然后选择【圆心、半径】工具绘制另外一个圆形以组成轴套的界面轮廓，选择【尺寸】工具为其标注如图 4-73 所示的轴套厚度尺寸。

图4-71　自适应轴套零件

图4-72　创建一个轴零件

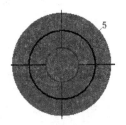
图4-73　标注轴套厚度尺寸

单击【草图】标签栏中的【完成草图】工具按钮✔，退出草图环境。单击【三维模型】标签栏【创建】面板上的【拉伸】工具按钮🗔，弹出【拉伸】特性面板，选择环形截面轮廓进行拉伸，拉伸的终止方式设置为【到】，所到表面选择轴的一个端面，如图 4-74 所示。单击【确定】按钮完成轴套零件的创建。

3）选择右键快捷菜单中的【完成编辑】选项，返回到部件环境中，此时可以看到浏览器中的轴套零件自动被设置为自适应零件，如图 4-75 所示。轴和轴套部件如图 4-76 所示。这时候如果改变轴零件的直径和高度，则轴套零件也会自动变化以适应轴的变化。

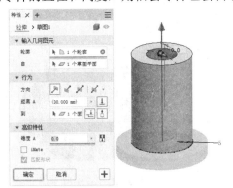
图4-74　拉伸操作

图4-75　轴套零件自动被设置为自适应

3．自适应垫片零件

下面通过另外一个范例来加深对自适应零件的自适应功能的理解。在这个范例中需要为图4-77 中的零件设计一个垫片。垫片是通过拉伸零件端面几何图元投影得到的图形而得到的，垫片拉伸示意图如图4-78 所示，显然垫片是自适应的，当零件的端面发生变化时，垫片也会随之变化。双击零件将其激活，通过拉伸切削在零件上添加如图4-79 所示的特征。此时可看到垫片也随之变化，如图4-80 所示。同样，改变零件上的孔的大小，则垫片也随之变化，如图4-81 所示。

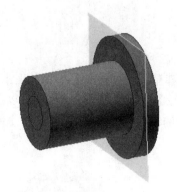

图4-76　轴和轴套部件

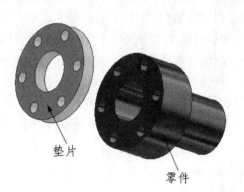

图4-77　零件及其垫片

图4-78　垫片拉伸示意图

图4-79　为零件新增特征

图4-80　垫片随零件外形变化而变化

图4-81　零件的孔变化时垫片也随之变化

4.9 定制装配工作区环境

可以通过【工具】标签栏中的【应用程序选项】选项来对装配环境进行设置。

选择【工具】标签栏中的【应用程序选项】选项，弹出【应用程序选项】对话框，选择【部件】选项卡，如图 4-82 所示。

（1）延时更新：利用该选项在编辑零部件时设置更新零部件的优先级。选中则延迟部件更新，直到单击了该部件文件的【更新】按钮为止，不勾选该选项则在编辑零部件后自动更新部件。

（2）删除零部件阵列源：该选项用于设置删除阵列元素时的默认状态。选中则在删除阵列时删除源零部件，不勾选则在删除阵列时保留源零部件引用。

（3）启用关系冗余分析：该选项用于指定 Autodesk Inventor 是否检查所有装配零部件，以进行自适应调整。默认设置为未选中。如果该选项未选中，则 Autodesk Inventor 将跳过辅助检查。辅助检查通常会检查是否有冗余关系并检查所有零部件的自由度。系统仅在显示自由度符号

图4-82 【部件】选项卡

时才会更新自由度检查。选中该选项后，Autodesk Autodesk Inventor 将执行辅助检查，并在发现关系约束时通知用户。即使没有显示自由度，系统也将对其进行更新。

（4）特征的初始状态为自适应的：控制新创建的零件特征是否可以自动设为自适应。

（5）剖切所有零件：控制是否剖切部件中的零件。子零件的剖视图方式与父零件相同。

（6）使用上一引用方向放置零部件：控制放置在部件中的零部件是否继承与上一个引用的浏览器中的零部件相同的方向。

（7）关系音频通知：选中此复选框可以在创建约束时播放提示音，不勾选该复选框则关闭声音。

（8）在关系名称后显示零部件名称：控制是否在浏览器中的约束后附加零部件实例名称。

（9）在位特征：当在部件中创建在位零件时，可以通过设置该选项来控制在位特征。选中

【配合平面】选项则设置构造特征得到所需的大小并使之与平面配合，但不允许它调整。选中【自适应特征】选项则当其构造的基础平面改变时，自动调整在位特征的大小或位置。选中【在位造型时启用关联的边/回路几何图元投影】选项则当部件中新建零件的特征时，将所选的几何图元从一个零件投影到另一个零件的草图来创建参考草图。投影的几何图元是关联的，并且会在父零件改变时更新。投影的几何图元可以用来创建草图特征。

（10）零部件不透明性：该选项用来设置当显示部件截面时，哪些零部件以不透明的样式显示。如果选中【全部】选项，则所有的零部件都以不透明样式显示（当显示模式为着色或带显示边着色时）。选中【仅激活零部件】选项则以不透明样式显示激活的零件，强调激活的零件，暗显未激活的零件。这种显示样式可忽略【显示】选项卡的一些设置。另外，也可以用标准工具栏上的【不透明性】按钮设置零部件的不透明性

（11）缩放目标以便放置具有 iMate 的零部件：该选项设置当使用 iMate 放置零部件时图形窗口的默认缩放方式。选择【无】选项则使视图保持原样，不执行任何缩放。选择【装入的零部件】选项将放大放置的零件，使其填充图形窗口。选中【全部】选项则缩放部件，使模型中的所有元素适合图形窗口。

4.10　自适应部件装配范例——剪刀

在完成了自适应零件的设计以后，就需要将它们组装成为部件。在包含自适应零件的部件中，只有为零件尤其是自适应零件之间添加正确的约束，才能够使得自适应零件能够随着其他具有装配关系的零件的变化而自动变化。

本节将通过自适应装配实例——剪刀部件的装配，使得读者对自适应部件装配有更深入的认识。剪刀的零部件模型在网盘的"\第 4 章\自适应剪刀"目录下。

1．效果预览

剪刀部件如图 4-83 所示。剪刀部件主要由三个零件组成，即下刃、上刃和弹簧。其中弹簧是自适应零件，当剪刀上刃和下刃之间的角度变化时，弹簧能够自动调节自身的张开角度，如图 4-83 所示。

2．弹簧的设计

弹簧是剪刀中的自适应零件，所以这里将主要讲述弹簧的设计过程，其他两个零件的设计过程不再详细讲述。弹簧零件如图 4-84 所示。由于弹簧是个具有固定截面轮廓的零件，所以可以通过拉伸来造型。

图4-83　剪刀部件

1）在草图中绘制如图 4-85 所示的草图，并利用【尺寸】工具为其添加标注。注意，不能

为两段弹簧之间添加角度尺寸，否则图形就会变成全尺寸约束图形，以该图形为截面轮廓创建的拉伸特征就无法设置为自适应。

图4-84　弹簧零件

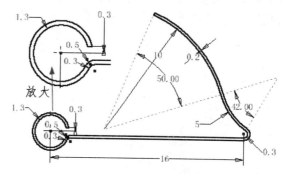

图4-85　弹簧拉伸草图

2）单击【草图】标签栏中的【完成草图】工具按钮✔，退出草图环境。单击【三维模型】标签栏【创建】面板上的【拉伸】工具按钮📕，弹出【拉伸】特性面板，选择绘制的草图图形作为拉伸截面轮廓，设置终止方式为【距离】、拉伸深度为2mm，如图4-86所示。

3）单击【确定】按钮完成弹簧零件的拉伸。

4）在浏览器中选择【拉伸】特征，单击右键，选择快捷菜单中的【自适应】选项，则弹簧成为自适应零件，如图4-87所示。

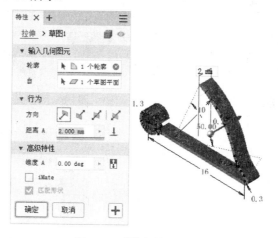

图4-86　弹簧拉伸示意图

3. 部件装配

1）刀刃装配。单击【装配】标签栏【零部件】面板上的【放置】工具按钮📂，将剪刀部件的三个零件装入到工作区域中，首先将上刃零件和下刃零件装配在一起。单击【装配】标签栏【位置】面板上的【约束】工具按钮⌐，弹出【放置约束】对话框，选择【插入】装配约束，具体的装配方法如图4-88所示。单击【确定】按钮完成剪刀主体装配，结果如图4-89所示。

2）弹簧装配。单击【装配】标签栏【位置】面板上的【约束】工具按钮⌐，弹出【放置约束】对话框，选择【插入】装配约束，将弹簧的一端卡入下刃零件的相应孔中，装配示意图如图4-90所示。单击【确定】按钮完成装配，此时效果如图4-91所示。

此时可以看到弹簧能够随意被鼠标拖动而发生转动，且在转动过程中有时与下刃零件之间有干涉，所以应该将弹簧固定在一个正确的位置。这时可以采用【角度】装配约束。单击【装配】标签栏【位置】面板上的【约束】工具按钮□，弹出【放置约束】对话框，选择【角度】装配约束，具体的装配如图 4-92 所示。单击【确定】按钮完成装配，结果如图 4-93 所示。

图4-87　设置弹簧为自适应零件

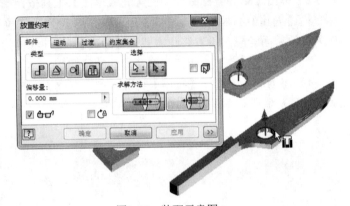

图4-88　装配示意图

图4-89　完成剪刀主体装配

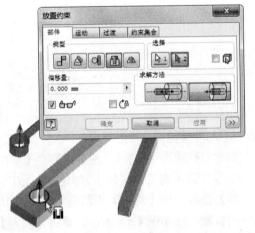

图4-90　弹簧装配示意图

注意

　　读者在练习时，在【放置约束】对话框中所设定的角度可能与图 4-90 中所示的不同，这无关紧要，只要弹簧能够处于正确的位置，不与剪刀体发生干涉即可。

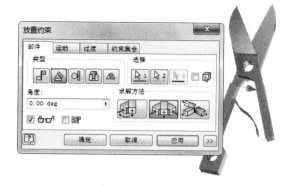

图4-91　完成弹簧一端的装配　　　　　　　图4-92　角度装配示意图

3）完成弹簧另外一端的安装。对于弹簧的另外一端，要求与上刃零件相切，所以可以采用【相切】装配约束。单击【装配】标签栏【位置】面板上的【约束】工具按钮□，弹出【放置约束】对话框，选择【相切】装配约束，选择图 4-94 中剪刀上刃体的装配表面和弹簧的一个相切表面作为装配选择元素，其他设置如图 4-94 所示。单击【确定】按钮完成相应装配，结果如图 4-95 所示。

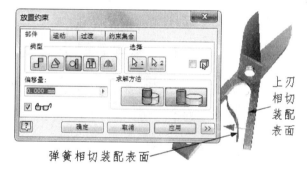

图4-93　完成弹簧的对准角度装配　　　　　　图4-94　添加相切约束示意图

4. 设置弹簧为自适应

在浏览器中选择弹簧，单击右键，选择快捷菜单中的【自适应】选项，如图 4-96 所示，则弹簧零件变为自适应零件。

5. 观察弹簧自适应效果

为了观察弹簧是否能够随着剪刀张开角度变化而变化的自适应效果，需要添加【角度】装配约束以使得剪刀的张开角度能够自由变化。单击【装配】标签栏【位置】面板上的【约束】工具按钮□，弹出【放置约束】对话框，选择【角度】装配约束，具体装配如图 4-97 所示。单击【确定】按钮完成装配约束的添加。

可以改变在该对准角度约束中设定的角度，此时剪刀的张开角度会发生变化。单击该【角度】装配约束，则在浏览器的下面出现角度设置文本框，可以任意指定角度值。在图 4-98 中设置张开角度为 25 °，在图 4-99 中设置张开角度为 40 °，可以看到弹簧能够随着张开角度的变化而自动变化。也可以通过驱动约束的方法动态地观察在剪刀张开过程中的弹簧变化情况。在浏览器中选择【角度】装配约束，单击右键，在弹出的快捷菜单中选择【驱动】选项，弹出【驱动】对话框，设定起始位置和终止位置分别为 25º 和 40º，注意一定要选中【驱动自适应】选项，如图 4-100 所示。单击【正向】按钮开始播放，则可以看到弹簧随着剪刀张开角度变化而变化的动态过程。

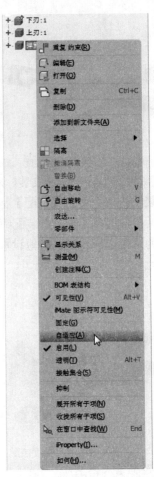

图4-95　完成相切装配　　　　　　　　　　　图4-96　设置弹簧为自适应零件

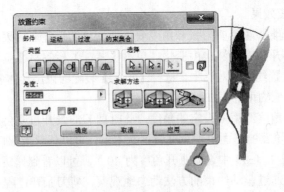

图4-97　角度装配示意图

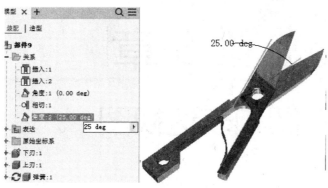

图4-98　设置张开角度为25°

图4-99　设置张开角度为40°

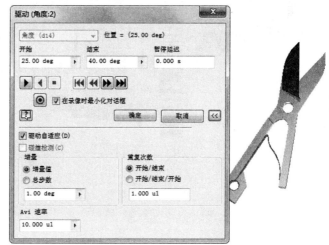

图4-100　选择【驱动自适应】选项

第 5 章

工程图和表达视图

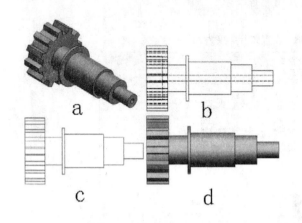

a

b

c

d

在实际生产中，二维工程图依然是表达零件和部件信息的一种重要方式。本章重点讲述了 Autodesk Inventor 中二维工程图的创建和编辑等知识。还介绍了用来表达零部件的装配过程和装配关系的表达视图的相关知识。

◎　工程图

◎　表达视图

5.1 工程图

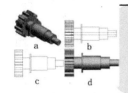

在前面的章节中，我们已经领会了 Autodesk Inventor 强大的三维造型功能。但是就目前国内的加工制造条件来说还不能够达到无图化生产加工，工人还必须依靠二维工程图来加工零件，依靠二维装配图来组装部件。因此，二维工程图仍然是表达零部件信息的一种重要的方式。

图 5-1 所示为在 Autodesk Inventor 中创建的零件的二维工程图，图 5-2 所示为在 Autodesk Inventor 中创建的部件的装配图。

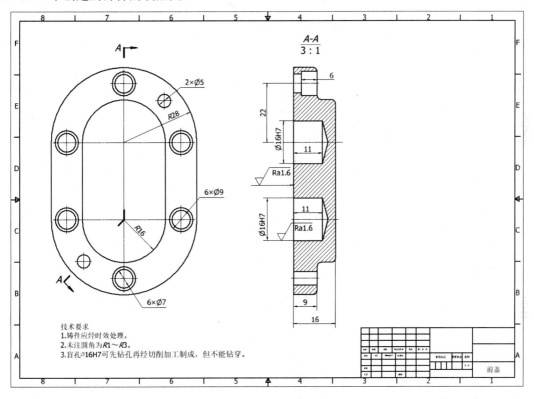

图5-1　在Autodesk Inventor中创建的零件的二维工程图

与 Autodesk 公司的二维绘图软件 AutoCAD 相比，Autodesk Inventor 的二维绘图功能更加强大和智能：

1）Autodesk Inventor 可以自动由三维零部件生成二维工程图，不管是基础的三视图，还是局部视图、剖视图、打断视图等，都可以十分方便、快速地生成。

2）由实体生成的二维图也是参数化的，二维三维双向关联，如果更改了三维零部件的尺寸参数，那么它的工程图上的相应尺寸参数自动更新；也可以通过直接修改工程图上的零件尺寸而对三维零件的特征进行修改。

3）有些时候，快速创建二维工程图要比设计实体模型具有更高的效率。使用 Autodesk Autodesk Inventor，用户可以创建二维参数化工程图视图，这些视图也可以用作三维造型的草图。

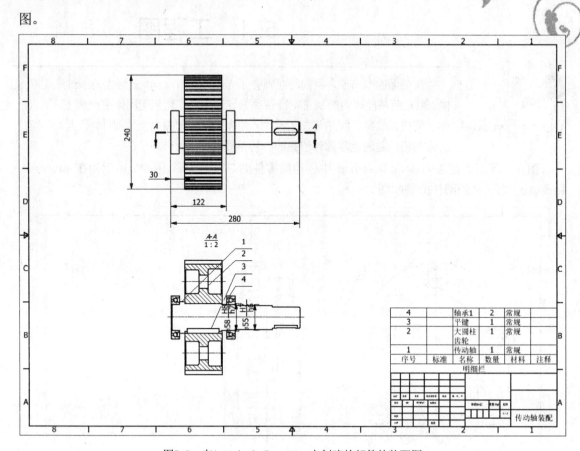

图5-2   在Autodesk Inventor中创建的部件的装配图

5.1.1   创建工程图与绘图环境设置

1.创建工程图文件

在Autodesk Inventor中可以通过自带的文件模板来快捷的创建工程图，步骤如下：

1）选择【快速入门】标签栏中的【新建】选项，在弹出的【新建文件】对话框中选择【Standard.idw】选项来使用默认的文档模板新建一个工程图文件。

2）如果要创建英制或者米制单位下的工程图，从该对话框的【English】或者【Metric】选项卡中选择相应的模板文件（*.idw）即可。

3）在【Metric】选项卡里面还提供了很多不同标准的模板，其中，模板的名称代表了该模板所遵循的标准，如【ISO.idw】是符合ISO国际标准的模板，【ANSI.idw】则符合ANSI美国国家标准，【GB.idw】符合中国国家标准等。用户可以根据不同的环境，选择不同的模板以创建工程图。

4）需要说明一点，在安装Autodesk Inventor时，需要选择绘图的标准，如GB或ISO等，然后在创建工程图时便会自动按照安装时选择的标准创建图纸。

5）单击【确定】按钮完成工程图文件的创建。

2. 编辑图纸

要设置当前工程图的名称、大小等，可以在浏览器中的图纸名称上单击右键，在弹出的快捷菜单中选择【编辑图纸】选项，弹出【编辑图纸】对话框，如图 5-3 所示。

在该对话框中：

1）可以设定图纸的名称，设置图纸的大小（如 A4、A2 图纸等），也可以选择【自定义大小】选项来具体指定图纸的高度和宽度，还可以设置图纸的方向，如纵向或者横向等。

2）选择【不予计数】选项则所选择图纸不算在工程图的计数之内，选择【不予打印】选项则在打印工程图时不打印所选图纸。

3）参数的设置主要是为了在不同类型的打印机中打印图纸的需要，如在普通的家用或者办公打印机中打印图纸，图纸的大小最大只能设定为 A4，因为这些打印机最大只能支持 A4 图幅的打印。

3. 编辑图纸的样式和标准

如果要对工程图环境进行更加具体的设定，可以选择【管理】标签栏【样式和标准】面板中的【样式编辑器】选项，再选择工程图的标准，然后对所选择的标准下的图纸参数进行修改，选择【样式编辑器】选项后打开的【样式和标准编辑器】对话框如图 5-4 所示，可以在该对话框中设置长度单位、中心标记样式、各种线（如可见边、剖切线等）的样式、图纸的颜色、尺寸样式、几何公差符号、焊接符号和尺寸样式文本样式等。在【样式和标准编辑器】对话框左下方有一个【导入】按钮，通过该按钮可以将样式定义文件(*.styxml)文件中定义的样式应用到当前的文档样式设置中来。

图5-3　【编辑图纸】对话框　　　　　　图5-4　【样式和标准编辑器】对话框

4. 创建和管理多个图纸

可以在一个工程图文件中创建和管理多个图纸，

1）要新建图纸，在浏览器内单击右键，从弹出的快捷菜单中选择【新建图纸】选项即可。

2）要删除图纸，选中该图纸，单击右键，选择快捷菜单中的【删除图纸】选项即可。

3）要复制一幅图纸则需要选择右键快捷菜单中的【复制】选项。

4）虽然在一幅工程图中允许有多幅图纸，但是只能有一个图纸处于激活状态，图纸只有处于激活状态才可以进行各种操作，如创建各种视图。要激活图纸，选中该图纸后单击右键，在弹出的快捷菜单中选择【激活】即可。在浏览器中，激活的图纸将被亮显，未激活的图纸将暗显。

5.1.2 基础视图

新工程图中的第一个视图是基础视图，基础视图是创建其他视图（如剖视图、局部视图）的基础。用户也可以随时为工程图添加多个基础视图。

要创建基础视图，可以单击【放置视图】标签栏【创建】面板上的【基础视图】工具按钮，弹出【工程视图】对话框，如图5-5所示。下面分别说明创建工程图的各个关键要素。

图5-5 【工程视图】对话框

1.【零部件】选项卡

1）【文件】选项：用来指定要用于工程视图的零件、部件或表达视图文件。可单击【打开现有文件】按钮浏览并选择文件。

2）【比例】：用来设置生成的工程视图相对于零件或部件的比例。另外在编辑从属视图时，该选项可以用来设置视图相对于父视图的比例。可以在编辑框中输入所需的比例，或者单击箭头从常用比例列表中选择。

3）【标签】选项：用来指定视图的名称。默认的视图名称由激活的绘图标准所决定，要修改名称，可以选择编辑框中的名称并输入新名称。【切换标签的可见性】选项用来显示或隐藏视图名称。

4）【样式】：用来定义工程图视图的显示样式。可以选择三种显示样式：显示隐藏线、不显示隐藏线和着色。同一个零件及其在三种显示样式下的工程图如图5-6所示。

2.【模型状态】选项卡

如图5-7所示，在【模型状态】选项卡中可以指定要在工程视图中使用的焊接件状态和iAssembly 或 iPart 成员。指定参考数据，如线样式和隐藏线计算配置。

1）【焊接件】：仅在选定文件包含焊接件时可用。单击要在视图中表达的焊接件状态，【准备】分隔符行下列出了所有处于准备状态的零部件。

2)【成员】：对于 iAssembly 工厂，选择要在视图中表达的成员。

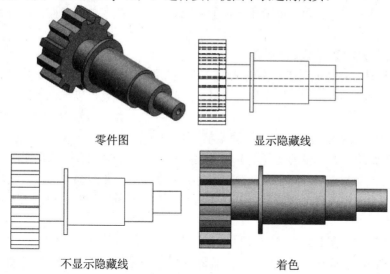

零件图　　　　　　　　　　　显示隐藏线

不显示隐藏线　　　　　　　　　着色

图5-6　三种显示样式下的工程图

3)【参考数据】：用来设置视图中参考数据的显示。

● 【线样式】：为所选的参考数据设置线样式。可在列表框中选择样式，可选样式有【按参考零件】、【按零件】和【关】。

● 【边界】：可以通过设置【边界】选项的值来查看更多参考数据。设置边界值可以使得边界在所有边上以指定值扩展。

● 【隐藏线计算】：可以指定是计算【所有实体】的隐藏线还是计算【分别参考数据】的隐藏线。

图5-7　【工程视图】对话框中的【模型状态】选项卡

3.【显示选项】选项卡

【显示选项】选项卡用来设置工程视图的元素是否显示。注意，只有适用于指定模型和视图类型的选项才可用。可以选中或者清除一个选项来决定该选项相应的元素是否可见。

在打开【工程视图】对话框并且选择了要创建工程图的零部件以后，图纸区域内出现要创

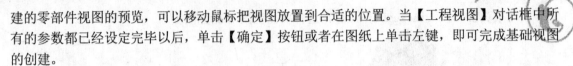

建的零部件视图的预览，可以移动鼠标把视图放置到合适的位置。当【工程视图】对话框中所有的参数都已经设定完毕以后，单击【确定】按钮或者在图纸上单击左键，即可完成基础视图的创建。

要编辑已经创建的基础视图，可以：

1）把鼠标移动到创建的基础视图的上面，则视图周围出现红色虚线形式的边框。当把鼠标移动到边框的附近时，指针旁边出现移动符号，此时按住左键就可以拖动视图，以改变视图在图纸中的位置。

2）在视图上单击右键，则会弹出快捷菜单。

● 选择右键快捷菜单中的【复制】和【删除】选项可以复制和删除视图。

● 选择【打开】选项，则会在新窗口中打开要创建工程图的源零部件。

● 在视图上双击左键，则重新打开【工程视图】对话框，用户可以修改其中可以进行修改的选项。

● 选择【对齐视图】或者【旋转】选项可以改变视图在图纸中的位置。

如果要为部件创建基础视图，方法和步骤同上所述。图 5-8 所示为在同一幅图纸中创建的三个零部件的基础视图。

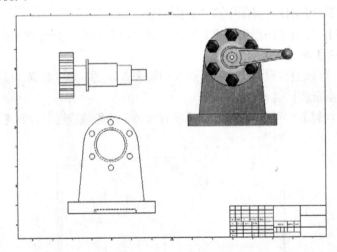

图5-8　零部件的基础视图

4.【恢复选项】选项卡

如图 5-9 所示，【恢复选项】选项卡用于定义在工程图中对曲面和网格实体以及模型尺寸和定位特征的访问。

1）【混合实体类型的模型】：

①【包含曲面体】：可控制工程视图中曲面体的显示。该选项默认情况下处于选中状态，用于包含工程视图中的曲面体。

②【包含网格实体】：可控制工程视图中网格体的显示。该选项默认情况下处于选中状态，用于包含工程视图中的网格体。

2）【所有模型尺寸】：选中该复选框可以检索模型尺寸。只显示与视图平面平行并且没有被图纸上现有视图使用的尺寸。不勾选该复选框，则在放置视图时不带模型尺寸。

如果模型中定义了尺寸公差，则模型尺寸中会包括尺寸公差。

3）【用户定位特征】：从模型中恢复定位特征，并在基础视图中将其显示为参考线。可选择该复选框来包含定位特征。

此设置仅用于最初放置基础视图。若要在现有视图中包含或去除定位特征，可在【模型】浏览器中展开视图节点，然后在模型上单击鼠标右键，选择【包含定位特征】，然后在打开的【包含定位特征】对话框中指定相应的定位特征。或者，在定位特征上单击鼠标右键，然后选择【包含】。

若要从工程图中去除定位特征，可在单个定位特征上单击鼠标右键，然后清除【包含】复选框前面的勾号。

图5-9　【工程视图】对话框中的【恢复选项】选项卡

5.1.3　投影视图

创建了基础视图以后，可以利用一角投影法或者三角投影法创建投影视图。在创建投影视图以前，必须首先创建一个基础视图。图 5-10 所示为利用一个基础视图创建三个投影视图，即俯视图、左视图和轴测视图。

创建投影视图的基本步骤是：

1）单击【放置视图】标签栏【创建】面板中的【投影视图】工具按钮，用左键单击图纸上的一个基础视图。

2）向不同的方向拖动鼠标以预览不同方向的投影视图。如果竖直向上或者向下拖动鼠标，则可以创建仰视图或者俯视图，创建的俯视图如图 5-10 所示；如果水平向左或者向右拖动鼠标则可以创建左视图或者右视图，创建的左视图如图 5-10 所示；如果向图纸的四个角落处拖动则可以创建轴测视图，创建的轴测视图如图 5-10 所示。

3）确定投影视图的形式和位置以后，单击鼠标左键，指定投影视图的位置。

4）此时在鼠标单击的位置处出现一个矩形轮廓，单击右键，在弹出的快捷菜单中选择【创建】选项，则在矩形轮廓内部创建投影视图。创建完毕后矩形轮廓自动消失。

由于投影视图是基于基础视图创建的，因此常称基础视图为父视图，称投影视图以及其他以基础视图为基础创建的视图为子视图。在默认的情况下，子视图的很多特性继承自父视图：

1）如果拖动父视图，则子视图的位置随之改变，以保持和父视图之间的位置关系；

2）如果删除了父视图，则子视图也同时被删除。

3）子视图的比例和显示方式同父视图保持一致，当修改父视图的比例和显示方式时，子视图的比例和显示方式也随之改变。

但是有两点需要特别注意：

1）虽然轴测视图也是从基础视图创建的，但是它独立于基础视图。当移动基础视图时，轴测视图的位置不会改变。修改父视图的比例，轴测视图的比例不会随之改变。如果删除基础视图，则轴测视图不会被删除。

2）虽然子视图的比例和显示方式继承自父视图，但是可以指定这些特征不再与父视图之间存在关联，方法是在【工程视图】对话框中通过清除【与基础视图样式一致】选项来去除父视图与子视图的比例联系。投影视图的编辑以及复制、删除等均与基础视图相同，读者可以参考基础视图部分的相关内容。

当创建了投影视图后，浏览器中会显示相应的视图名称，并且显示了视图之间的关系，子视图位于父视图的下方并且包含在父视图内部，如图 5-11 所示。

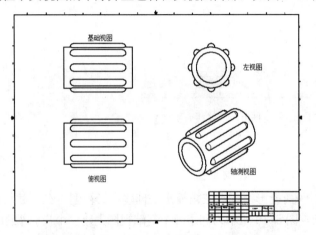

图5-10　利用一个基础视图创建三个投影视图　　　　图5-11　浏览器中的视图名称以及关系

5.1.4　斜视图

当零件的某个表面与基本投影面有一定的夹角时，在基础视图上就无法反映该部分的真实形状，如图 5-12 所示零件中的斜面部分。这时可以改变投影的方向，沿着与斜面部分垂直的方向投影，那么就可以得到能够反映斜面部分真实形状的视图，如图 5-13 所示。

可以从父视图中的一条边或直线投影来放置斜视图，得到的视图将与父视图在投影方向上对齐。创建斜视图的一般步骤是：

1）要创建斜视图，当前图纸上必须有一个已经存在的视图。单击【放置视图】标签栏【创建】面板上的【斜视图】工具按钮，选择一个基础视图，弹出【斜视图】对话框，如图 5-14 所示。

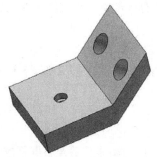
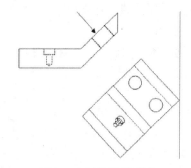

图5-12　具有斜面的零件　　　　　图5-13　零件的斜视图

2）在【斜视图】对话框中，指定视图的名称和比例等基本参数以及显示方式。

3）此时鼠标指针旁边出现一条直线标志，选择垂直于投影方向的平面内的任意一条直线，此时移动鼠标则出现斜视图的预览。

4）在合适的位置上单击左键，或者单击【斜视图】对话框中的【确定】按钮，即可完成斜视图的创建。

斜视图的编辑与前面所讲述的投影视图、基础视图的编辑方法是一样的，这里不再赘述。

5.1.5　剖视图

剖视图是表达零部件上被遮挡的特征以及部件装配关系的有效方式。在Autodesk Inventor中，可以从指定的父视图创建全剖、半剖、阶梯剖或旋转剖视图，也可以使用【剖视】创建斜视图或局部视图的视图剖切线。图5-15所示为在Autodesk Inventor中创建的剖视图。

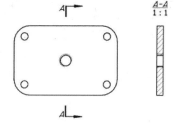

图5-14　【斜视图】对话框　　　图5-15　在Autodesk Inventor中创建的剖视图

创建剖视图的步骤如下：

1）单击【放置视图】标签栏【创建】面板上的【剖视】工具按钮，选择一个父视图，这时鼠标形状变为十字形。

2）单击左键设置视图剖切线的起点，然后移动鼠标单击以确定剖切线的其余点，视图剖切线上点的个数和位置决定了剖视图的类型。

3）当剖切线绘制完毕后，单击右键，在弹出的快捷菜单中选择【继续】选项，此时弹出【剖视图】对话框，如图5-16所示。在该对话框中可以设置视图名称、比例、显示方式等参数及剖切深度的选项。若设置剖切深度为【全部】，则零部件被完全剖切；若选择【距离】方式，则按照指定的深度进行剖切。在【切片】栏中，如果选中【包括切片】选项，则会根据浏览器属性创建包含一些切割零部件和剖视零部件的剖视图；如果选中【剖切整个零件】选项，则会取代

169

浏览器属性，并会根据剖视线几何图元切割视图中的所有零部件。剖视线未交叉的零部件将不会参与结果视图。

4）图纸内出现剖视图的预览，移动鼠标以选择创建位置。

5）确定视图位置以后，单击左键或者单击【剖视图】对话框中的【确定】按钮即可完成剖视图的创建。

创建剖视图最关键的步骤是如何正确地选择剖切线以及投影方向，使得生成的剖面图能够恰当地表现零件的内部形状或者部件的装配关系。有以下几点值得注意：

1）一般来说，剖切面由绘制的剖切线决定，剖切面过剖切线且垂直于屏幕方向。对于同一个剖切面，不同的投影方向生成的剖视图也不相同，因此在创建剖视图时，一定要选择合适的剖切面和投影方向。在图 5-17 所示的具有内部凹槽的零件中，要表达零件内壁的凹槽，必须使用剖视图，且为了表现方形的凹槽特征和圆形的凹槽特征，必须创建不同的剖切平面。要表现方形凹槽所选择的剖切平面以及生成的剖视图如图 5-18 所示，要表现圆形凹槽所选择的剖切平面以及生成的剖视图如图 5-19 所示。

图5-16　【剖视图】对话框

图5-17　具有内部凹槽的零件

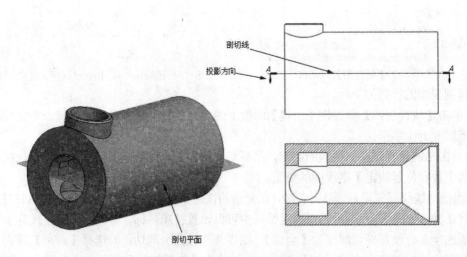

图5-18　表现方形凹槽的剖视图

2）需要特别注意的是，剖切的范围完全由剖切线的范围决定，剖切线在其长度方向上延展的范围决定了所能够剖切的范围。图 5-20 所示为不同长度的剖切线所创建的剖视图。

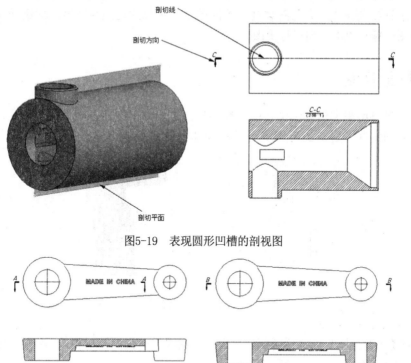

图5-19　表现圆形凹槽的剖视图

图5-20　不同长度的剖切线所创建的剖视图

3）剖视图中投影的方向就是观察剖切面的方向，它也决定了所生成的剖视图的外观。可以选择任意的投影方向生成剖视图，投影方向既可以与剖切面垂直，也可以不垂直，如图 5-21 所示。其中，H-H 视图和 J-J 视图是由同一个剖切面剖切生成的，但是投影方向不相同，所以生成的剖视图也不相同。

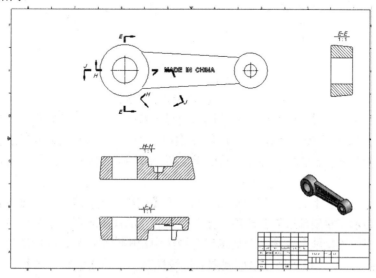

图5-21　选择任意的投影方向生成剖视图

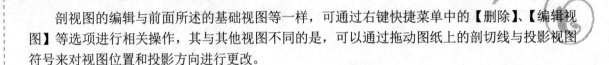

剖视图的编辑与前面所述的基础视图等一样，可通过右键快捷菜单中的【删除】、【编辑视图】等选项进行相关操作，其与其他视图不同的是，可以通过拖动图纸上的剖切线与投影视图符号来对视图位置和投影方向进行更改。

5.1.6 局部视图

局部视图可以用来突出显示父视图的局部特征。局部视图并不与父视图对齐，缺省情况下也不与父视图同比例。图 5-22 所示为创建的局部视图。

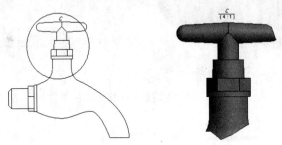

图5-22 局部视图

要创建局部视图，可以：

1）单击【放置视图】标签栏【创建】面板上的【局部视图】工具按钮<img />，选择一个视图，则弹出【局部视图】对话框，如图 5-23 所示。

图5-23 【局部视图】对话框

2）在【局部视图】对话框中设置局部视图的视图名称、比例以及显示方式等选项。然后在视图上选择要创建局部视图的区域，区域可以是矩形区域，也可以是圆形区域。

3）选择【轮廓形状】选项，为局部视图指定圆形或矩形轮廓形状。父视图和局部视图的轮廓形状相同。

4）选择【镂空形状】选项，将切割线型指定为【锯齿过渡】或【平滑过渡】。

5）选中【显示完整局部边界】选项，会在产生的局部视图周围显示全边界（环形或矩形）。

6）选中【显示连接线】选项，会显示局部视图中轮廓和全边界之间的连接线。

局部视图创建以后，可以通过局部视图右键快捷菜单中的【编辑视图】选项来进行编辑，如复制、删除等操作。

　　如果要调整父视图中创建局部视图的区域，可以在父视图中将鼠标指针移动到创建局部视图时拉出的圆形或者矩形上，此时在圆形或者矩形的中心和边缘上出现绿色小原点，如图 5-24 所示。在中心的小圆点上按住鼠标，移动鼠标则可以拖动区域的位置；在边缘的小圆点上按住鼠标左键拖动，则可以改变区域大小。当改变了区域大小或者位置以后，局部视图会自动随之更新。

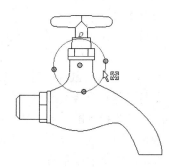

图5-24　鼠标指针移动到圆形或矩形的中心和边缘

5.1.7　打断视图

　　在制图时，如果零部件尺寸过大造成视图超出工程图的长度范围，或者为了使零部件视图适合工程图而缩小零部件视图的比例使得视图变得非常小，或者当零部件视图包含大范围的无特征变化的几何图元时，都可以使用打断视图来解决这些问题。打断视图可以应用于零部件长度的任何地方，也可以在一个单独的工程视图中使用多个打断。

　　打断视图是通过修改已建立的工程视图来创建的，可以创建打断视图的工程视图有零件视图、部件视图、投影视图、等轴测视图、剖视图和局部视图，也可以用打断视图来创建其他视图，如可以用一个投影的打断视图创建一个打断剖视图。

　　要创建打断视图，可以：

　　1）单击【放置视图】标签栏【修改】面板中的【断裂画法】工具按钮，在图纸上选择一个视图，弹出【断开】对话框，如图 5-25 所示。

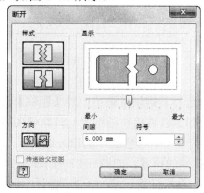

图5-25　【断开】对话框

　　2）在【样式】选项中可以选择打断样式为【矩形样式】或者【构造样式】。

3）在【方向】选项中可以设置打断的方向为水平方向或者竖直方向。

4）在【显示】选项中可以设置每个打断类型的外观。当拖动滑块时，控制打断线的波动幅度，表示为打断间隙的百分比。

5）【间隙】选项用来指定打断视图中打断之间的距离。

6）【符号】选项用来指定所选打断处的打断符号的数目。每处打断最多允许使用 3 个符号，并且只能在【构造样式】的打断中使用。

7）如果选择【传递给父视图】选项，则打断操作将扩展到父视图。此选项的可用性取决于视图类型。

设定所有参数以后，可以在图纸中单击鼠标左键，以放置第一条打断线，然后在另外一个位置单击鼠标左键以放置第二条打断线，两条打断线之间的区域就是零件中要被打断的区域。放置完毕两条打断线后，即完成了打断视图的创建。其过程如图 5-26 所示。

由于打断视图是基于其他视图而创建的，所以不能够在打断视图上单击右键，通过快捷菜单中的选项来对打断视图进行编辑。如果要编辑打断视图，可以：

1）在打断视图的打断符号上单击右键，在弹出的快捷菜单中选择【编辑打断】选项，重新打开【断开】对话框。在该对话框中可以重新对打断视图的参数进行定义。

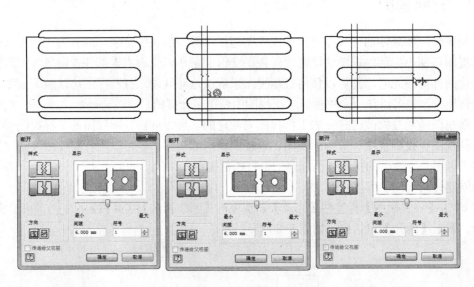

设置参数　　　　　　　放置第一条打断线　　　　　　放置第二条打断线

图5-26　打断视图的创建过程

2）如果要删除打断视图，选择右键快捷菜单中的【删除】选项即可。

3）打断视图提供了打断控制器以直接在图纸上对打断视图进行修改。当鼠标指针位于打断视图符号的上方时，打断控制器（一个绿色的小圆形）即会显示，可以用鼠标左键点住该控制器，左右或者上下拖动以改变打断的位置，如图 5-27 所示。还可以通过拖动两条打断线来改变去掉的零部件部分的视图量。如果将打断线从初始视图的打断位置移走，则会增加去掉零部件的视图量，将打断线移向初始视图的打断位置，则会减少去掉零部件的视图量，如图 5-28 所示。

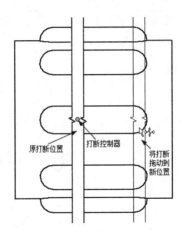

图5-27 改变打断的位置

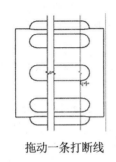 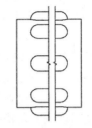

拖动一条打断线　　　　　　　　拖动完毕后的打断视图

图5-28 拖动打断线

5.1.8 局部剖视图

要显示零件局部被隐藏的特征,可以创建局部剖视图,通过去除一定区域的材料,以显示现有工程视图中被遮挡的零件或特征。局部剖视图需要依赖于父视图,所以要创建局部剖视图,必须先放置父视图,然后创建与一个或多个封闭的截面轮廓相关联的草图,来定义局部剖区域的边界。需要注意的是,父视图必须与包含定义局部剖边界的截面轮廓的草图相关联。

要为一个视图创建与之关联且包含有封闭截面轮廓的草图,可以:

1)选择图纸内一个要进行局部剖切的视图。

2)单击【放置视图】标签栏【草图】面板中的【开始创建草图】工具按钮 ,在图纸内新建一个草图,切换到【草图】面板,选择其中的草图图元绘制工具绘制封闭的作为剖切边界的几何图形,如圆形和多边形等。

3)绘制完毕以后,单击右键,在弹出的快捷菜单中选择【完成草图】选项,退出草图环境。此时,一个与该视图相关联且具有封闭截面轮廓的草图已经建立。该截面轮廓可以作为局部剖视图的剖切边界。

创建局部剖视图的步骤如下:

1)单击【放置视图】标签栏【创建】面板上的【局部剖视图】工具按钮 ,然后选择图纸内的一个已有的视图,这时弹出【局部剖视图】对话框,如图 5-29 所示。

175

2）如果父视图没有与包含定义局部剖边界的截面轮廓的草图相关联，那么就会弹出如图 5-30 所示的 Autodesk Inventor 警告对话框。

图5-29　【局部剖视图】对话框　　　　　图5-30　警告对话框

3）在【局部剖视图】对话框中的【边界】选项中需要定义截面轮廓，即选择草图几何图元以定义局部剖边界。

4）在【深度】选项中选择几何图元以定义局部剖区域的剖切深度。深度类型有以下几种：

● 　【自点】：为局部剖的深度设置数值。

● 　【至草图】：使用与其他视图相关联的草图几何图元定义局部剖的深度。

● 　【至孔】：使用视图中孔特征的轴定义局部剖的深度。

● 　【贯通零件】：使用零件的厚度定义局部剖的深度。

5）【显示隐藏边】选项可临时显示视图中的隐藏线，可以在隐藏线几何图元上拾取一点来定义局部剖深度。局部剖视图的创建过程如图 5-31 所示。

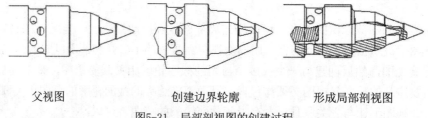

父视图　　　　　　　　　创建边界轮廓　　　　　　　形成局部剖视图

图5-31　局部剖视图的创建过程

5.1.9　尺寸标注

在 Autodesk Inventor 中，创建了工程图以后，还需要为其标注尺寸，以用来作为零件加工过程中的必要的参考。图 5-32 所示为一幅标注的工程图。尺寸是制造零件的重要依据，如果在工程图中的尺寸标注不正确或者不完整、不清楚，就会给实际生产造成困难，所以尺寸的标注在 Autodesk Inventor 的二维工程图设计中尤为重要。

在 Autodesk Inventor 中，可以使用两种类型的尺寸来标注工程图的设计：模型尺寸和工程图尺寸。

1）模型尺寸，顾名思义就是与模型紧密联系的尺寸，它用来定义略图特征的大小以及控制特征的大小。如果更改工程图中的模型尺寸，源零部件将更新以匹配所做的更改，因此，模型尺寸也称作双向尺寸或计算尺寸。在每个视图中，只有与视图平面平行的模型尺寸才在该视图中可用。

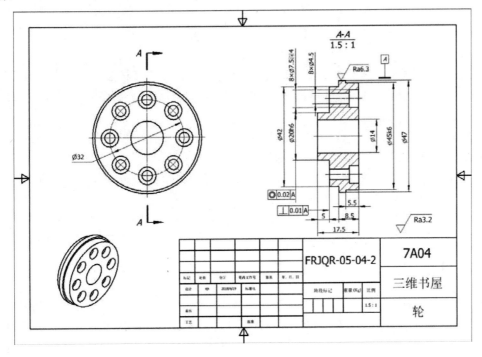

图5-32　标注的工程图

在安装 Autodesk Inventor 时，如果选择【在工程图中修改模型尺寸】选项，则可以编辑模型尺寸，并且源零部件也将随之更新。

在视图的右键快捷菜单中提供了一个【检索尺寸】选项，可以用来显示模型尺寸。在放置视图时，用户可以选择显示模型尺寸。注意，只能显示与视图位于同一平面上的尺寸。

通常，模型尺寸显示在工程图的第一个视图或基础视图中，在后续的投影视图中只显示那些未显示在基础视图中的模型尺寸。如果需要将模型尺寸从一个视图移动到另一个视图，则要从第一个视图删除该尺寸并在第二个视图中检索模型尺寸。

2）工程图尺寸与模型尺寸不同的是，它都是单向的。如果零件大小发生变化，工程图尺寸将更新。但是，更改工程图尺寸不会影响零件的大小。工程图尺寸用来标注而不是用来控制特征的大小。

工程图尺寸的放置方式和草图尺寸相同，放置线性、角度、半径和直径尺寸的方法都是先选择点、直线、圆弧、圆或椭圆，然后定位尺寸。放置工程图尺寸时，系统将为其他特征类推约束。Autodesk Inventor 将显示符号表明所放置的尺寸类型。也可使用可视提示，以便在距对象的固定间隔处定位尺寸。

要添加工程图尺寸，可以使用【标注】标签栏内提供的尺寸标注工具，如图 5-33 所示。要打开工程图标注面板，可以在工程图视图面板上单击右键，在快捷菜单中选择【标注】标签栏选项。在工程图中可以方便地标注以下类型的尺寸。

图5-33 工程图标注面板

1. 尺寸

尺寸包括线性尺寸、角度尺寸和圆弧尺寸等，可以通过单击【标注】标签栏上的【尺寸】工具按钮 ┌ 来进行标注。要对几何图元标注通用尺寸，只需要选择【尺寸】工具，然后依次选择该几何图元的组成要素即可，如：

1）要标注直线的长度，可以依次选择直线的两个端点，或者直接选择整条直线。

2）要标注角度，可以依次选择角的两条边。

3）要标注圆或者圆弧的半径（直径），选取圆或者圆弧即可等。

各种类型的尺寸标注如图5-34所示。

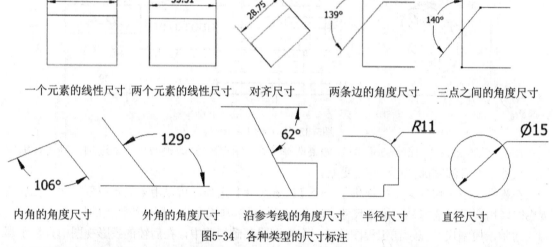

图5-34 各种类型的尺寸标注

对于尺寸的编辑可以通过右键快捷菜单中的选项来实现。

1）选择右键快捷菜单中的【删除】选项将从工程视图中删除尺寸。

2）选择【新建尺寸样式】将弹出【新建尺寸样式】对话框，可以新建各种标准如GB、ISO的尺寸样式。

3）选择【编辑】选项，弹出【编辑尺寸】对话框，可以在【精度和公差】选项卡中修改尺寸公差的具体样式。

4）选择【文本】选项，弹出【文本格式】对话框，可以设定尺寸文本的特性，如字体、字号、间距以及对齐方式等。在对尺寸文本修改以前，需要在【文本格式】对话框中选中代表尺寸文本的符号。

5）选择【隐藏尺寸界线】选项则尺寸界线被隐藏。

2. 基线尺寸和基线尺寸集

当要以自动标注的方式向工程视图中添加多个尺寸时，基线尺寸是很有用的。用户可以指定一个基准，以此来计算尺寸，并选择要标注尺寸的几何图元。在 Autodesk Inventor 中，可以利用【标注】标签栏上的【基线】按钮向视图中添加基线工程图尺寸，步骤是：

1）选择该工具后，在视图上通过左键单击选择单个几何图元，要选择多个几何图元，可以继续单击所有要选择的几何图元。

2）选择完毕后，单击右键，在弹出的快捷菜单中选择【继续】选项，出现基线尺寸的预览。

3）在要放置尺寸的位置单击鼠标左键，即可完成基线尺寸的创建。

4）如果要在其他位置放置相同的尺寸集，可以在结束命令之前按 Backspace 键，将再次出现尺寸预览，单击其他位置放置尺寸。

典型的基线尺寸如图 5-35 所示。

要对基线尺寸进行编辑，可以在图形窗口中选择基线尺寸集，然后单击鼠标右键，在弹出的快捷菜单中选择相应的选项执行操作。

1）选择【编辑】选项，弹出【编辑尺寸】对话框。可以在【精度和公差】选项卡中修改尺寸公差的形式。

2）选择【文本】选项，弹出【文本格式】对话框。可以修改尺寸的文本样式。

3）选择【排列】选项可以在移动尺寸集中的一个或多个成员后，使尺寸集成员相对于最靠近视图几何图元的成员重新对齐，成员间的间距由尺寸样式确定。

4）选择【创建基准】选项可以修改基线尺寸基准的位置，方法是在要指定为新基准的边或点上单击鼠标右键，然后从弹出的快捷菜单中选择【创建基准】选项。

5）选择【添加成员】选项可以向尺寸集中添加其他几何图元。添加时需要选择要添加到尺寸集中的点或边，如果该尺寸没有落在尺寸集的最后，尺寸集成员将重新排列以正确地定位新成员。

6）选择【分离成员】选项可以从尺寸集中去除尺寸。在需要分离的尺寸上单击鼠标右键，然后从快捷菜单中选择【分离成员】。

7）选择【删除成员】选项可以从工程视图中删除选中的尺寸。

8）选择【删除】选项则删除整个基线尺寸。

3. 同基准尺寸（尺寸集）

可以在 Autodesk Inventor 中创建同基准尺寸或者由多个尺寸组成的同基准尺寸集。典型的同基准尺寸集标注如图 5-36 所示。

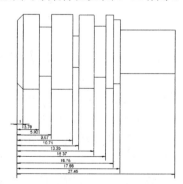

图5-35 典型的基线尺寸

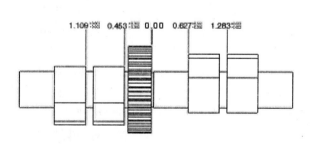

图5-36 典型的同基准尺寸集标注

创建同基准尺寸的步骤如下：

1）单击【标注】标签栏【尺寸】面板上的【同基准】工具按钮，然后在图纸上用鼠标左键单击一个点或者一条直线边作为基准，此时移动鼠标以指定基准的方向，基准的方向垂直于尺寸标注的方向，单击鼠标左键以完成基准的选择。

2）依次选择要进行标注的特征的点或者边，选择完成后则尺寸自动被创建。

3）当全部选择完毕以后，单击鼠标右键，选择【创建】选项，即可完成同基准尺寸的创建。

创建同基准尺寸集的步骤如下：

1）单击【标注】标签栏【尺寸】面板上的【同基准集】工具按钮，然后在图纸上选择一个视图，选择完毕后鼠标指针处出现基准指示器符号，选择一个点或者一条直线边作为尺寸基准，单击左键即可创建基准指示器。

2）用鼠标选择要进行标注的特征的点或者边，选择完成后则尺寸自动被创建。当全部选择完毕以后，单击鼠标右键，选择【创建】选项，即可完成同基准尺寸集的创建。

同基准尺寸（集）的编辑与基线尺寸的编辑方式类似，相同之处这里不再赘述。在右键快捷菜单中的【选项】中有三个选项可供选择：

1）【允许打断指引线】选项允许集成员的指引线有顶点。如果选择【允许打断指引线】选项则向指引线添加可移动的顶点，清除复选标记则维护或重置直的指引线。

2）选择【两方向均为正向】选项则为同基准尺寸创建正整数而不考虑相对尺寸基准的位置，清除复选标记则指定基准左侧或下方的尺寸为负整数。

3）选择【显示方向】选项可切换正整数方向指示器的可见性。

另外，还可以通过右键快捷菜单中的【隐藏基准指示器】选项来隐藏图纸中的基准指示器图标。

4．孔/螺纹孔尺寸

当零件上存在孔以及螺纹孔时，就要考虑孔和螺纹孔的标注问题。在 Autodesk Inventor 中，可以利用【孔和螺纹标注】工具在完整的视图或者剖视图上为孔和螺纹孔标注尺寸。注意孔标注和螺纹标注只能添加到在零件中使用【孔】特征和【螺纹】特征工具创建的特征上。典型的孔和螺纹标注如图 5-37 所示。

进行孔或者螺纹孔的标注很简单。单击【标注】标签栏【特征注释】面板上的【孔和螺纹】工具按钮，然后在视图中选择孔或者螺纹孔，则鼠标指针旁边出现要添加的标注的预览，移动鼠标以确定尺寸放置的位置，最后单击鼠标左键以完成尺寸的创建。

可以利用右键快捷菜单中的相关选项对孔/螺纹孔尺寸进行编辑方法如下：

1）在孔/螺纹孔尺寸的右键快捷菜单中选择【文本】选项，则弹出【文本格式】对话框，可以编辑尺寸文本的格式，如设定字体和间距等。

2）选择【编辑孔尺寸】选项，打开【编辑孔注释】对话框，如图 5-38 所示，可以为现有孔标注添加符号或值、编辑文本或者修改公差。在【编辑孔注释】对话框中，单击以清除【使用默认值】复选框中的复选标记；在编辑框中单击并输入修改内容；单击相应的按钮为尺寸添加符号或值；要添加文本，可以使用键盘进行输入；要修改公差格式或精度，可以单击【精度和公差】按钮并在【精度和公差】对话框中进行修改。需要注意的是，孔标注的默认格式和内容由该工程图的激活尺寸样式控制。要改变默认设置，可以编辑尺寸样式或改变绘图标准以使用其他尺寸样式。

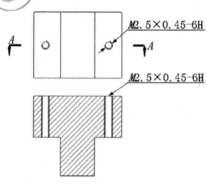

图5-37 典型的孔和螺纹标注　　　　　　图5-38 【编辑孔注释】对话框

5.1.10 技术要求和符号标注

工程图不仅要求有完整的图形和尺寸标注,还必须有合理的技术要求,,如表面粗糙度要求、尺寸公差要求、几何公差要求、热处理和表面镀涂层要求等,以保证零件在制造时达到一定的质量。下面分别简要介绍。

1. 表面粗糙度标注

表面粗糙度是评价零件表面质量的重要指标之一,它对零件的耐磨性、耐腐蚀性、零件之间的配合和外观都有影响。典型的表面粗糙度标注如图5-39所示。可以使用【粗糙度】工具√来为零件表面添加表面粗糙度要求。单击【标注】标签栏【符号】面板上的【粗糙度】工具按钮√,选择该工具以后,鼠标指针上会附上表面粗糙度符号,可直接进行标注。

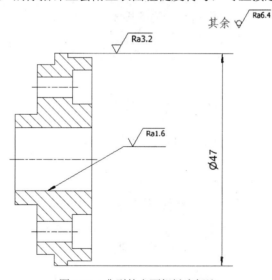

图5-39 典型的表面粗糙度标注

1)要创建不带指引线的符号,可以双击符号所在的位置,弹出【表面粗糙度符号】对话框,如图5-40所示。

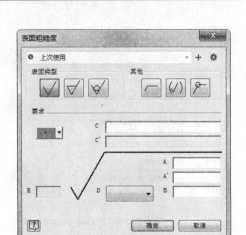

图5-40 【表面粗糙度】对话框

2）要创建与几何图元相关联的、不带指引线的符号，可以双击亮显的边或点，该符号随即附着在边或点上，并且将打开【表面粗糙度】对话框，可以拖动符号来改变其位置。

3）要创建带指引线的符号，可以单击指引线起点的位置，如果单击亮显的边或点，则指引线将被附着在边或点上，移动鼠标并单击左键以为指引线添加另外一个顶点。当表面粗糙度符号指示器位于所需的位置时，单击鼠标右键，选择【继续】选项以放置符号，此时也会打开【表面粗糙度】对话框。

在【表面粗糙度】对话框中，可以：

● 设置【表面类型】，即基本表面粗糙度符号▢、表面用去除材料的方法获得▢、表面用不去除材料的方法获得▢。

● 在【其他】选项中，可以指定符号的总体属性。【长边加横线】选项▢为该符号添加一个尾部符号。【多数】选项▢表示该符号为工程图指定了标准的表面特性。【所有表面相同】选项▢为该符号添加表示所有表面粗糙度相同的标识。

2. 焊接符号

焊接件是一种特殊类型的部件模型，在 Autodesk Inventor 中可以为焊接件添加焊接符号。即使模型中没有定义焊接件，用户也可以在工程视图中手动添加焊接标注。典型的焊接符号标注如图 5-41 所示。

在 Autodesk Inventor Professional2020 中，一个重要的更新就是简化了焊接符号的创建过程。具体如下：

1）焊接符号控件在标准间是通用的。

2）当标准和焊缝类型更改后，特定于标准的控件会相应更改名称。

3）每个标准都有一组默认值，这些值可以根据需要进行修改。

4）可以在一个焊接符号下为多个焊缝特征编组。

为零件添加焊接标注的步骤如下：

1）单击【标注】标签栏【符号】面板上的【焊接】工具按钮，然后在零件上与创建带有指引线的表面粗糙度标注一样，先创建一条指引线，然后单击右键，从快捷菜单中选择【继续】选项，弹出【焊接符号】对话框，如图 5-42 所示。

2）在【方向】框中设置焊接符号组成部分的方向。

- 【交换箭头/其他符号】按钮将所选参考线的箭头侧与非箭头侧交换位置。
- 【识别线】选项只对 ISO 和 DIN 标准有效，单击下拉箭头可选择【不放置基准线】、【将基准线放置在参考线上方】或【将基准线放置在参考线下方】。
- 【交错】框中的选项为倒角设置交错焊接符号，该工具只有当倒角焊接符号对称设置在参考线两侧时才有效。
- 【尾部注释框】将说明添加到所选的参考线上。
- 勾选【abc】复选框可以封闭框中的注释文本。
- 【现场焊符号】按钮可以指定是否在所选的参考线上添加现场焊接符号。
- 【全周边符号】指定是否对选定的参考线使用全周边符号。

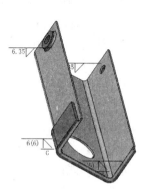
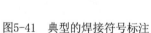
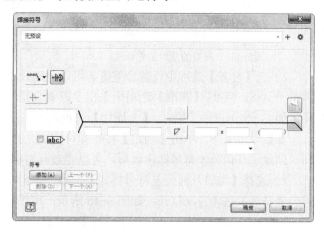

图5-41　典型的焊接符号标注　　　图5-42　【焊接符号】对话框

3. 几何公差

几何公差用于限制零件的形状和位置误差，以提高产品质量、性能以及使用寿命。在 Autodesk Inventor 中，可以使用【标注】标签栏上的【形位公差符号】按钮创建几何公差符号。可以创建带有指引线的几何公差符号或单独的符号，符号的颜色、目标大小、线条属性和度量单位由当前激活的绘图标准所决定。典型的几何公差标注如图 5-43 所示。

单击【标注】标签栏【符号】面板上的【形位公差符号】按钮，要创建不带指引线的符号，可以双击符号所在的位置，此时弹出【形位公差符号】对话框，如图 5-44 所示。

1）要创建与几何图元相关联的、不带指引线的符号，可以双击亮显的边或点，则符号将被附着在边或点上，并弹出【几何公差符号】对话框，然后可以拖动符号来改变其位置。

2）如果要创建带指引线的符号，可以首先左键单击指引线起点的位置，如果选择单击亮显的边或点，则指引线将被附着在边或点上，然后移动鼠标以预览将创建的指引线，再单击左键来为指引线添加另外一个顶点。当符号标识位于所需的位置时，单击鼠标右键，然后选择【继续】选项，即可完成符号的放置，并弹出【几何公差符号】对话框。

在【几何公差符号】对话框中可以：

1）可以通过单击【符号】按钮来选择要进行标注的项目，一共可以设置三个，可以选择直线度、圆度、垂直度和同心度等公差项目。

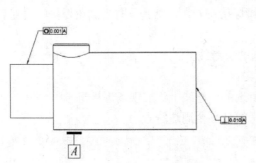

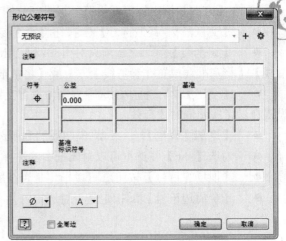

图5-43　典型的几何公差标注　　　　　　　　图5-44　【形位公差符号】对话框

2）在【公差】选项中设置公差值。可以分别设置两个独立公差的数值，但是第二个公差仅适用于 ANSI 标准。【基准】选项用来指定影响公差的基准，基准符号可以从下面的符号栏中选择，如 A，也可以手工输入。【全周边】选项用来在几何公差旁添加周围焊缝符号。

参数设置完毕，单击【确定】按钮即可完成几何公差的标注。

创建了几何公差符号标注以后，可以通过其右键快捷菜单中的选项进行编辑。

1）选择【编辑几何公差符号样式】选项，弹出【样式和标准编辑器】对话框，其中的【几何公差符号】选项自动打开，如图 5-45 所示，可以编辑几何公差符号的样式；

图5-45　【样式和标准编辑器】对话框

2）选择【编辑形位公差符号】选项，弹出【形位公差符号】对话框可以对几何公差进行定义。选择【编辑单位属性】选项，弹出【编辑单位属性】对话框，可以对公差的基本单位和换

算单位进行更改，如图 5-46 所示。

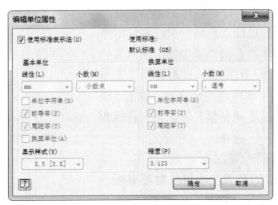

图5-46 【编辑单位属性】对话框

3）选择【编辑箭头】选项则打开【改变箭头】对话框，可以修改箭头形状等。

4. 特征标示符号和基准标示符号

在 Autodesk Inventor 中，可以使用【标注】标签栏中的【特征标识符号】按钮⬆ 和【基准标示符号】按钮△ 标注视图中的特征和基准。可以创建带有指引线的特征标识符号和基准标示符号，符号的颜色和线宽由激活的绘图标准所决定。除 ANSI 标准以外，所有激活的绘图标准均可使用此按钮。下面以特征标示符号的创建为例说明如何在工程图中添加特征标示符号。基准标示符号的添加与此类似，故不再赘述。

创建特征标示符号的一般步骤是：

1）单击【标注】标签栏上的【特征标识符号】工具按钮⬆，如果要创建不带指引线的符号，可以双击符号所在的位置，此时打开【文本格式】对话框，如图 5-47 所示。可以对要添加的符号文本进行编辑。编辑完毕后单击【确定】按钮，则特征标志符号即被创建。

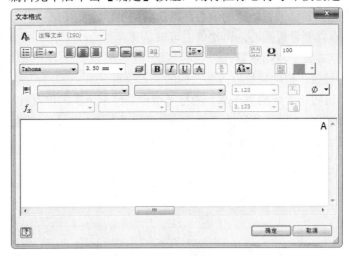

图5-47 【文本格式】对话框

2）要创建与几何图元相关联的、不带指引线的符号，可以双击亮显的边或点，符号将被附着在边或点上，并且打开【文本格式】对话框。可以编辑符号文本。单击【确定】按钮，特征

185

3）要创建带指引线的符号，可以单击指引线起点的位置。 如果单击亮显的边或点，则指引线将被附着在边或点上。移动鼠标并单击左键以添加指引线的另外一个顶点（注意只能添加一个顶点），此时打开【文本格式】对话框，可以输入文本或者编辑文本。单击【确定】按钮，关闭【文本格式】对话框，特征标志符号即被创建。

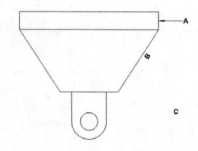

三种形式的特征标示符号如图 5-48 所示。

图5-48　三种形式的特征标示符号

利用右键快捷菜单中的有关选项可以对基准标示符号进行编辑，如编辑特征标示符号、编辑箭头和删除指引线等，这与前面所讲述的内容相似，故这里不再重复详细介绍。基准标示符号的创建、编辑与特征标示符号的类似，也不再重复讲述。

5．基准目标符号

在 Autodesk Inventor 中，可以使用【标注】标签栏上的【基准目标-指引线】工具创建一个或多个基准目标符号，如图 5-49 所示。符号的颜色、目标大小、线属性和度量单位由当前激活的绘图标准所决定。

从图 5-49 可以看出，有多种样式的基准目标符号，如指引线形、矩形或者圆形等。要为视图添加基准目标符号，可以：

1）单击【标注】标签栏【符号】面板上的【基准目标-指引线】工具按钮，或其他样式的基准目标符号。

2）选择好目标样式后，在图形窗口中单击鼠标以设置基准的起点。

● 对于直线和指引线基准来说，起点就是直线和指引线的起点。

● 矩形基准起点需要设置矩形的中心，再次单击可以定义其面积。

● 圆基准起点需要设置圆心，再次单击可以定义其半径；

● 点基准起点放置了点指示器。

3）出现目标的预览，拖动鼠标以改变目标的放置位置。

4）单击左键以设置指引线的另一端。当符号指示器位于所需的位置时，单击鼠标右键，然后选择【继续】选项完成放置基准目标符号，同时弹出【基准目标】对话框，如图 5-50 所示。可以为符号输入适当的尺寸值和基准。

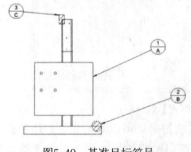

图5-49　基准目标符号

图5-50　【基准目标】对话框

5）单击【确定】按钮完成符号的创建。

可以通过右键快捷菜单中的相应选项编辑基准目标符号，方法与前面内容类似，不再重复讲述。

5.1.11 文本标注和指引线文本

在 Autodesk Inventor 中，可以向工程图中的激活草图或工程图资源（例如标题栏格式、自定义图框或略图符号）中添加文本框或者带有指引线的注释文本，作为图纸标题、技术要求或者其他的备注说明文本等，如图 5-51 所示。

要向工程图中的激活草图或工程图中添加文本，可以单击【标注】标签栏【文本】面板上的【文本】工具按钮A，然后在草图区域或者工程图区域按住左键，移动鼠标拖出一个矩形作为放置文本的区域，松开鼠标后弹出【文本格式】对话框，如图 5-52 所示。设置好文本的特性、样式等参数后，在下面的文本框中输入要添加的文本，单击【确定】按钮即可完成文本的添加。

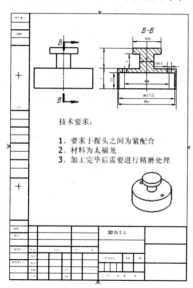

图5-51 添加文本

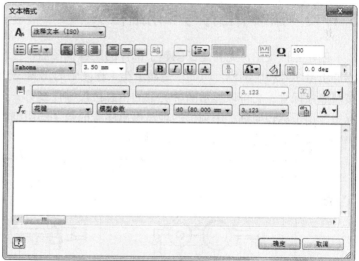

图5-52 【文本格式】对话框

要编辑文本，可以：

1）在文本上按住鼠标左键并拖动，以改变文本的位置。

2）要编辑已经添加的文本，可以双击已经添加的文本，弹出【文本格式】对话框，可以重新编辑已经输入的文本。通过文本右键快捷菜单中的【编辑文本】选项可以达到相同的目的。

3）选择右键快捷菜单中的【顺时针旋转 90 度】和【逆时针旋转 90 度】选项可以将文本旋转 90º。

4）选择【编辑单位属性】选项，弹出【编辑单位属性】对话框，可以编辑基本单位和换算单位的属性。

5）选择【删除】选项则删除所选择的文本。

也可以为工程图添加带有指引线的文本注释。需要注意的是，如果将注释指引线附着到视图或视图中的几何图元上，则当移动或删除视图时，注释也将被移动或删除。如果要添加指引线文本，可以：

1）单击【标注】标签栏【文本】面板上的【指引线文本】工具按钮 ，在图形窗口中单击某处以设置指引线的起点。如果将点放在亮显的边或点上，则指引线将附着到边或点上，此时出现指引线的预览，移动鼠标并单击可为指引线添加顶点。

2）在文本位置上单击鼠标右键，在快捷菜单中选择【继续】选项，弹出【文本格式】对话框。

3）在【文本格式】对话框的文本框中输入文本。可以使用该对话框中的选项添加符号和命名参数，或者修改文本格式。

4）单击【确定】按钮，完成指引线文本的添加。

编辑指引线也可以通过其右键快捷菜单来完成。右键快捷菜单中的【编辑指引线文本】、【编辑单位属性】、【编辑箭头】、【删除指引线】等选项的功能与前面所讲述的均类似，这里不再赘述，读者可以参考前面的相关内容。

5.1.12 添加引出序号和明细栏

创建工程视图，尤其是在创建了部件的工程视图后，往往需要向该视图中的零件和子部件添加引出序号和明细栏。明细栏是显示在工程图中的 BOM 表标注，可为部件的零件或者子部件按照顺序标号。它可以显示两种类型的信息：仅零件或第一级零部件。引出序号就是一个标注标志，用于标识明细栏中列出的项，引出序号的数字与明细栏中零件的序号相相应。添加了引出序号和明细栏的工程图如图 5-53 所示。

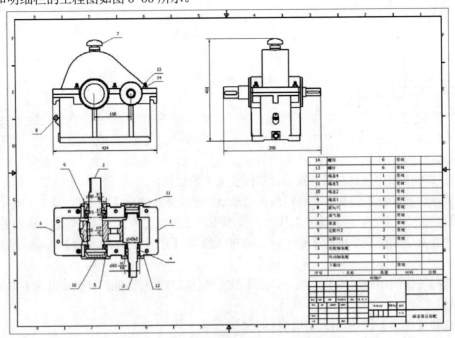

图5-53 添加了引出序号和明细栏的工程图

1. 引出序号

在 Autodesk Inventor 中，可以为部件中的单个零件标注引出序号，也可以一次为部件中的所有零部件标注引出序号。

在 Autodesk Inventor Professional2020 中，单个引出序号的设置和以前版本有很大的不同。

要为单个零件标注引出序号，可以：

1）单击【标注】标签栏【表格】面板上的【引出序号】工具按钮 ①，然后左键单击一个零件，同时设置指引线的起点，这时会弹出【BOM 表特性】对话框，如图 5-54 所示。

图5-54 【BOM 表视图】对话框

2）【源】选项中的【文件】文本框用于显示在工程图中创建 BOM 表的源文件。

3）【BOM 表视图】选项用于选择适当的 BOM 表视图，可以选择【装配结构】或者【仅零件】选项。源部件中可能禁用【仅零件】视图。如果在明细栏中选择了【仅零件】视图，则源部件中将启用【仅零件】视图。需要注意的是，BOM 表视图仅适用于源部件。

4）【级别】中的"第一级"为直接子项指定一个简单的整数值。

5）【最少位数】选项用于控制设置零部件编号显示的最小位数。下拉列表中提供的固定位数范围是 1～6。

6）设置完毕该对话框中的所有选项后，单击【确定】按钮，此时鼠标指针旁边出现指引线的预览，移动鼠标以选择指引线的另外一个端点，单击鼠标左键以选择该端点。然后单击右键，在快捷菜单中选择【继续】选项，则创建了一个引出序号。

此时可以继续为其他零部件添加引出序号，或者按下 Esc 键退出。

要为部件中所有的零部件同时添加引出序号，可以单击【标注】标签栏【表格】面板上的【自动引出序号】工具按钮 ，此时弹出【自动引出序号】对话框，如图 5-55 所示。然后选择一个视图，设置完毕后单击【确定】按钮，则该视图中的所有零部件都会自动添加上引出序号。

当引出序号被创建以后，可以用鼠标左键点住某个引出序号并拖动到新的位置，还可以利用右键快捷菜单中的相关选项对齐进行编辑。

1）选择【编辑引出序号】选项，弹出【编辑引出序号】对话框，如图 5-56 所示。可以编辑引出序号的形状和符号等。

2）【附着引出序号】选项可以将另一个零件或自定义零件的引出序号附着到现有的引出序号。其他的选项的功能和前面讲过的类似，故不再重复。

2. 明细栏

在 Autodesk Inventor Professional 2020 中，明细栏有了较大的变化。用户除了可以为

部件自由添加明细栏，还可以对关联的 BOM 表进行相关设置。

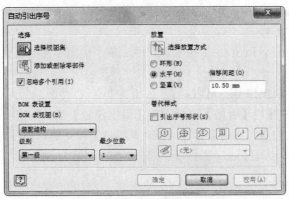

图5-55　【自动引出序号】对话框

　　明细栏的创建十分简单。单击【标注】标签栏【表格】面板上的【明细栏】工具按钮，在图示上左键单击一个视图，则弹出图 5-57 所示【明细栏】对话框。首先读者需要选择要为其创建明细栏的视图以及视图文件，单击该对话框中的【确定】按钮，则此时在鼠标指针旁边出现矩形框，即明细栏的预览，在合适的位置单击左键，则自动创建部件的明细栏。

图5-56　【编辑引出序号】对话框

图5-57　【明细栏】对话框

关于【明细栏】对话框的设置，说明如下：

1)【BOM 表视图】：选择适当的 BOM 表视图来创建明细栏和引出序号。

注 意

源部件中可能禁用【仅零件】选项。如果选择此选项，将在源部件中启用【仅零件】选项。

2)【表拆分】：管理工程图中明细栏的外观。

- 【表拆分的方向】中的【左】、【右】表示将明细栏行分别向左、右拆分。
- 【启用自动拆分】选项用于启用自动拆分控件。
- 【最大行数】选项用于指定一个截面中所显示的行数。可键入适当的数字。
- 【区域数】选项用于指定要拆分的截面数。

创建明细栏以后，可以在上面按住鼠标左键以拖动它到新的位置。利用鼠标右键快捷菜单中的【编辑明细栏】选项或者在明细栏上双击左键，弹出【编辑明细栏】对话框，可以编辑序号、代号和添加描述，以及排序、比较等操作。选择【输出】选项则可以将明细栏输出为 Microsoft Access 文件（*.mdb）。

5.1.13　工程图环境设置

选择菜单【工具】中的【应用程序设置】选项，弹出【应用选项】对话框，选择【工程图】选项卡，如图 5-58 所示。可以对工程图环境进行定制。

（1）【放置视图时检索所有模型尺寸】选项：用于设置在工程图中放置视图时检索所有模型尺寸。选中此选项则在放置工程视图时，将向各个工程视图添加适用的模型尺寸，不选择该选项可以在放置视图后手动检索尺寸。

（2）【创建标注文字时居中对齐】选项：用于设置尺寸文本的默认位置。创建线性尺寸或角度尺寸时，选中该复选框可以使标注文字居中对齐，不选择该复选框可以使标注文字的位置由放置尺寸时的鼠标位置决定。

（3）【启用同基准尺寸几何图元选择】选项：用以设置创建同基准尺寸时如何选择工程图几何图元。

（4）【标注类型配置】：【标注类型配置】框中的选项为线性、直径和半径尺寸标注设置首选类型，如在标注圆的尺寸时选择 ⊘ 则标注直径尺寸，选择 ⌒ 则标注半径尺寸。

图5-58　【应用程序选项】对话框中的【工程图】选项卡

（5）【视图对齐】选项：为工程图设置默认的对齐方式。有【居中】和【固定】两种。

（6）【剖视标准零件】选项：可以设置标准零件在部件的工程视图中的剖切操作。默认情况下选中【遵从浏览器】选项，图形浏览器中的【剖视标准零件】被关闭，还可以将此设置更改为【始终】或【从不】。

（7）【标题栏插入】选项：为工程图文件中所创建的第一张图纸指定标题栏的插入点。定位点相应于标题栏的最外角，单击可以选择所需的定位器。注意，激活的图纸的标题栏插入点设置将覆盖【应用程序选项】对话框中的设置，并决定随后创建的新图纸的插入点设置。

（8）【线宽显示】选项：启用工程图中特殊线宽的显示。如果选中该项，则工程图中的可见线条将以激活的绘图标准中定义的线宽显示。如果不选择该复选框，则所有可见线条将以相同线宽显示。注意，此设置不影响打印工程图的线宽。

（9）【默认对象样式】：

【按标准】选项：在默认情况下，将对象默认样式指定为采用当前标准的【对象默认值】中指定的样式。

【按上次使用的样式】选项：指定在关闭并重新打开工程图文档时，默认使用上次使用的对象和尺寸样式。该设置可在任务之间继承。

（10）【默认图层样式】：

【按标准】选项：将图层默认样式指定为采用当前标准的【对象默认值】中指定的样式。

【按上次使用的样式】选项：指定在关闭并重新打开工程图文档时，默认使用上次使用的图层样式。该设置可在任务之间继承。

（11）【查看预览显示】：

【预览显示为】选项：设置预览图像的配置。默认设置为【所有零部件】。单击下拉箭头，可选择【部分】或【边框】。【部分】或【边框】选项可以减少内存消耗。

【以未剖形式预览剖视图】选项：通过剖切或不剖切零部件来控制剖视图的预览。选中此复选框将以未剖形式预览模型，不选择此复选框（默认设置）将以剖切形式预览。

（12）【容量/性能】：

【启用后台更新】选项：启用或禁用光栅工程视图显示。处理为大型部件创建的工程图时，光栅视图可提高工作效率。

（13）【默认工程图文件类型】：设置当创建新工程图时所使用的默认工程图文件类型（.idw或 .dwg）。

5.2　表达视图

　　表达视图能够以动态的形式演示部件的装配过程和装配位置，可大大节省装配工人读装配图的时间，有效提高工作效率。

Autodesk Inventor 的表达视图用来表现部件中的零件如何相互影响和配合，如使用动画分解装配视图来图解装配说明。表达视图还可以显示出可能会被部分或完全遮挡的零件，比如，使用表达视图创建轴测的分解装配视图以显示出部件中的所有零件，如图 5-59 所示；然后可以将该视图添加到工程图中，并引出部件中的每一个零件的序号。还可以将表达视图用于工程图文件中创建分解视图，也就是俗称的爆炸图，如图 5-60 所示。

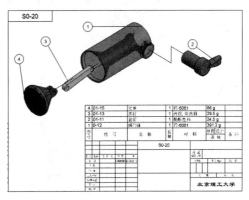

图5-59　表达视图创建轴测的分解装配视图　　　　　图5-60　爆炸图

5.2.1　创建表达视图

选择【快速入门】标签栏中的【新建】选项，在弹出的【新建文件】对话框中选择【Standard.ipn】，单击【创建】按钮即可新建一个表达视图文件。每个表达视图文件可以包含指定部件所需的任意多个表达视图。当对部件进行改动时，表达视图会自动更新。

创建表达视图的步骤如下：

1）单击【表达视图】标签栏【模型】面板上的【插入模型】工具按钮，弹出【插入】对话框，如图5-61所示。

2）单击【选项】按钮，弹出如图5-62所示的【文件打开选项】对话框。在该对话框中显示了可供选择的指定文件的选项。如果文件是部件，可以选择文件打开时显示的内容。如果文件是工程图，则可以改变工程图的状态，在打开工程图之前延时更新。

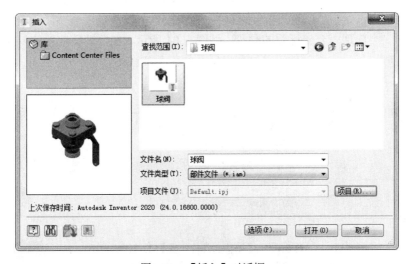

图5-61　【插入】对话框

【位置表达】选项：单击下拉箭头可以打开带有指定的位置表达的文件。表达可能会包括关闭某些零部件的可见性、改变某些柔性零部件的位置，以及其他显示属性。

【详细等级表达】选项：单击下拉箭头可以打开带有指定的详细等级表达的文件。该表达用于内存管理，可能包含零部件抑制。

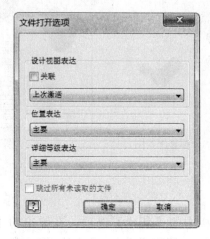

图5-62　【文件打开选项】对话框

5.2.2　调整零部件位置

自动生成的表达视图在分解效果上有时会不太令人满意，另外有时可能需要在局部调整零件之间的位置关系以便于更好的观察，这时可以使用【调整零部件位置】工具来达到目的。

要对单个零部件的位置进行手动调整，可以：

1）单击【表达视图】标签栏【创建】面板上的【调整零部件位置】工具按钮🔳，弹出【调整零部件位置】工具栏，如图5-63所示。

2）创建位置参数，包括选定方向、零部件、轨迹原点，以及是否需要显示轨迹。当鼠标在零部件上移动时，会出现一个坐标系的预览，如图5-64所示，在要调整位置的零件上单击以创建一个坐标系，则可以设定零部件沿着这个坐标系的某个轴移动。

图5-63　【调整零部件位置】工具栏

3）选择一个坐标轴且输入平移的距离，然后单击 ✔ 按钮即可。

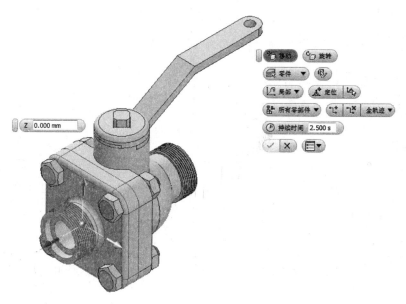

图5-64　坐标系的预览

5.2.3　创建动画

Autodesk Inventor 的动画功能可以创建部件表达视图的装配动画，并且可以创建动画的视频文件，如 AVI 文件，以便随时随地地动态重现部件的装配过程。

创建动画的步骤如下：

1）单击【视图】选项卡【窗口】面板上的【用户界面】按钮，勾选【故事板面板】选项，打开【故事板面板】栏，如图 5-65 所示。

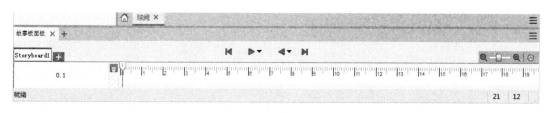

图5-65　【故事板面板】栏

2）单击【故事板面板】栏中的【播放当前故事板】按钮，可以查看动画效果。

3）单击【表达视图】选项卡【发布】面板上的【视频】按钮，弹出【发布为视频】对话框，输入文件名，选择保存文件的位置，选择文件格式为【avi】，如图 5-66 所示。单击【确定】按钮，弹出【视频压缩】对话框，采用默认设置，如图 5-67 所示。单击【确定】按钮，开始生成动画。

图5-66 【发布为视频】对话框

图5-67 【视频压缩】对话框

第 2 篇

零件设计篇

本篇主要介绍以下知识点:

 通用标准件设计

 传动轴及其附件设计

 圆柱齿轮与蜗轮设计

 减速器箱体与附件设计

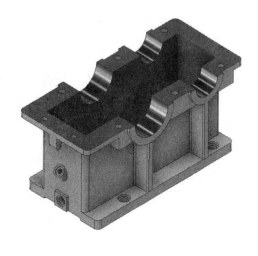

第 6 章

通用标准件设计

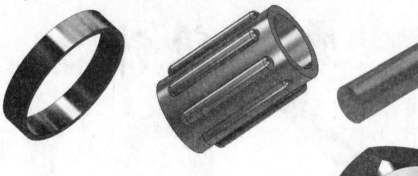

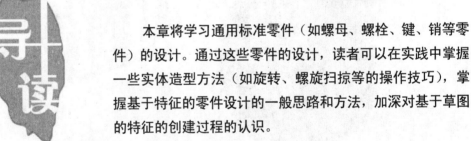

本章将学习通用标准零件（如螺母、螺栓、键、销等零件）的设计。通过这些零件的设计，读者可以在实践中掌握一些实体造型方法（如旋转、螺旋扫掠等的操作技巧），掌握基于特征的零件设计的一般思路和方法，加深对基于草图的特征的创建过程的认识。

- ⊙ 定距环设计
- ⊙ 销的设计
- ⊙ 螺母设计
- ⊙ 螺栓设计

6.1 定距环设计

> 定距环是一个简单的零件,在部件中的作用一般是固定两个零部件之间的间距。本节将利用拉伸、打孔等基本的实体创建方法创建定距环零件。在学习了关于零件特征的基本技能以后,通过本节的学习及实践,可以加深对所学知识的理解。

在本书的减速器实例中,需要两种不同尺寸的定距环。这里只讲述一种尺寸的定距环的设计方法,对另外一种尺寸的定距环只做简单介绍,读者完全可以参照所讲述的内容自己动手完成。

定距环零件的模型文件在网盘中的"\第6章"目录下,文件名为"定距环1.ipt"和"定距环2.ipt"。

6.1.1 实例制作流程

定距环零件的设计过程如图6-1所示。

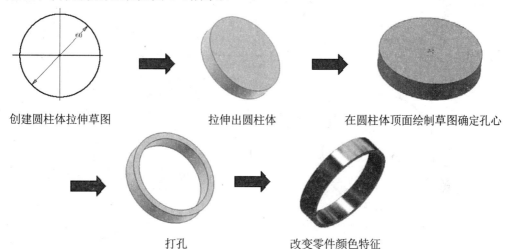

创建圆柱体拉伸草图　　　　拉伸出圆柱体　　　　在圆柱体顶面绘制草图确定孔心

打孔　　　　改变零件颜色特征

图6-1 定距环零件的设计过程

6.1.2 实例效果展示

定距环效果如图6-2所示。

图6-2 定距环效果展示

6.1.3 操作步骤

1．新建文件

运行 Autodesk Inventor，单击【快速入门】标签栏【启动】面板上的【新建】工具按钮 ，在弹出的【新建文件】对话框中选择【Standard.ipt】选项，新建一个零件文件，然后单击【保存】按钮 💾，保存为"定距环 1.ipt"。这里我们选择在原始坐标系的 XY 平面新建草图。

2．创建圆柱体拉伸草图

创建一个能够拉伸出圆柱体的草图截面轮廓。单击【草图】标签栏【绘图】面板上的【圆】工具按钮 ⊙，绘制一个圆形，大小随意；然后单击【约束】面板内的【尺寸】工具按钮 ⊢，为圆形标注直径，并设置直径值为 60mm，如图 6-3 所示。

3．拉伸出圆柱体

单击【草图】标签栏上的【完成草图】工具按钮 ✔，退出草图环境，回到零件特征环境中。单击【三维模型】标签栏【创建】面板上的【拉伸】工具按钮 📕，弹出【拉伸】特性面板，由于只有一个可以进行拉伸的截面轮廓，所以创建的圆形轮廓自动被选中。在【拉伸】特性面板中的设置如图 6-4 所示。单击【确定】按钮完成拉伸特征，圆柱体被创建，如图 6-5 所示。

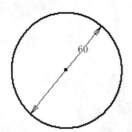

图6-3 创建圆柱体拉伸草图 　　　　　　　　图6-4 【拉伸】特性面板

4．创建草图确定打孔中心

选择圆柱体的一个底面，单击右键，在快捷菜单中选择【新建草图】选项，在该面上新建草图。单击【草图】标签栏【绘图】面板上的【点】工具按钮 ✛，在草图中的圆形轮廓的中心处创建一个点作为打孔的中心，如图 6-6 所示。

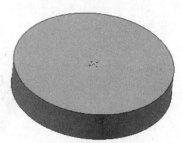

图6-5 拉伸圆柱体 　　　　　　　　　　　图6-6 在草图中绘制孔心

5. 打孔

单击【草图】标签栏上的【完成草图】工具按钮✔，退出草图环境，回到零件特征环境中。单击【三维模型】标签栏【修改】面板上的【孔】工具按钮，弹出【孔】特性面板，由于此时图形中只有一个点可以作为孔中心，所以刚才创建的点被自动选取作为孔心，在【孔】特性面板中设置如图 6-7 所示。单击【确定】按钮，完成打孔，此时的零件如图 6-8 所示。此时定距环零件的基本形状特征已经创建完毕。

图6-7 【孔】特性面板

图6-8 打孔后的零件

6. 改变零件颜色

可以任意修改零件的颜色。为零件指定不同的颜色对于后期的部件装配工作很有好处，因为如果在部件中所有的零件都是同一种颜色，那么装配时既不好观察，装配完毕以后也看不清楚零件之间的位置关系。可以单击【工具】标签栏【材料和外观】面板中的【外观】按钮，为零件选择一种颜色。此时，定距环零件已经全部设计完成。

对于另外一种尺寸的定距环零件（文件名为"定距环 2.ipt"），因其与所讲述的定距环 1 的尺寸区别仅在于拉伸直径和打孔直径的不同（其外环直径为 90mm，打孔直径为 80mm），故具体造型过程不再详细叙述。

6.1.4 总结与提示

定距环除了通过拉伸与打孔的组合来实现以外，还有其他的创建方法，如直接拉伸出草图轮廓（见图 6-9），或者旋转生成一个矩形的截面轮廓（见图 6-10）。

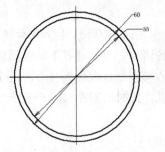
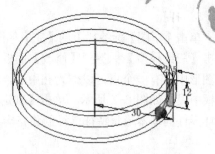

图6-9　直接拉伸出定距环的草图轮廓　　　　图6-10　旋转生成定距的截面轮廓

6.2　键的设计

　　本节讲述花键和平键的制作过程。其中，重点讲述了花键的制作过程，平键由于制作过程较为简单，这里只做简要讲述。通过键类零件的设计，除了可以练习基本的拉伸、倒角、阵列等造型方法外，还可以了解工作平面在造型中的应用。

　　花键零件的模型文件在网盘中的"\第6章"目录下，文件名为"花键.ipt"。

6.2.1　实例制作流程

　　花键零件的设计过程如图6-11所示。

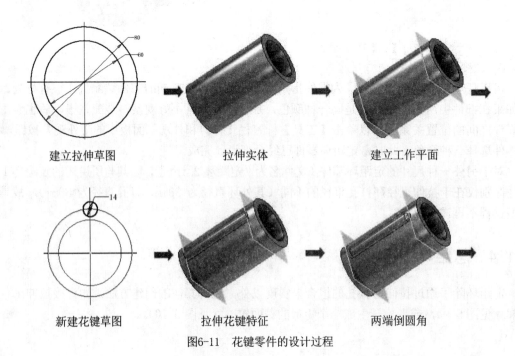

建立拉伸草图　　　　　拉伸实体　　　　　建立工作平面

新建花键草图　　　　拉伸花键特征　　　　两端倒圆角

图6-11　花键零件的设计过程

阵列特征

图6-11 花键零件的设计过程（续）

6.2.2 实例效果展示

实例效果如图6-12所示。

6.2.3 操作步骤

1. 新建零件文件

运行Autodesk Inventor，单击【快速入门】标签栏【启动】面板上的【新建】工具按钮 ，在弹出的【新建文件】对话框中选择【Standard.ipt】选项，新建一个零件文件，然后单击【保存】按钮 ，保存为"花键.ipt"。这里我们选择在原始坐标系的XY平面新建草图。

2. 新建拉伸管状圆柱体的草图

在草图中绘制一个能够拉伸出管状圆柱体的草图截面轮廓。单击【草图】标签栏【绘图】面板的【圆】工具按钮 ，绘制两个同心的圆形，大小随意，然后单击【约束】面板内的【尺寸】工具按钮 ，为圆形标注直径，并设置直径值为80mm和60mm，如图6-13所示。

图6-12 实例效果

图6-13 拉伸管状圆柱体的草图

3. 拉伸出实体特征

单击【草图】标签栏上的【完成草图】工具按钮 ，退出草图环境，回到零件特征环境中。单击【三维模型】标签栏【创建】面板上的【拉伸】工具按钮 ，弹出【拉伸】特性面板，选择拉伸截面为草图中的环形区域，设置拉伸距离为140mm，如图6-14所示。单击【确定】按钮，完成拉伸。

图6-14　【拉伸】特性面板

4．建立工作平面

花键主体上的半圆柱状特征体是通过拉伸得到的，需要建立拉伸的草图以及创建拉伸终止的条件。在这里，我们建立一个工作平面以建立拉伸的草图，建立一个工作平面作为拉伸结束的平面。单击【三维模型】标签栏【定位特征】面板上的【工作平面】工具按钮 ，然后鼠标单击拉伸出的管状圆柱体的一个底面并拖动，此时出现【偏移】对话框。在该对话框中可以指定工作平面相对原始平面偏移的距离。输入-13mm后单击 按钮，完成工作平面的创建。在圆柱体的另外一个底面也建立一个偏移距离为-13mm的工作平面，如图6-15所示。

5．新建花键半圆柱特征的草图

1）单击【视图】标签栏【外观】面板上的【视觉样式】下拉按钮，将着色设置为【线框】以便于观察。然后在刚才新建的任何一个工作平面上单击右键，在弹出的快捷菜单中选择【新建草图】选项新建草图，可以看到圆柱的轮廓投影到所建立的草图上，如图6-16所示。

2）单击【草图】标签【绘制】面板中的【圆】按钮 ，以圆的象限点为圆心绘制一个圆形，标注直径为14，如图6-17所示。

图6-15　创建工作平面

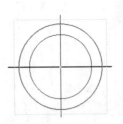

图6-16　花键特征的草图

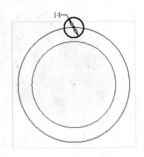

图6-17　绘制圆形

6．拉伸出花键特征

单击【草图】标签栏上的【完成草图】工具按钮 ，退出草图环境。单击【三维模型】标签栏【创建】面板上的【拉伸】工具按钮 ，选择直径为14mm的圆形为拉伸截面轮廓，在弹出的【拉伸】特性面板中设置拉伸终止方式为【到】，然后选择创建的另一个平面为拉伸到达的面，如图 6-18 所示。单击【确定】按钮，完成拉伸，创建的特征如图 6-19 所示。

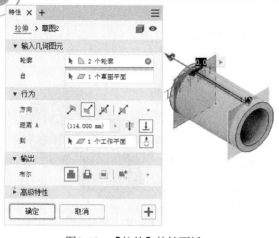

图6-18 【拉伸】特性面板

图6-19 拉伸创建的特征

7. 倒圆角

为花键特征的两端倒圆角，以形成半球面特征。单击【三维模型】标签栏【修改】面板上的【圆角】工具按钮，弹出【圆角】对话框，选择花键特征两端的半圆曲线作为圆角边，将圆角半径设置为 7mm，如图 6-20 所示。单击【确定】按钮，隐藏工作平面，生成的圆角特征如图 6-21 所示。

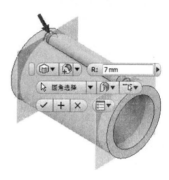

图6-20 【圆角】对话框

8. 阵列

将花键特征环形阵列以完成整个花键体的创建。单击【三维模型】标签栏【阵列】面板上的【环形阵列】工具按钮，弹出【环形阵列】对话框，选择【阵列各个特征】选项，然后选择花键体和两端的圆角作为要阵列的特征，选择管状圆柱体侧面并将其轴线作为环形阵列的旋转轴，设置阵列数目为 8 个，阵列角度范围为 360º，如图 6-22 所示。单击【确定】按钮，完成花键的创建，结果如图 6-23 所示。

下面对平键的制作过程做简单介绍。平键（模型文件在网盘中的"\第6章"目录下，文件名为"平键.ipt"）如图 6-24 所示。平键是通过拉伸得到的，首先创建拉伸的草图几何图形，如图 6-25 所示，注意两端圆弧均与两条直线在交点处相切。然后以该几何图形为截面进行拉伸，设置拉伸距离为 10mm，如图 6-26 所示。将拉伸得到的平键主体进行倒角，设置倒角距离为 1mm，

205

即可得到图 6-24 所示的平键。

图6-21　圆角特征　　　　图6-22　【环形阵列】对话框　　　　图6-23　完成花键的创建

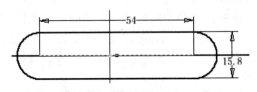

图6-24　平键　　　　　　　　图6-25　建立拉伸草图

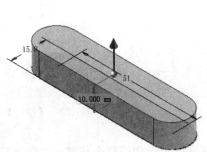

图6-26　【拉伸】特性面板

6.2.4　总结与提示

　　半球面的创建方法很多,如可以让一个半圆绕某条轴旋转,绘制几个圆形截面进行放样等,但是本节中利用倒圆角来形成半球面是一个非常巧妙的思路。对于一个截面为正方形、边长为 a 的立方体,以 a/2 为半径对各个边线进行倒圆角,可以得到不同的半球体或者圆柱,如图 6-27 所示。读者自己动手尝试一下,很快就可以掌握其中的要领。

图6-27 利用倒圆角创建半球体或者圆柱

6.3 销的设计

本节讲述了销的创建过程。通过创建销体，读者可以加深对【旋转】造型的认识，进一步掌握创建草图的技巧等。

销零件的模型文件在网盘中的"\第6章"目录下，文件名为"销.ipt"。

6.3.1 实例制作流程

销零件的设计过程十分简单，首先建立旋转的草图，然后选择旋转轴进行旋转即可，如图6-28所示。

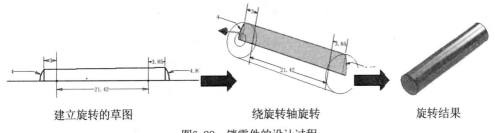

建立旋转的草图　　　　　　绕旋转轴旋转　　　　　　旋转结果

图6-28 销零件的设计过程

6.3.2 实例效果展示

实例效果如图6-29所示。

图6-29 实例效果

6.3.3　操作步骤

1. 新建零件文件

运行 Autodesk Inventor，单击【快速入门】标签栏【启动】面板上的【新建】工具按钮🗋，在弹出的【新建文件】对话框中选择【Standard.ipt】选项，新建一个零件文件，然后单击【保存】按钮💾，保存为"销.ipt"。这里选择在原始坐标系的 XY 平面新建草图。

2. 绘制旋转特征的草图

图 6-30 所示是销的工程图，读者可以在创建销实体的过程中进行参照。绘制草图轮廓的步骤如下：

1）进入草图环境后，单击【草图】标签栏【绘图】面板的【圆】工具按钮⊙，绘制两个圆形，为其标注尺寸如图 6-31 所示，同时利用约束使得两个圆的圆心连线处于水平方向。也可以添加两圆心的水平约束，使两个圆的圆心连线处于水平方向。

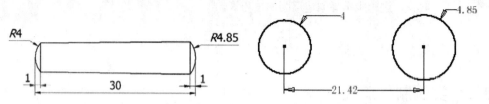

图6-30　销的工程图　　　　　　　　图6-31　绘制两个圆形并标注尺寸

2）单击【草图】标签栏【绘图】面板上的【直线】工具按钮╱，绘制两条竖直方向的直线。注意绘制时可以移动鼠标，当鼠标指针旁边出现竖直符号时，即说明此时直线是竖直方向的，创建即可。直线的位置及其尺寸标注如图 6-32 所示。

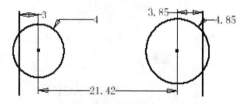

图6-32　绘制直线并标注尺寸

3）单击【草图】标签栏【修改】面板上的【修剪】工具按钮✂，去除多余的线条，此时的草图如图 6-33 所示。选择【直线】工具按钮╱，连接草图中其余的几何图元，并且绘制旋转轴直线，如图 6-34 所示。

图6-33　去除多余线条后的草图

4）单击【草图】标签栏【修改】面板上的【修剪】工具按钮✂，将多余的线条全部剪切掉，得到的草图轮廓如图 6-35 所示。需要注意的是，有些线条可能对于轮廓来说没有任何造型的意义，但是尺寸约束却需要用到，所以这样的线条如果对实体造型不会产生影响，应该尽量保留，

以便后面对零件进行尺寸修改。

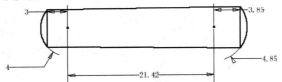

图6-34　连接几何图元并绘制旋转轴直线

3．旋转

单击【草图】标签栏上的【完成草图】工具按钮，退出草图环境；单击【三维模型】标签栏【创建】面板上的【旋转】工具按钮，弹出【旋转】特性面板，选择截面轮廓和旋转轴，其他设置如图6-36所示。单击【确定】按钮，创建完成销零件。

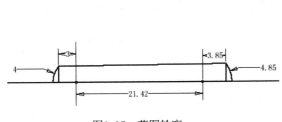

图6-35　草图轮廓

图6-36　【旋转】特性面板

6.3.4　总结与提示

在进行旋转时，一定要注意旋转轴不能够在旋转的截面轮廓内部，否则无法创建旋转特征。另外，利用放样工具也可以创建销零件的锥形部分，然后用旋转来生成销两端的球冠特征。读者可以作为练习题目。

6.4　螺母设计

在螺母零件的设计中，可以利用旋转进行零件求差的技巧，以及利用镜像操作快速地复制相同的特征，以提高工作效率。

螺母零件的模型文件在网盘中的"\第6章"目录下，文件名为"螺母.ipt"。

6.4.1　实例制作流程

螺母零件的设计过程如图6-37所示。

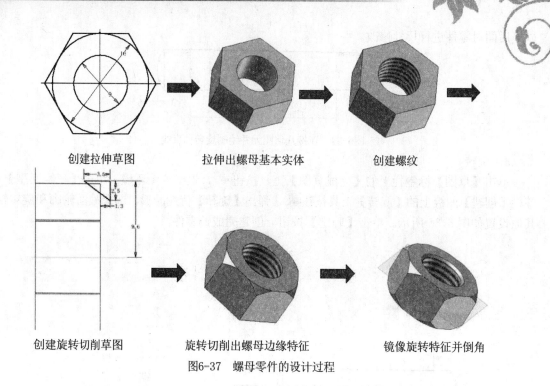

创建拉伸草图   拉伸出螺母基本实体   创建螺纹

创建旋转切削草图   旋转切削出螺母边缘特征   镜像旋转特征并倒角

图6-37　螺母零件的设计过程

6.4.2　实例效果展示

实例效果如图6-38所示。

图6-38　实例效果

6.4.3　操作步骤

1. 新建文件

运行 Autodesk Inventor，单击【快速入门】标签栏【启动】面板上的【新建】工具按钮，在弹出的【新建文件】对话框中选择【Standard.ipt】选项，新建一个零件文件，然后单击【保存】按钮，保存为"螺母.ipt"。这里我们选择在原始坐标系的 XY 平面新建草图。

2. 绘制拉伸草图轮廓

进入草图环境，单击【草图】标签栏【绘图】面板上的【圆】工具按钮，绘制两个同心的圆形，单击【约束】面板上的【尺寸】工具按钮，分别将其直径尺寸标注为 16mm 和 9mm。然后选择【多边形】工具，选择圆心为多边形中心，在弹出的【多边形】对话框中设置边数为 6，

选择【外切】选项，创建直径为16mm的圆形的外切6边形，如图6-39所示。

3. 拉伸螺母基本实体

单击【草图】标签栏上的【完成草图】工具按钮✔，退出草图环境，进入零件特征环境中。单击【三维模型】标签栏【创建】面板上的【拉伸】工具按钮，选择如图6-40所示的图形作为拉伸截面，将拉伸距离设置为8.4mm。单击【确定】按钮，创建完成螺母的基本实体。

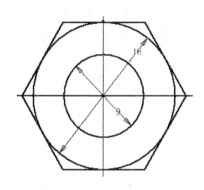

图6-39　绘制6边形

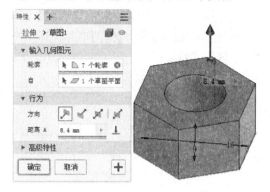

图6-40　【拉伸】特性面板及拉伸截面

4. 创建内螺纹

单击【三维模型】标签栏【修改】面板上的【螺纹】工具按钮，弹出【螺纹】特性面板，选择螺母的内表面作为螺纹表面，设置【螺纹】特性面板如图6-41所示。为螺母内表面创建的螺纹特征如图6-41所示。

5. 创建旋转切削边缘特征草图

为了创建螺母的边缘特征，需要创建一个草图截面轮廓用于对螺母进行旋转切削。

1）建立一个工作平面以建立草图，这个工作平面选择在过螺母的两条相对棱边的平面上。单击【三维模型】标签栏【定位特征】面板上的【工作平面】工具按钮，选择螺母的两条相对棱边以建立工作平面，如图6-42所示。

图6-41　【螺纹】特性面板及螺纹预览

图6-42　建立工作平面

2）创建一条工作轴作为旋转轴，并且在草图中作为标注尺寸的基准。单击【三维模型】标签栏【定位特征】面板上的【工作轴】工具按钮，选择螺母的内表面，即建立一条与其螺母的轴线重合的工作轴。

3）在新建立的工作平面上新建草图，进入到草图环境中。在绘制旋转的草图图形之前，单击【草图】标签栏【零件特征】面板上的【投影几何图元】工具按钮，将步骤 2）中创建的工作轴投影到当前草图中来。利用【草图】面板上的【直线】工具和【约束】面板上的【尺寸】工具绘制如图 6-43 所示的几何图形并且标注尺寸。为了便于观察，可以在工具栏中将模型的显示方式设置为线框显示。

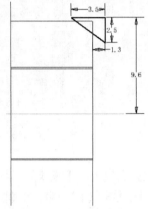

图6-43　绘制几何图形并标注尺寸

6．旋转切削创建螺母的边缘特征

单击【草图】标签栏上的【完成草图】工具按钮，退出草图环境，进入零件特征环境中。单击【三维模型】标签栏【创建】面板上的【旋转】工具按钮，在弹出的【旋转】特性面板中选择图 6-43 中的三角形为截面轮廓，旋转轴为所建立的直线，选择【求差】方式，如图 6-44 所示，单击【确定】按钮创建旋转特征，隐藏工作平面和工作轴后所创建的零件如图 6-45 所示。

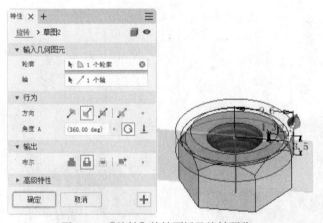

图6-44　【旋转】特性面板及旋转预览　　　　图6-45　旋转切削后的零件

7．镜像旋转切削得到的特征

需要在螺母的另外一侧创建相同的旋转切削特征，该特征可通过镜像零件特征来创建，这样就无需再次新建草图进行旋转切削了。要建立镜像特征,首先应该建立一个镜像的平面,镜像后得到的特征与源特征根据镜像平面对称。在螺母零件中,要建立一个工作平面作为镜像平面,该工作平面应该选择在螺母的一半高度处(将螺母的任意一个底面偏移二分之一高度即可),如图6-46所示。

单击【三维模型】标签栏【阵列】面板上的【镜像】工具按钮⚠,弹出【镜像】对话框,在零件上或者浏览器中选择旋转切削得到的特征为基本特征,选择刚才创建的工作平面作为镜像平面,在【创建方法】选项中选择【完全相同】选项,单击【确定】按钮完成镜像特征的创建,如图6-47所示。

8. 倒角

需要对螺母进行倒角,单击【三维模型】标签栏【修改】面板上的【倒角】工具按钮🔵,弹出【倒角】对话框,将螺母的内表面的两条圆形边线作为倒角边,选择倒角方式为【倒角边长】,设置倒角距离为0.5mm,单击【确定】按钮完成倒角,如图6-48所示。

图6-46 建立作为镜像平面的工作平面 图6-47 完成镜像特征的创建 图6-48 完成倒角

6.4.4 总结与提示

Autodesk Inventor 中的螺纹是通过贴图的方式生成的,并不是真实存在的螺纹,这样可以加快显示的速度,降低系统的需求和资源消耗。但是完全可以通过【螺旋扫掠】工具创建真实的螺纹。本节中的螺母也可以创建真实的螺纹特征,读者可以自行练习。

6.5 螺栓设计

本节讲述了螺栓的创建过程。通过螺栓零件的设计,读者可以对螺旋扫掠创建真实螺纹的过程有更加深入的了解。

螺栓零件的模型文件在网盘中的"\第6章"目录下,文件名为"螺栓.ipt"。

6.5.1 实例制作流程

螺栓零件的设计过程如图6-49所示。

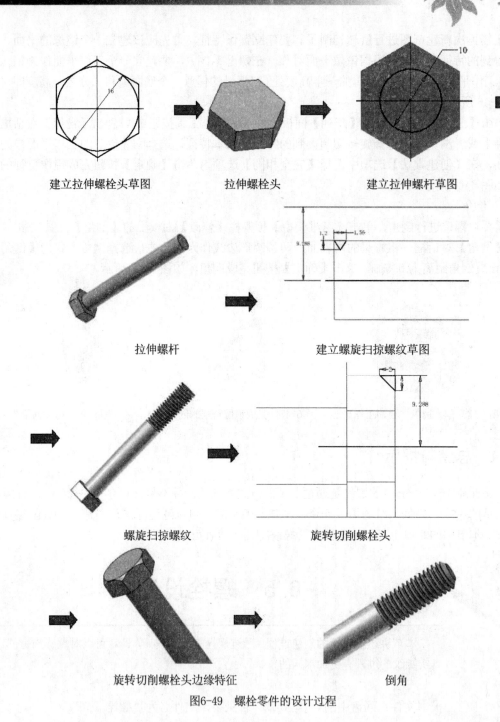

建立拉伸螺栓头草图 　　　　拉伸螺栓头 　　　　建立拉伸螺杆草图

拉伸螺杆 　　　　　　　　建立螺旋扫掠螺纹草图

螺旋扫掠螺纹 　　　　　　　旋转切削螺栓头

旋转切削螺栓头边缘特征 　　　　　　倒角

图6-49　螺栓零件的设计过程

6.5.2　实例效果展示

实例效果如图 6-50 所示。

图6-50　实例效果

6.5.3　操作步骤

1．新建文件

运行 Autodesk Inventor，单击【快速入门】标签栏【启动】面板上的【新建】工具按钮，在弹出的【新建文件】对话框中选择【Standard.ipt】选项，新建一个零件文件，然后单击【保存】按钮，保存为"螺栓.ipt"。这里我们选择在原始坐标系的 XY 平面新建草图。

2．建立拉伸螺栓头草图

进入到草图环境中，单击【草图】标签栏【绘图】面板上的【圆】工具按钮，绘制一个圆形；单击【约束】面板内的【尺寸】工具按钮，将其直径标注为 16。单击【多边形】工具按钮，创建一个圆形的外切六边形，如图 6-51 所示。

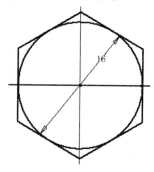

图6-51　创建外切六边形

3．拉伸螺栓头实体

单击【草图】标签栏上的【完成草图】工具按钮，退出草图环境，进入到零件特征环境中。单击【三维模型】标签栏【创建】面板上的【拉伸】工具按钮，选择六边形为拉伸截面，拉伸深度设置为 6.4mm。单击【确定】按钮，完成创建螺栓头实体，如图 6-52 所示。

4．建立拉伸螺杆草图

在螺栓头实体的任意一个底面上单击右键，在快捷菜单中选择【新建草图】选项，新建草图，同时进入到草图环境下。单击【草图】标签栏【绘图】面板上的【圆】工具按钮，绘制一个圆形（注意使圆形的中心与六边形的中心重合）。单击【约束】面板上的【尺寸】工具按钮，标注圆形半径，并修改直径值为 10mm，如图 6-53 所示。

5．拉伸螺杆

单击【草图】标签栏上的【完成草图】工具按钮✔，退出草图环境，返回到零件特征环境中。单击【三维模型】标签栏【创建】面板上的【拉伸】工具按钮，以步骤 4 中绘制的圆形为截面进行拉伸，【拉伸】特性面板中的设置以及拉伸结果的预览如图 6-54 中所示。

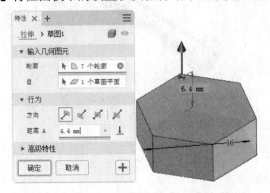

图6-52　【拉伸】特性面板以及拉伸出的螺栓头

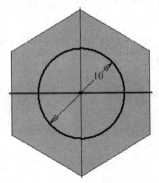

图6-53　绘制圆形作为螺杆拉伸截面

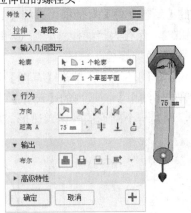

图6-54　【拉伸】特性面板及拉伸预览

6．建立螺旋扫掠螺纹草图

1）建立一个工作平面，以创建螺旋扫掠的草图。工作平面应该过螺杆中心线，且与螺栓头底面垂直。单击【三维模型】标签栏【定位特征】面板上的【工作平面】工具按钮，选择螺栓头的两个相对的棱边，创建如图 6-55 所示的工作平面。

2）在这个工作平面上新建草图。为了观察方便，可以在工具栏中将模型的显示方式设置为线框显示。在新建的草图中，绘制如图 6-56 所示的截面轮廓，并且利用【约束】面板上的【尺寸】工具进行标注。注意两点：其一，进行扫掠的截面轮廓是图 6-56 中的三角形，我们这里不详细讲述三角形的形状，应该根据具体的螺纹的齿形来决定三角形的形状；其二，依然要绘制一条直线作为螺旋扫掠的旋转轴，该直线一定要位于螺栓的中心线上，在图 6-53 中用尺寸 9.2875 来实现。

7．螺旋扫掠

单击【草图】标签栏上的【完成草图】工具按钮✔，退出草图环境，进入零件特征环境中。单击【三维模型】标签栏【创建】面板上的【螺旋扫掠】工具按钮，弹出【螺旋扫掠】对话框，选择图 6-56 中的三角形作为截面轮廓，选择螺栓的中心直线作为旋转轴，在布尔操作选项中选择【求差】选项，选择螺旋方向为默认的【左旋】方向即可。在【螺旋规格】选项卡中，设置参数如图6-57所示。单击【确定】按钮完成螺旋扫掠，结果如图6-58所示。

图6-55 创建工作平面

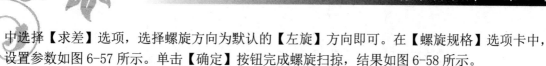

图6-56 绘制螺旋扫掠截面轮廓

8. 建立旋转切削螺栓头边缘特征草图

对螺栓头进行旋转切削。创建边缘特征草图的方法与6.4节创建螺栓头的边缘特征草图完全一样，故不再详细讲述，其草图如图6-59所示。

图6-57 【螺旋扫掠】对话框

图6-58 完成螺旋扫掠

9. 旋转切削创建螺栓头边缘特征

与6.4节创建螺母边缘特征中的内容一样，故省略。创建的螺栓头边缘特征如图6-60所示。

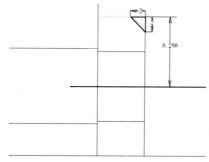
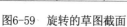

图6-59 旋转的草图截面

图6-60 旋转切削创建螺栓头边缘特征

10. 倒角

对螺栓螺纹的末端进行倒角。单击【三维模型】标签栏【修改】面板上的【倒角】工具按钮，弹出【倒角】对话框，将螺栓的末端圆形作为倒角曲线，倒角方式设置为【距离】，倒角长度设置为2mm，单击【确定】按钮完成倒角，如图6-61所示。至此，螺栓零件全部创建完毕。

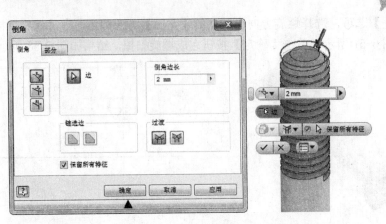

图6-61　【倒角】对话框以及创建完成的螺栓零件

6.5.4　总结与提示

在螺旋扫掠的过程中，如果扫掠轮廓的创建很重要，一个值得注意的地方就是扫掠轮廓在扫掠过程中不可以相交，否则不能够创建特征，同时会出现错误信息。如果扫掠轮廓相交，可以通过调整螺距来消除。图 6-62 所示为同一个扫掠截面在不同的螺距下的扫掠结果。

螺距＝5　　螺距＝3　　　　　　　　螺距＝2

图6-62　同一个扫掠截面在不同的螺距下的扫掠结果

第7章

传动轴及其附件设计

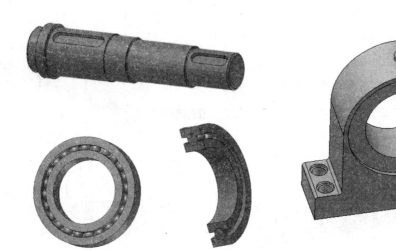

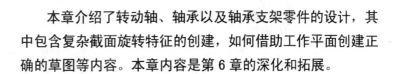

本章介绍了转动轴、轴承以及轴承支架零件的设计，其中包含复杂截面旋转特征的创建，如何借助工作平面创建正确的草图等内容。本章内容是第6章的深化和拓展。

- ◉ 传动轴设计
- ◉ 轴承设计
- ◉ 轴承支架设计

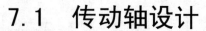

7.1 传动轴设计

本节将介绍传动轴的创建过程。在本实例中将主要介绍键槽的创建步骤。

传动轴的模型文件在网盘中的"\第 7 章"目录下，文件名为"传动轴.ipt"。

7.1.1 实例制作流程

设计过程如图 7-1 所示。

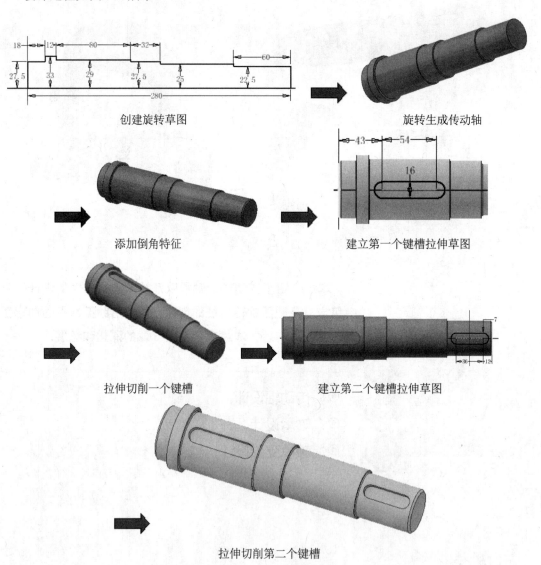

创建旋转草图

旋转生成传动轴

添加倒角特征

建立第一个键槽拉伸草图

拉伸切削一个键槽

建立第二个键槽拉伸草图

拉伸切削第二个键槽

图7-1 传动轴的设计过程

7.1.2 实例效果展示

实例效果如图 7-2 所示。

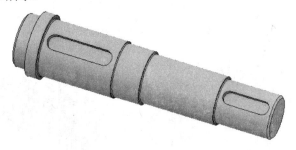

图7-2 实例效果

7.1.3 操作步骤

1．新建文件

运行 Autodesk Inventor，单击【快速入门】标签栏【启动】面板上的【新建】工具按钮，在弹出的【新建文件】对话框中选择【Standard.ipt】选项，新建一个零件文件，然后单击【保存】按钮，保存为"传动轴.ipt"。这里我们选择在原始坐标系的 XY 平面新建草图。

2．建立旋转草图

可以看到传动轴的主体部分是一个回转体，在 Autodesk Inventor 中，所有的回转体零件都可以通过旋转的方法来创建。

首先建立旋转的草图截面轮廓。单击【草图】标签栏【绘图】面板上的【直线】工具按钮，绘制如图 7-3 所示的截面轮廓，并使用【尺寸】工具对其进行尺寸标注，如图 7-3 所示。

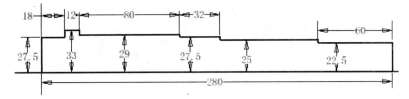

图7-3 绘制截面轮廓并标注尺寸

3．旋转生成传动轴的主体

单击【草图】标签栏上的【完成草图】工具按钮，退出草图环境，进入零件特征环境。单击【三维模型】标签栏【创建】面板上的【旋转】工具按钮，弹出【旋转】特性面板，选择如图 7-3 所示的图形作为截面轮廓，选择长度标注为 280 的直线作为旋转轴，设置【旋转】特性面板如图 7-4 所示。单击【确定】按钮完成传动轴主体的创建，如图 7-5 所示。

4．添加圆角和倒角特征

传动轴的台阶处由于有尺寸的突变，容易引起应力集中现象，因此需要添加圆角特征。另外，需要在其两端添加倒角特征，以便于后期装配时容易装入孔类零件，如齿轮。

1）单击【三维模型】标签栏【修改】面板上的【圆角】工具按钮，弹出【圆角】对话框，选择传动轴 4 个台阶处的 5 个尺寸突变处作为圆角边，设置圆角半径为 1mm，单击【确定】按钮完成倒圆角，结果如图 7-6 所示。单击【确定】按钮完成圆角的创建。

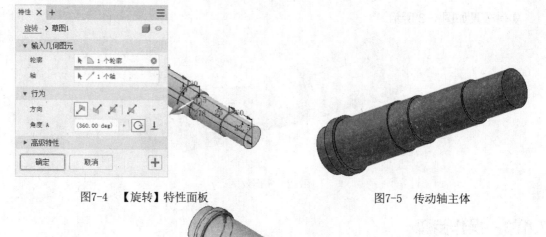

图7-4 【旋转】特性面板   图7-5 传动轴主体

图7-6 倒圆角

2）单击【三维模型】标签栏【修改】面板上的【倒角】工具按钮，弹出【倒角】对话框，选择传动轴两端的圆形边线作为倒角边，设置倒角方式为【倒角边长】，设置倒角边长为 2mm。单击【确定】按钮完成倒角特征的创建。添加了倒角和圆角特征的传动轴如图 7-7 所示。

图7-7 添加了倒角和圆角特征的传动轴

5．建立第一个键槽拉伸草图

传动轴上的两个键槽都可以利用拉伸切削方式来造型。在进行拉伸之前应该建立拉伸的草图，因为拉伸是基于草图的特征。首先创建直径为 58mm 传动轴部分的键槽。

1）草图平面的选择十分重要。在这里，将草图平面选择在与圆柱面相切的位置上。单击【三维模型】标签栏【定位特征】面板上的【工作平面】工具按钮，创建用来建立草图的辅助工作平面。由于在步骤 1 中选择了原始坐标系的 XY 平面作为旋转的草图所在平面，因此可以借助原始坐标平面来创建工作平面。

选择【工作平面】工具以后，在浏览器中的【原始坐标系】文件夹中选择【XY 平面】，则此时在工作区域内的 XY 平面上出现一个工作平面的预览。在该预览平面上按住左键然后拖动，弹出【偏移】对话框，同时显示要建立的工作平面相对原始平面（这里是 XY 平面）的偏移距离。

输入偏移距离为29mm，创建的工作平面恰好与轴的圆柱面相切。单击 ✓ 按钮，创建工作平面，如图7-8所示。

2）在新建的工作平面上单击右键，在快捷菜单中选择【新建草图】选项，则在工作平面上新建草图。进入草图环境中，单击【草图】标签栏【绘图】面板上的【槽】工具按钮 ⚬，绘制键槽形状。为了便于观察，在工具栏中将模型的显示方式设置为线框显示。选择【尺寸】工具，为图形标注如图7-9所示的尺寸。

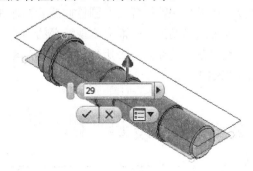

图7-8　创建工作平面

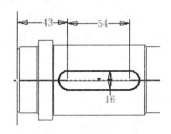

图7-9　为图形标注尺寸

6．拉伸切削创建第一个键槽

单击【草图】标签栏上的【完成草图】工具按钮 ✔，退出草图环境，返回到零件特征环境中。单击【三维模型】标签栏【创建】面板上的【拉伸】工具按钮 ⬛，弹出【拉伸】特性面板，选择步骤5中创建的图形为拉伸截面，选择布尔方式为【求差】选项，设置拉伸深度为6mm，单击【确定】按钮完成第一个键槽的创建，如图7-10所示。

7．建立第二个键槽拉伸草图

两个键槽的创建方法是一样的，第二个键槽与第一个键槽的不同之处在于二者草图平面的选择和键槽的尺寸。第二个键槽草图所在的工作平面与XY平面平行且与直径为45mm轴部分的圆柱面相切，其创建方法与第一个键槽草图所在的工作平面创建方法类似，只是需要将其偏移距离改为22.5mm。

在建立的工作平面上新建草图，绘制几何图形，添加约束和标注尺寸等步骤均与第一个键槽草图的相应部分类似。第二个键槽的拉伸草图如图7-11所示。

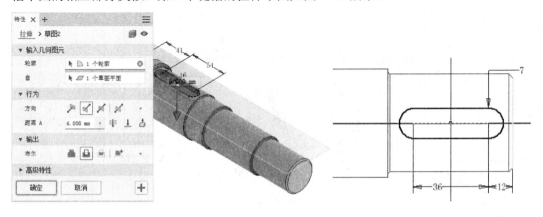

图7-10　拉伸示意图

图7-11　第二个键槽的拉伸草图

8．拉伸第二个键槽

退出草图环境，返回到零件特征环境中。按照与创建第一个键槽类似的方法，创建第二个键槽。此时传动轴的创建已经完成。

7.1.4 总结与提示

传动轴中较为复杂的部分就是键槽的创建。如果一些特征需要在圆柱面或者其他曲面上建立，由于不能够在非平面上建立草图，所以往往必须借助工作平面来实现特征的创建。除了用拉伸截面轮廓的方法来创建键槽以外，还可以利用首先拉伸出一个矩形凹槽，然后再对其进行倒圆角以形成圆弧轮廓部分的实体的方法来创建键槽。

7.2 轴承设计

轴承零件可以设计成部件的形式，也可以设计成单个零件的形式。这里为了减小设计的复杂程度，将轴承设计成单个零件的形式。对于本书中的减速器来说，需要两种尺寸的轴承，分别安装在大齿轮轴和小齿轮轴的两端。这里仅详细介绍一种尺寸轴承的造型，另一种由于造型方法与第一种类似所以只做简单介绍。

轴承零件的模型文件在网盘中的"\第7章"目录下，文件名为"轴承1.ipt"和"轴承2.ipt"。

7.2.1 实例制作流程

设计过程如图7-12所示。

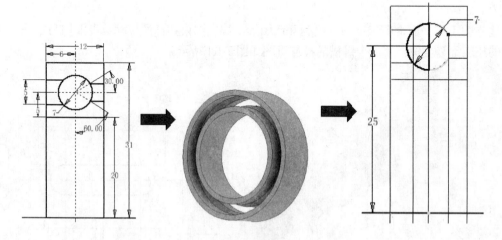

图7-12 轴承设计过程

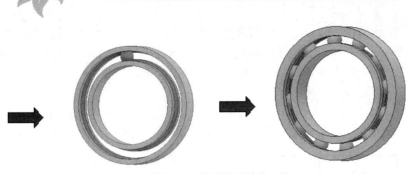

图7-12 轴承设计过程（续）

7.2.2 实例效果展示

实例效果如图 7-13 所示。

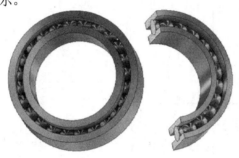

图7-13 实例效果

7.2.3 操作步骤

1．新建文件

运行 Autodesk Inventor，单击【快速入门】标签栏【启动】面板上的【新建】工具按钮，
在弹出的【新建文件】对话框中选择【Standard.ipt】选项，新建一个零件文件，然后单击【保
存】按钮，保存为"轴承 1.ipt"。这里选择在原始坐标系的 XY 平面新建草图。

2．建立旋转生成轴承内外圈的草图

可以看出轴承内外圈是一个回转体，因此可以用旋转的方法来生成。进入草图环境后，选
择【直线】、【圆】等工具绘制如图 7-14 所示的截面轮廓，然后选择【尺寸】工具为图形添加尺
寸约束。

3．旋转生成轴承内外圈

单击【草图】标签栏上的【完成草图】工具按钮，退出草图环境，进入零件造型环境中。
单击【三维模型】标签栏【创建】面板上的【旋转】工具按钮，弹出【旋转】特性面板，选
择图 7-14 所示的图形作为截面轮廓，以草图中最底端的直线作为旋转轴，其他设置如图 7-15
所示，单击【确定】按钮，完成旋转创建轴承的内外圈，如图 7-16 所示。

4．建立旋转生成一个滚珠的草图

创建轴承中的滚珠特征，可通过围绕直径方向旋转一个半圆来得到一个球体作为滚珠。

1）建立草图并绘制旋转的截面。由于原始坐标系的 XY 平面过轴承的中心，故可以在 XY 平面上新建草图。在浏览器中打开【原始坐标系】文件夹，选择其中的【XY 平面】，单击右键，在快捷菜单中选择【新建草图】选项，则草图被创建。为了便于观察和绘制草图几何图元，在工具栏中将模型的显示方式设置为线框显示。

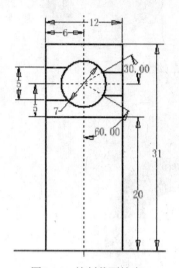

图7-14　绘制截面轮廓

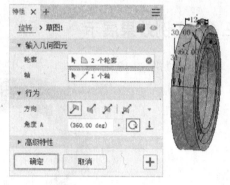

图7-15　【旋转】特性面板

2）在新建的草图上，利用【圆】工具绘制一个圆形，其位置如图 7-17 所示。然后选择【直线】工具绘制一条竖直且过圆心的直线，再利用【修剪】工具去除多余的线条，只留下半圆形和过圆心的直线。选择【尺寸】工具标注圆的直径，并将直径设置为 7mm，如图 7-17 所示。

5. 旋转生成一个滚珠

单击【草图】标签栏上的【完成草图】工具按钮✔，退出草图环境，回到零件特征环境中。单击【三维模型】标签栏【创建】面板上的【旋转】工具按钮🔩，弹出【旋转】特性面板，选择绘制的半圆形为截面轮廓，选择过圆心的直线为旋转轴，单击【确定】按钮完成旋转，创建一个圆形的滚珠，如图 7-18 所示。

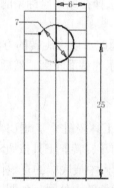

图7-16　旋转生成轴承内外圈　　图7-17　绘制旋转生成滚珠的草图图形　　图7-18　旋转生成一个滚珠

6. 环形阵列创建多个滚珠

将旋转生成的一个滚珠进行环形阵列即可创建多个滚珠。单击【三维模型】标签栏【阵列】

面板上的【环形阵列】工具按钮 ，弹出【环形阵列】对话框，选择创建的滚珠为要阵列的特征，选择轴承内外环的中心线为旋转轴，阵列数目设置为 12，阵列夹角设置为 360°，如图 7-19 所示。单击【确定】按钮完成阵列特征。此时轴承零件创建完毕。

对于另一种尺寸的轴承（文件名为"轴承 2.ipt"），其创建方法与上述轴承的创建方法完全一致，只是尺寸上有所差别。图 7-20 所示为旋转轴承内外圈的草图。可以看出，两种尺寸轴承的最大差别在于内外径的不同。

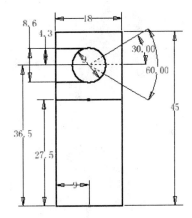

图7-19　【环形阵列】对话框　　　　　图7-20　旋转另外一个轴承内外圈特征的草图

7.2.4　总结与提示

虽然以单个零件的形式创建轴承比较简单，但是有一个缺点，就是无法驱动轴承的外圈相对于内圈转动，因为它的内外圈是一个整体。如果把轴承创建成为部件的形式则不存在这个问题。部件形式的轴承可以添加装配约束、运动约束或者过渡约束，并且可以驱动约束以观察其运动情况。读者可以尝试创建单个零件，然后组装成为一个轴承部件，然后为其添加装配约束和运动约束。

7.3　轴承支架设计

轴承支架用来承担径向载荷及固定轴，限制轴只能实现转动。

轴承支架的模型文件在网盘中的"\第 7 章"目录下，文件名为"轴承支架.ipt"。

7.3.1　实例制作流程

设计过程如图 7-21 所示。

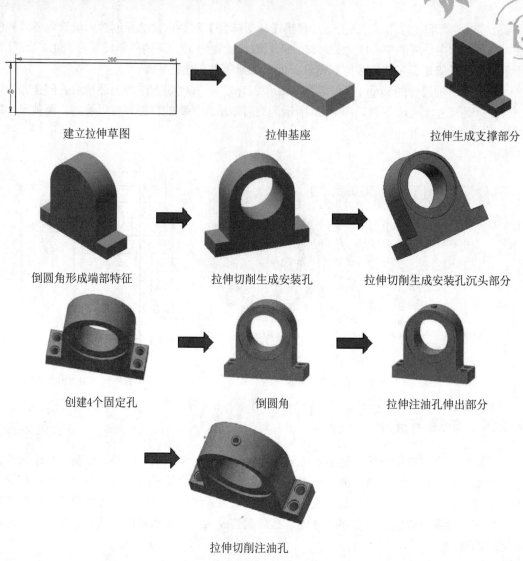

图7-21 轴承支架的设计过程

7.3.2 实例效果展示

实例效果如图 7-22 所示。

图7-22 实例效果

7.3.3 操作步骤

1. 新建文件

运行 Autodesk Inventor，单击【快速入门】标签栏【启动】面板上的【新建】工具按钮，在弹出的【新建文件】对话框中选择【Standard.ipt】选项，新建一个零件文件，然后单击【保存】按钮，保存为"轴承支架.ipt"。这里选择在原始坐标系的 XY 平面新建草图。

2. 建立拉伸草图

首先拉伸创建零件的基座部分。在草图环境中，单击【草图】标签栏【绘图】面板上的【矩形】工具按钮，绘制一个矩形，然后利用【尺寸】工具为其标注尺寸，并将其长度和宽度分别设置为 200mm 和 60mm，如图 7-23 所示。

3. 拉伸形成基座部分

退出草图环境，进入零件特征环境中。单击【三维模型】标签栏【创建】面板上的【拉伸】工具按钮，选择步骤 2 中绘制的矩形作为拉伸截面轮廓，设置拉伸距离为 30mm。单击【确定】按钮完成拉伸，生成零件基座部分，如图 7-24 所示。

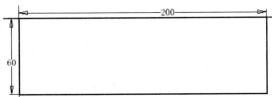

图7-23　绘制拉伸草图　　　　　　　　图7-24　拉伸生成零件基座部分

4. 拉伸生成支撑部分

轴承支座的支撑部分也是通过拉伸生成的。

1）在步骤 3 中拉伸出的长方体的长 200mm、宽 60mm 的表面上新建草图，进入草图环境后，单击【草图】标签栏【绘图】面板上的【矩形】工具按钮，绘制如图 7-25 所示的矩形，注意矩形的两条长边与步骤 3 拉伸得到的矩形的长边在草图中的投影重合。选择【尺寸】工具为其添加尺寸标注，如图 7-25 所示。

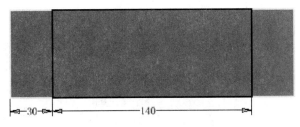

图7-25　支撑部分的拉伸草图

2）单击【草图】标签栏上的【完成草图】工具按钮，退出草图环境，返回零件特征环境中。单击【三维模型】标签栏【创建】面板上的【拉伸】工具按钮，弹出【拉伸】特性面板，选择上步绘制的矩形作为拉伸截面轮廓，设置拉伸量距离为 150mm，单击【确定】按钮完成拉伸，拉伸示意图如图 7-26 所示。

5. 倒圆角形成端部特征

可以通过倒圆角来形成零件端部的圆形特征。单击【三维模型】标签栏【修改】面板上的【圆角】工具按钮，弹出【圆角】对话框，选择端部的两条棱边作为圆角边，设定圆角半径为 70mm，单击【确定】按钮完成圆角的创建，示意图如图 7-27 所示。

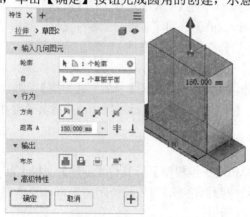
图7-26 拉伸示意图

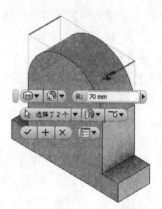
图7-27 倒圆角示意图

6. 拉伸切削形成安装孔

用来安装轴承的孔可以通过拉伸切削形成。

1）选择零件的一个侧面，单击右键，在快捷菜单中选择【新建草图】选项，在该面上新建草图，同时进入草图环境。单击【草图】标签栏【绘图】面板上的【圆】工具按钮，绘制一个圆形，然后选择【尺寸】工具标注其直径和圆心位置，并修改其尺寸，结果如图 7-28 所示。

2）单击【草图】标签栏上的【完成草图】工具按钮，退出草图环境，返回到零件特征环境中。单击【三维模型】标签栏【创建】面板上的【拉伸】工具按钮，弹出【拉伸】特性面板，选择刚绘制的草图中的圆形为截面轮廓，拉伸示意图如图 7-29 所示。

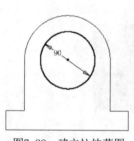
图7-28 建立拉伸草图

图7-29 拉伸示意图

3）单击【确定】按钮完成拉伸，此时零件如图 7-30 所示。

7. 拉伸切削生成安装孔沉头部分

安装孔的沉头部分也可以通过拉伸切削创建。

1）与步骤 6 相同，在零件的侧面上新建草图，绘制沉头孔的拉伸草图并进行尺寸标注，如

图7-31 所示。

图7-30 拉伸后的零件

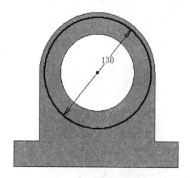

图7-31 绘制拉伸草图

2）退出草图环境，进入零件特征环境，选择【拉伸】工具进行拉伸，输入拉伸距离为 5mm，拉伸示意图如图 7-32 所示。

图7-32 拉伸示意图

3）单击【确定】按钮完成拉伸特征的创建。

4）重复步骤 1）～3），在另一侧创建安装孔沉头部分，结果如图 7-33 所示。

8．创建 4 个固定孔

在零件基座上创建 4 个固定孔，以便于将零件固定到其他零件上。可以利用【孔】工具创建。

1）在基座的上表面新建草图，进入草图环境。单击【草图】标签栏【绘图】面板上的【点】工具按钮╫，绘制 4 个点，选择【尺寸】工具标注其位置尺寸并且进行修改，设置 4 个点到零件边缘的距离都是 15mm，如图 7-34 所示。

2）单击【草图】标签栏上的【完成草图】工具按钮✔，退出草图环境，进入零件特征环境。单击【三维模型】标签栏【修改】面板上的【打孔】工具按钮，弹出【孔】特性面板，草图上的 4 个点被自动选中作为孔的孔心，设置孔的参数如图 7-35 所示。

3）单击【确定】按钮，完成 4 个沉头孔的创建，此时零件如图 7-36 所示。

9．倒圆角

对于轴承支架的两处尺寸突变处，应该添加圆角特征以防止应力集中现象。单击【三维模型】标签栏【修改】面板上的【圆角】工具按钮，弹出【圆角】对话框，选择图 7-37 所示的两条边线作为圆角边，将圆角半径设置为 3mm，单击【确定】按钮完成圆角的创建。此时零件如图 7-38 所示。

图 7-33　拉伸后的零件

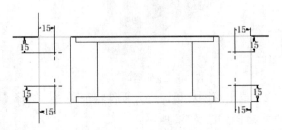

图 7-34　绘制 4 个孔心

图7-35　【孔】特性面板

图7-36　创建孔后的零件

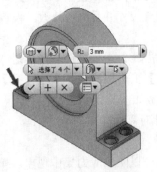

图7-37　倒圆角示意图

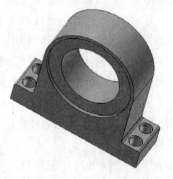

图7-38　倒圆角后的零件

10. 拉伸注油孔伸出部分

轴承支架顶端有一个注油孔，是为了向其中添加润滑油而设计的。油孔的突出部分可以利用拉伸来完成。

因为在注油孔的位置附近没有可以用来建立草图的平面，因此需要建立工作平面以便建立草图。显然工作平面可以建立在与零件的基座底面平行，且与零件顶端圆柱面相切的位置上。

1）选择【工作平面】工具，单击选择零件基座的底面，然后选择零件顶端的圆柱面，建立如图 7-39 所示的工作平面。选择该工作平面，单击右键，选择快捷菜单中的【新建草图】选项以建立草图，同时进入草图环境中。

2）选择【圆】工具绘制一个圆形，选择【尺寸】工具对其进行尺寸和位置标注，并修改其尺寸值，如图 7-40 所示。需要注意的是，为了能够在标注位置尺寸的时候有所参照，应该通过【投影几何图元】工具将已有零件的边线向草图中投影，以用来作为标注尺寸的参考。

图7-39 建立工作平面

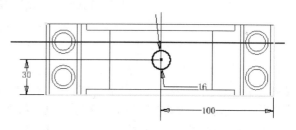

图7-40 绘制拉伸草图

3）单击【草图】标签栏上的【完成草图】工具按钮 ✔，退出草图环境，返回到零件特征环境中。单击【三维模型】标签栏【创建】面板上的【拉伸】工具按钮 ，弹出【拉伸】特性面板，选择图 7-40 中刚绘制的圆形为拉伸截面轮廓，设置终止方式为【距离】、拉伸距离为 5mm，如图 7-41 所示。

4）单击【确定】按钮完成拉伸，隐藏工作平面，此时的零件如图 7-42 所示。

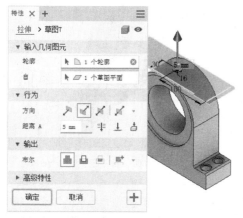

图7-41 拉伸示意图

图7-42 拉伸后的零件

注意

> 这样拉伸出的结构与零件的圆柱面之间存在微小的间隙，这在实际的设计中可以说是一个缺陷。但是由于这里的结构尺寸较小，因此可以忽略。如果追求完美，可以设置拉伸的方向为【双向】，同时将拉伸距离加倍，就可以解决这个问题了。

11. 拉伸切削生成注油孔

可以通过拉伸切削的方式创建注油孔。

1）在步骤 10 中创建的注油孔伸出部分的表面新建草图，单击【草图】标签栏【绘图】面板上的【圆】工具按钮⊙，绘制一个与伸出部分投影到草图面上的圆形同心的圆形，然后选择【尺寸】工具标注其直径为 10mm，如图 7-43 所示。

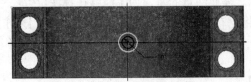

图 7-43　创建拉伸草图

2）返回到零件特征环境中，单击【三维模型】标签栏【创建】面板上的【拉伸】工具按钮，弹出【拉伸】对话框，选择图 7-43 中的直径为 10mm 的圆形为拉伸截面，选择布尔方式为【求差】，设置终止方式为【到】，选择注油孔伸出部分的上表面为开始创建特征的表面，选择安装孔的内表面为结束创建特征的表面，拉伸示意图如图 7-44 所示。

3）单击【确定】按钮完成拉伸特征的创建。

此时零件如图 7-45 所示。至此，轴承支架零件已经创建完成。

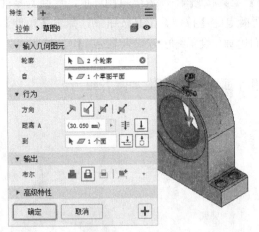 

图7-44　拉伸示意图　　　　　　图7-45　创建完成的零件

7.3.4　总结与提示

在基于草图特征的创建过程中，草图几何图元的绘制具有很大的重要性。绘制草图几何图元，技巧的应用十分重要。

1）在必要的时候应该通过【投影几何图元】工具为位置尺寸的标注创造条件，因为在一些草图中没有当前零件的任何边线的投影，所以缺少位置尺寸标注的参照，以至于无法进行位置尺寸的标注。

2）在创建一些具有位置关系的几何图元时，如果自动捕捉约束有困难，可以手动添加约束，可以添加几何约束，也完全可以用尺寸约束来代替几何约束，如标注两个点重合，可以用重合约束，也可以利用【尺寸】工具将两个点的水平和竖直距离均标注为零。

3）要善于利用【修剪】工具去除不必要的草图线条，利用【延伸】工具延伸曲线以闭合某些开放的轮廓。闭合的轮廓有时候无法创建所需要的特征，如拉伸等。

第 8 章

圆柱齿轮与蜗轮设计

本章介绍了圆柱齿轮以及蜗轮的设计方法，在齿轮和蜗轮的设计过程中，读者应该重点掌握参数化造型的概念和具体的设计方法，以及利用扫掠工具创建复杂特征的技巧。

- ◉ 大圆柱齿轮设计
- ◉ 小圆柱齿轮设计
- ◉ 蜗轮设计

8.1 大圆柱齿轮设计

圆柱齿轮是常见的比较有代表性的齿轮形式。本节主要介绍了齿轮齿形的创建过程。

大圆柱齿轮零件的模型文件在网盘中的"\第8章"目录下，文件名为"大圆柱齿轮.ipt"。

8.1.1 实例制作流程

设计过程如图8-1所示。

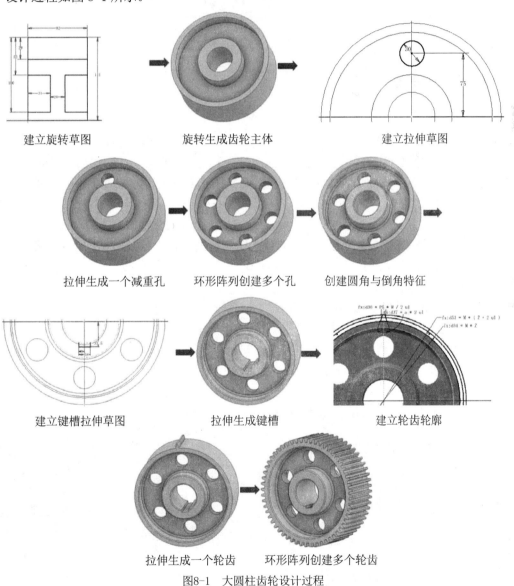

建立旋转草图   旋转生成齿轮主体   建立拉伸草图

拉伸生成一个减重孔   环形阵列创建多个孔   创建圆角与倒角特征

建立键槽拉伸草图   拉伸生成键槽   建立轮齿轮廓

拉伸生成一个轮齿   环形阵列创建多个轮齿

图8-1 大圆柱齿轮设计过程

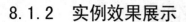

8.1.2 实例效果展示

实例效果如图 8-2 所示。

图8-2 实例效果

8.1.3 操作步骤

1．新建文件

运行 Autodesk Inventor，单击【快速入门】标签栏【启动】面板上的【新建】工具按钮，在弹出的【新建文件】对话框中选择【Standard.ipt】选项，新建一个零件文件，然后单击【保存】按钮，保存为"大圆柱齿轮.ipt"。这里选择在原始坐标系的 XY 平面新建草图。

2．建立旋转草图

齿轮的主体部分是一个典型的回转体，因此可以用旋转的方法实现造型。在草图环境中，单击【草图】标签栏【绘图】面板上的【直线】工具按钮，绘制如图 8-3 所示的图形，并选择【尺寸】工具为图形添加尺寸约束。

3．旋转生成齿轮主体

完成草图后退出草图环境，返回到零件特征环境中。单击【三维模型】标签栏【创建】面板上的【旋转】工具按钮，选择如图 8-3 所示的图形作为旋转的截面轮廓，选择草图图形上方的标注为 82 的水平直线作为旋转轴，旋转示意图如图 8-4 所示。单击【确定】按钮完成旋转，创建的大圆柱齿轮主体如图 8-5 所示。

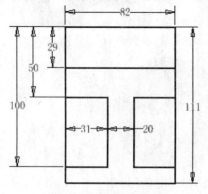

图8-3 绘制旋转草图图形

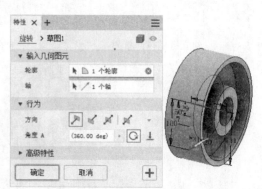

图8-4 旋转示意图

4. 建立拉伸草图

为了减轻零件重量，往往为零件添加减重孔。减重孔可以通过打孔方式获得，也可以通过拉伸切削的方式创建，这里我们利用后者创建减重孔，首先建立拉伸的草图。在创建的大圆柱齿轮主体的内侧面上新建草图，选择【圆】工具绘制一个圆形，再利用【尺寸】工具标注其直径为 30mm，并为其添加位置尺寸约束，如图 8-6 所示。

图8-5 大圆柱齿轮主体

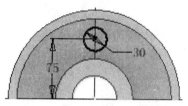

图8-6 绘制拉伸减重孔草图图形

5. 拉伸创建一个减重孔

1）单击【草图】标签栏上的【完成草图】工具按钮 ✔，退出草图环境，回到零件特征环境中。单击【三维模型】标签栏【创建】面板上的【拉伸】工具按钮 ▢，弹出【拉伸】特性面板。

2）选择步骤 4 中绘制的圆形为拉伸截面轮廓，将布尔方式设定为【求差】，设置终止方式为【贯通】，拉伸示意图如图 8-7 所示。

3）单击【确定】按钮完成拉伸，此时零件上出现一个减重孔，如图 8-8 所示。

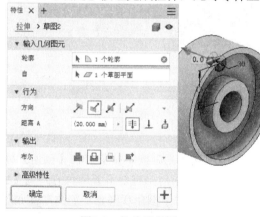

图8-7 拉伸示意图

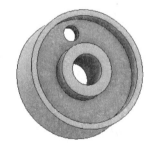

图8-8 拉伸生成一个减重孔

6. 环形阵列创建多个减重孔

对于其他的减重孔，可以通过环形阵列生成，而不必一一建立草图进行拉伸。

1）单击【三维模型】标签栏【阵列】面板上的【环形阵列】工具按钮 ▦，弹出【环形阵列】对话框。

2）选择步骤 5 中创建的减重孔为要进行阵列的特征，选择大圆柱齿轮主体的外侧圆柱面，就会将齿轮主体的中心线作为环形阵列的旋转轴，设置阵列数目为 6 个，阵列夹角为 360º，此时零件上出现特征预览，如图 8-9 所示。

3）单击【确定】按钮完成环形阵列，此时零件如图 8-10 所示。

7. 创建倒角与圆角

在零件的部分边线处创建倒角与圆角特征。

1）单击【三维模型】标签栏【修改】面板上的【圆角】工具按钮，弹出【圆角】对话框。

2）选择如图 8-11 所示的边线作为圆角边（注意零件两侧的边都要选择），设置圆角半径为 4mm，单击【确定】按钮完成圆角特征的创建。

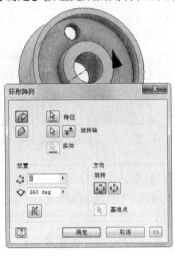

图8-9　出现特征预览

图8-10　阵列生成多个减重孔

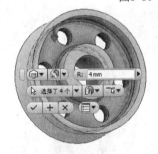

图8-11　圆角示意图

3）单击【三维模型】标签栏【修改】面板上的【倒角】工具按钮，弹出【倒角】对话框。

4）选择如图 8-12 所示的边线作为倒角边，在【倒角】对话框中设置倒角方式为【倒角边长】，指定倒角边长为 2mm。单击【确定】按钮完成倒角。添加了倒角和圆角特征的零件如图 8-13 所示。

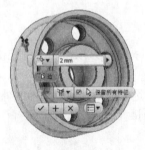

图8-12　倒角示意图

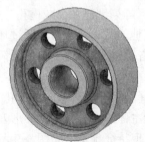

图8-13　添加圆角和倒角特征

8. 建立拉伸键槽草图

零件上的键槽特征可以利用拉伸求差的方法创建。在创建的大圆柱齿轮主体的内侧面上新建草图，进入草图环境后，选择【直线】工具，绘制如图 8-14 所示的草图图形，并为其添加尺寸约束。

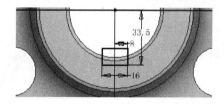

图8-14　拉伸草图图形

9. 拉伸键槽

单击【草图】标签栏上的【完成草图】工具按钮✔，退出草图环境，返回零件特征环境中。单击【三维模型】标签栏【创建】面板上的【拉伸】工具按钮🔲，弹出【拉伸】特性面板，拉伸截面的选择以及其他参数设置均如图 8-15 所示。单击【确定】按钮完成键槽的拉伸，此时零件如图 8-16 所示。

图8-15　【拉伸】特性面板

图8-16　拉伸生成键槽

10. 建立草图绘制轮齿轮廓

为齿轮添加轮齿，可以利用拉伸轮齿轮廓的方法创建。关于齿轮的创建可以参考第 3 章 3.10 节的详细内容，这里不再赘述。

1）在创建的齿轮主体的内侧面上新建草图.单击【管理】标签栏【参数】面板上的【参数】工具按钮fx，创建如图 8-17 所示的用户参数。其中，M 是齿轮的模数，设置为 4mm；Z 为齿轮齿数，设置为 58；a 为压力角，设置为 20deg。

参数名称	使用者	单位/类	表达式	公称值	公差	模型数值	关键	注释
模型参数								
用户参数								
M		mm	4 mm	4.000000	○	4.000000	□	□
Z		ul	58 ul	58.000000	○	58.000000	□	□
a		deg	20 deg	20.000000	○	20.000000	□	□

图8-17　创建用户参数

2）绘制如图 8-18 所示的轮齿轮廓，并进行标注。

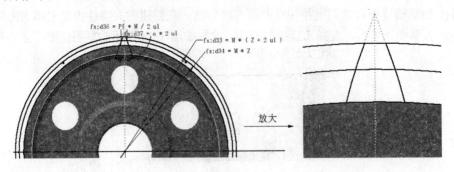

fx:d36 = Pf * M / 2 ul
fx:d37 = a * 2 ul
fx:d33 = M * (Z + 2 ul)
fx:d34 = M * Z

放大

图8-18　绘制轮齿轮廓

11．拉伸一个轮齿

单击【草图】标签栏上的【完成草图】工具按钮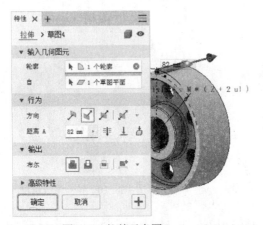，退出草图环境，回到零件特征环境中。单击【三维模型】标签栏【创建】面板上的【拉伸】工具按钮，弹出【拉伸】特性面板，选择绘制的轮齿轮廓为截面轮廓，设置终止方式为【距离】，设置拉伸距离为 82mm，如图 8-19 所示。单击【确定】按钮完成拉伸，创建一个轮齿，如图 8-20 所示。

图8-19　拉伸示意图　　　　　　　　　　　　　　图8-20　拉伸生成一个轮齿

12．环形阵列创建多个轮齿

通过环形阵列可以创建多个完全一样的轮齿。单击【三维模型】标签栏【阵列】面板上的【环形阵列】工具按钮，弹出【环形阵列】对话框，选择创建的单个轮齿作为要阵列的特征，选择齿轮的圆柱面，这样就会将齿轮的中心轴作为旋转轴，将阵列数目设置为 Z，阵列夹角设置为 360º，如图 8-21 所示。单击【确定】按钮完成阵列。此时大圆柱圆柱齿轮零件全部创建完成。

8.1.4　总结与提示

齿轮是参数化造型的一个典型例子，通过齿轮的设计，读者应该对参数化造型的概念有了更深一步的了解。参数化造型的一个突出优点就是可以十分方便快速地对零件进行修改，如在本节中需要将齿轮的模数改为 3.5，齿数改为 64，只需要打开【参数】对话框，修改其中的相

应用户参数即可，然后草图上的尺寸将会自动更新，零件特征也随之更新。这样可使得设计工作变得轻松高效。

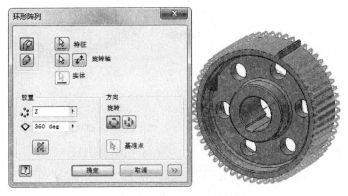

图8-21 环形阵列示意图

8.2 小圆柱齿轮设计

小圆柱齿轮是与大圆柱齿轮啮合的齿轮，所以二者的设计参数具有一定的关系。小圆柱齿轮并不像大圆柱齿轮那样装配在传动轴上，它本身就是齿轮轴的形式。本节的小圆柱齿轮设计主要包括轴部分的设计和轮齿部分的设计。

小圆柱齿轮零件的模型文件在网盘中的"\第8章"目录下，文件名为"小圆柱齿轮.ipt"。

8.2.1 实例制作流程

设计过程如图 8-22 所示。

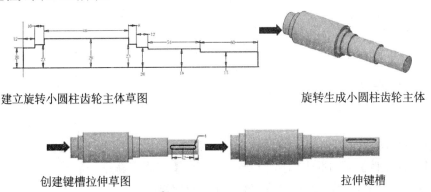

建立旋转小圆柱齿轮主体草图　　　　　　　旋转生成小圆柱齿轮主体

创建键槽拉伸草图　　　　　　　拉伸键槽

添加倒角和圆角特征

图8-22 小圆柱齿轮设计过程

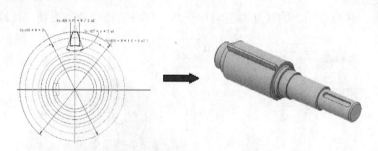

创建拉伸轮齿草图   拉伸生成一个轮齿

环形阵列创建多个轮齿

图8-22　小圆柱齿轮设计过程（续）

8.2.2　实例效果展示

实例效果如图 8-23 所示。

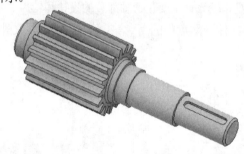

图8-23　实例效果

8.2.3　操作步骤

1. 新建文件

运行 Autodesk Inventor，单击【快速入门】标签栏【启动】面板上的【新建】工具按钮，在弹出的【新建文件】对话框中选择【Standard.ipt】选项，新建一个零件文件，命名为"小圆柱齿轮.ipt"。这里选择在原始坐标系的 XY 平面新建草图。

2. 建立旋转小圆柱齿轮主体草图

小圆柱齿轮主体是一个回转体，因此可以通过旋转截面轮廓的方法得到。进入草图环境后，选择【直线】工具绘制旋转的截面轮廓图形，然后选择【尺寸】工具对图形进行尺寸标注并修改尺寸值，如图 8-24 所示。

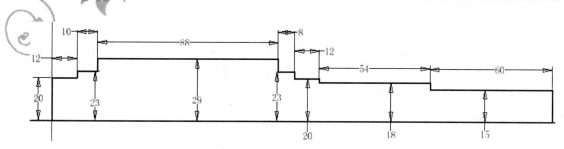

图8-24 绘制旋转草图图形

3．旋转生成小圆柱齿轮主体

1）单击【草图】标签栏上的【完成草图】工具按钮，退出草图环境，进入零件特征环境中。单击【三维模型】标签栏【创建】面板上的【旋转】工具按钮，弹出【旋转】特性面板。

2）由于草图中只有图 8-24 所示的一个封闭的截面轮廓，所以它会被自动选择作为旋转的截面轮廓。选择最下方的一条直线作为旋转轴，终止方式选择【完全】。

3）单击【确定】按钮完成小圆柱齿轮主体的创建，如图 8-25 所示。

4．创建键槽拉伸草图

齿轮轴直径为 30mm 的部分有一个键槽，可以通过拉伸的方法得到。拉伸之前首先建立拉伸的草图，这里需要建立一个工作平面以建立草图。由于在前面的章节中已经介绍过在圆柱面上创建键槽的方法，这里不再赘述。

1）建立一个与直径为 30mm 的圆柱侧面相切的工作平面，如图 8-26 所示。

图8-25 旋转生成小圆柱齿轮主体　　　　　　　　图8-26 建立工作平面

2）在这个工作平面上新建草图，绘制如图 8-27 所示的几何图形。

3）使用【尺寸】工具为其添加形状尺寸和位置尺寸。

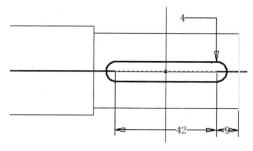

图8-27 绘制草图图形

245

5．拉伸键槽

单击【草图】标签栏上的【完成草图】工具按钮 ✓，退出草图环境，进入零件特征环境。单击【三维模型】标签栏【创建】面板上的【拉伸】工具按钮 ，弹出【拉伸】特性面板，选择图 8-27 中的几何图形作为拉伸截面，布尔操作方式选择为【求差】，设置终止方式为【距离】，设置拉伸距离为 4mm，示意图如图 8-28 所示，单击【确定】按钮，完成键槽的创建，此时零件如图 8-29 所示。

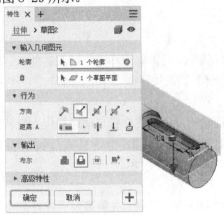 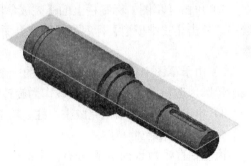

图8-28　拉伸示意图　　　　　　　　　　　　图8-29　拉伸生成键槽

6．添加倒角和圆角特征

为零件的两端添加倒角特征。【倒角】对话框的设置和倒角边的选择如图 8-30 所示。

在图 8-31 中所示的位置添加圆角特征，圆角示意图如图 8-31 所示。

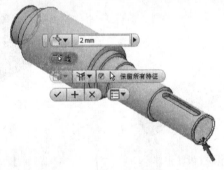

图8-30　倒角示意图

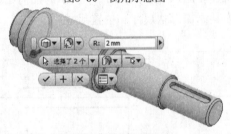

图8-31　圆角示意图

7．创建拉伸轮齿草图

可以通过拉伸截面轮廓来创建第一个轮齿。首先在图 8-32 所示的零件表面上新建草图，然后在草图上绘制轮齿的轮廓。在"8.1 大圆柱齿轮设计"一节中，已经讲过了关于参数化创建齿轮的方法，故这里不再详细讲述。由于大圆柱齿轮需要与小圆柱齿轮配合，所以在设计过程中，应该注意使得设计的齿轮在装配以后能够啮合。由机械制图的相关知识可以知道，如果两个齿轮能够正确啮合，则其模数和压力角必须相等。另外，标准齿轮的齿数不应该小于 17，否则会发生根切现象。这里设置小圆柱齿轮的模数为4、齿数为17、压力角为20°，需要利用工具面板上的【参数】工具创建这些用户自定义的参数，如图 8-33 所示。然后绘制轮齿的截面轮廓并进行标注，拉伸示意图如图 8-34 所示。

图8-32　草图平面

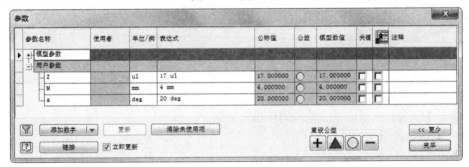

图8-33　建立用户参数

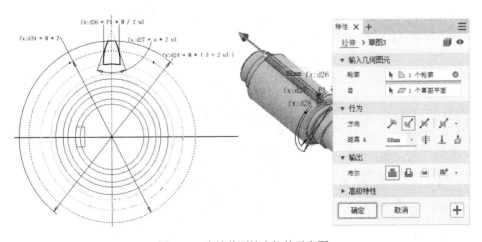

图8-34　齿轮截面轮廓拉伸示意图

8．拉伸生成一个轮齿

单击【草图】标签栏上的【完成草图】工具按钮 ✔，退出草图环境，返回到零件特征环境中。单击【三维模型】标签栏【创建】面板上的【拉伸】工具按钮 ⬛，弹出【拉伸】特性面板，选择图 8-34 中的轮齿截面轮廓作为拉伸的截面轮廓，设置终止方式为【距离】，指定拉伸距离为 88mm，示意图如图 8-34 所示。单击【确定】按钮完成拉伸，创建一个轮齿，如图 8-35 所示。

9．环形阵列以创建多个轮齿

1）单击【三维模型】标签栏【阵列】面板上的【环形阵列】工具按钮 ⬛，弹出【环形阵列】对话框。

2）选择创建的单个轮齿作为要阵列的特征。

3）选择轴上任意一个圆柱面，则齿轮轴的轴线将作为旋转轴。

4）将阵列个数设置为 Z，阵列角度设置为 360º，如图 8-36 所示。

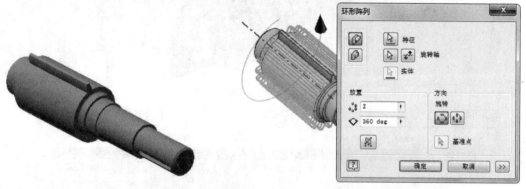

图8-35　拉伸生成一个轮齿　　　　　　　　图8-36　环形阵列示意图

5）单击【确定】按钮，完成轮齿的环形阵列。

此时小圆柱齿轮全部创建完成。

8.2.4　总结与提示

在一些教程中，所制作的范例往往与实际脱节，如将标准齿轮的齿数设计为 16，这样的齿轮在 CAD 环境中是存在的，如图 8-37 所示，但是在实际中却很少见，因为标准齿轮的齿数如果小于 17，则在加工过程中会发生根切现象，造成齿轮的强度降低，渐开线受到破坏而使得传动比不准确，这在实际中是不允许的。所以在进行设计的过程中，注意不要与生产实际脱节。

图8-37　实际中无法加工的齿轮

8.3 蜗轮设计

蜗轮与圆柱齿轮的设计相比要复杂得多，尤其是蜗轮的齿形设计。本节将主要讲解如何创建蜗轮的齿形。通过本节的学习，读者将对利用扫掠创建不规则实体有深入的了解。

蜗轮零件的模型文件在网盘中的"\第8章"目录下，文件名为"蜗轮.ipt"。

8.3.1 实例制作流程

设计过程如图8-38所示。

图8-38 蜗轮设计过程

8.3.2 实例效果展示

实例效果如图 8-39 所示。

8.3.3 操作步骤

1. 新建文件

运行 Autodesk Inventor, 单击【快速入门】标签栏【启动】面板上的【新建】工具按钮，在弹出的【新建文件】对话框中选择【Standard.ipt】选项，新建一个零件文件，命名为"蜗轮.ipt"。这里选择在原始坐标系的 XY 平面新建草图。

2. 建立旋转蜗轮主体草图

蜗轮的主体是一个回转体，因此可以通过旋转的方式生成。在草图环境中，单击【草图】标签栏【绘图】面板上的【直线】工具按钮／和【三点圆弧】工具按钮（，绘制如图 8-40 所示的几何图形，并选择【尺寸】工具为图形添加尺寸约束，如图 8-40 所示。

图8-39 实例效果

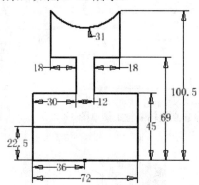

图8-40 绘制旋转草图图形

3. 旋转生成蜗轮主体

1）退出草图环境，进入零件特征环境。单击【三维模型】标签栏【创建】面板上的【旋转】工具按钮，弹出【旋转】特性面板。

2）选择如图 8-41 所示的截面轮廓作为旋转的截面轮廓，选择图形最下方的水平直线作为旋转轴，此时将出现旋转生成形体的预览。截面轮廓、【旋转】特性面板和形体预览如图 8-41 所示。

3）单击【确定】按钮完成旋转特征的创建，此时的零件如图 8-42 所示。

4. 建立拉伸键槽草图

使用拉伸的方法创建零件的键槽特征。在齿轮的一个侧面上新建草图，单击【草图】标签栏【绘图】面板上的【直线】工具按钮／，绘制如图 8-43 所示的几何图形，并利用【尺寸】工具进行标注，如图 8-43 所示。为了方便观察，可通过【视觉样式】工具将显示模式设置为线框显示。

5. 拉伸键槽

单击【草图】标签栏上的【完成草图】工具按钮，退出草图环境，进入零件特征环境中。

选择【三维模型】标签栏，单击【创建】面板上的【拉伸】工具按钮，弹出【拉伸】特性面板，选择步骤 4 中绘制的图形作为拉伸截面，设置布尔方式为【求差】，设置终止方式为【贯通】，如图 8-44 所示。单击【确定】按钮完成键槽的创建，此时的零件如图 8-45 所示。

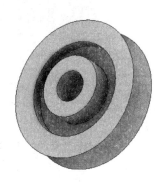

图8-41　旋转示意图　　　　　　　　　　　　　　　图8-42　旋转生成蜗轮主体

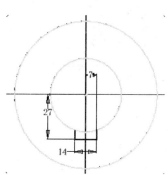
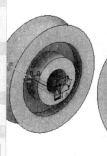
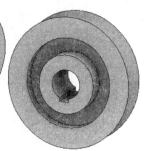

图8-43　绘制拉伸键槽草图　　　　图8-44　拉伸示意图　　　　图8-45　拉伸出键槽

6．添加倒角与圆角特征

为零件添加倒角和圆角特征的具体过程在前面的章节中已经有过详细的叙述，所以这里不再赘述。创建倒角的零件边线和【倒角】对话框设置如图 8-46 所示，创建圆角的零件边线和【圆角】对话框设置如图 8-47 所示。添加了倒角和圆角特征的零件如图 8-48 所示。

7．建立扫掠轮齿草图

轮齿是通过扫掠得到，基本步骤如下：

1）为了创建扫掠的截面轮廓和扫掠路径，需要建立两个草图分别绘制用来作为截面轮廓和扫掠路径的几何图形。由于没有现成的表面可以用来建立草图，所以需要先建立工作平面。

2）单击【三维模型】标签栏【定位特征】面板上的【工作轴】工具按钮，然后在浏览器中选择【原始坐标系】下的 XZ 平面和 YZ 平面，建立一条和 Z 轴重合的工作轴。

3）单击【三维模型】标签栏【定位特征】面板上的【工作平面】工具按钮，选择建立的工作轴，然后选择原始坐标系的 XZ 平面，在弹出的【角度】对话框中输入 8，则建立一个过工作轴且与 XZ 平面成 8º 角的工作平面，如图 8-49 所示。将该工作平面作为建立扫掠路径几何图形所在的草图平面。

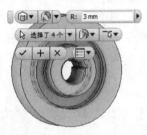

图8-46　倒角示意图　　　　　　　　　　图8-47　圆角示意图

4）建立第二个工作平面，将其作为绘制扫掠截面轮廓图形所在的草图平面。选择【工作平面】工具后，选择原始坐标系下的 XY 平面，在弹出的【偏移距离】对话框中输入 102，按下 Enter 键完成工作平面的创建。所创建的第二个工作平面如图 8-50 所示。

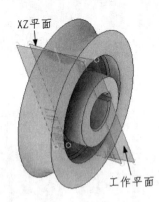

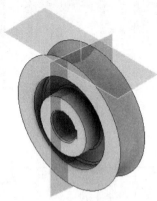

图8-48　添加了倒角和圆角特征的零件　　　图8-49　建立工作平面　　　图8-50　建立第二个工作平面

5）在建立的第一个工作平面上新建草图，进入草图环境，单击【草图】标签栏【绘图】面板上的【圆弧】工具按钮，绘制如图 8-51 所示的圆弧作为扫掠路径，并选择【尺寸】工具进行标注且修改半径尺寸值为 28.5。

6）选择第二个工作平面新建草图，绘制如图 8-52 所示的扫掠截面轮廓图形并进行如图所示的尺寸标注。

8．扫掠生成单个轮齿

退出草图环境，进入到零件特征环境中。单击【三维模型】标签栏【创建】面板上的【扫掠】工具按钮，弹出【扫掠】特性面板，步骤 7 中所绘制的截面形状和扫掠路径自动被选择，将布尔方式设置为【求并】，单击【确定】按钮即可完成单个轮齿的创建，此时的零件如图 8-53 所示。

9．拉伸切削生成轮齿

可以看到，扫掠生成的单个轮齿还需要进行修整去除多余的部分才能够成为可用的轮齿。这里采用 Autodesk Inventor 提供的【拉伸】工具去除轮齿的多余部分。

1）在原始坐标系的 XZ 平面新建草图。单击【草图】标签栏【绘图】面板上的【直线】工具按钮，绘制如图 8-54 所示的封闭几何图形以作为拉伸的截面轮廓，并利用【尺寸】工具进行标注和修改尺寸值。

图8-51 绘制圆弧

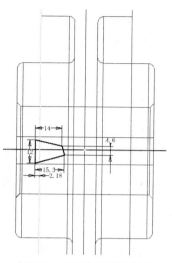

图8-52 绘制扫掠截面轮廓

图8-53 扫掠生成一个轮齿

2）单击【草图】标签栏上的【完成草图】工具按钮 ✔，退出草图环境。单击【三维模型】标签栏【创建】面板上的【拉伸】工具按钮 ，弹出【拉伸】特性面板，选择绘制的封闭草图图形作为截面轮廓，设置布尔方式为【求差】，设置终止方式为【贯通】，方向设置为对称，如图8-55所示。

3）单击【确定】按钮完成拉伸，隐藏工作平面，此时的零件如图8-56所示。

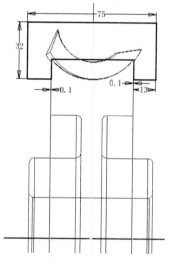

图8-54 建立拉伸草图

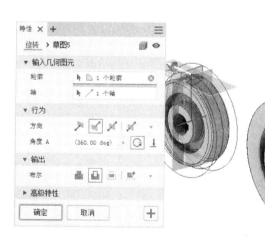

图8-55 【拉伸】特性面板

图8-56 完成拉伸后的零件

10. 环形阵列轮齿

将创建的单个轮齿通过环形阵列创建多个轮齿。

1）单击【三维模型】标签栏【阵列】面板上的【环形阵列】工具按钮 ，弹出【环形阵列】对话框。

2）在浏览器中按住Ctrl键，选择前面创建的【扫掠】和【旋转】特征作为阵列的特征。

3）选择零件上任意一个旋转面，选择零件的旋转轴作为环形阵列的旋转轴，此时出现阵列特征的预览，将阵列数目设置为30，阵列夹角为360º，其他设置如图8-57所示。

4）单击【确定】按钮完成阵列特征的创建。

此时蜗轮零件全部创建完成。

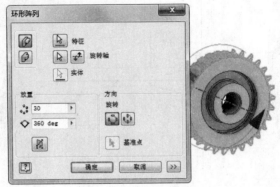

图8-57　【环形阵列】对话框

8.3.4　总结与提示

蜗轮零件最复杂的部分应该是轮齿的创建，由于扫掠工具是 Autodesk Inventor 用来创建具有统一的截面形状且具有复杂的延伸路径零件的最佳工具，所以这里选择了扫掠工具来创建轮齿。创建轮齿时要注意，扫掠的截面轮廓和扫掠路径一定要相交，并且扫掠的起点必须放置在截面轮廓和扫掠路径所在平面的相交处。

第 9 章

减速器箱体与附件设计

本章介绍了减速器箱体及其附件的设计，其中涉及到复杂零件的具体设计方法，在部件环境中利用自上而下的零件设计方法对具有装配关系的零件进行设计等。

- ◉ 减速器下箱体设计
- ◉ 减速器箱盖设计
- ◉ 油标尺与通气器设计
- ◉ 端盖设计

9.1　减速器下箱体设计

本节介绍了下箱体的创建过程，包括拉伸、镜像、打孔和圆角等功能。通过本节的学习，可使读者掌握如何利用 Autodesk Inventor Professional2020 提供的基本工具来完成复杂模型的创建。

减速器下箱体零件的模型文件在网盘中的"\第9章"目录下，文件名为"下箱体.ipt"。

9.1.1　实例制作流程

设计过程如图 9-1 所示。

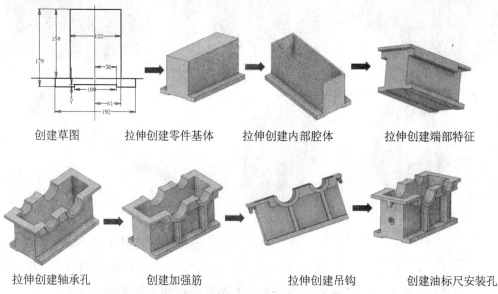

创建草图　　拉伸创建零件基体　　拉伸创建内部腔体　　拉伸创建端部特征

拉伸创建轴承孔　　创建加强筋　　拉伸创建吊钩　　创建油标尺安装孔

创建出油孔　　创建安装孔等　　添加圆角特征

图9-1　减速器下箱体设计过程

9.1.2　实例效果展示

实例效果如图 9-2 所示。

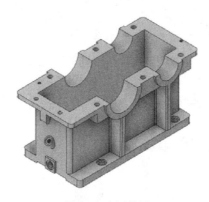

图9-2　实例效果

9.1.3　操作步骤

1. 新建文件

运行 Autodesk Inventor，单击【快速入门】标签栏【启动】面板上的【新建】工具按钮，在弹出的【新建文件】对话框中选择【Standard.ipt】选项，新建一个零件文件，然后单击【保存】按钮，保存为"下箱体.ipt"。这里选择在原始坐标系的 XY 平面新建草图。

2. 创建拉伸基体草图

由于零件的基体部分（见图 9-3）具有统一的截面形状和长度，因此可以用拉伸的方法创建。首先创建拉伸的草图几何图形。进入草图环境，单击【草图】标签栏【绘图】面板上的【直线】工具按钮，绘制如图 9-4 所示的草图，选择【尺寸】工具为其进行尺寸标注，并对尺寸值进行编辑。

3. 拉伸生成零件基体

单击【草图】标签栏上的【完成草图】工具按钮，退出草图环境，进入零件特征环境中。单击【三维模型】标签栏【创建】面板上的【拉伸】工具按钮，弹出【拉伸】特性面板，由于草图中只有图 9-4 所示的一个截面轮廓，所以自动被选取为拉伸截面轮廓。将拉伸距离设置为 370mm，如图 9-5 所示。单击【确定】按钮完成拉伸，结果如图 9-3 所示。

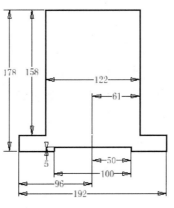

图9-3　零件的基体部分　　　　图9-4　绘制草图　　　　图9-5　【拉伸】特性面板

4. 拉伸创建内部空腔

对于零件内部的空腔，可以利用【拉伸】工具来完成。首先在箱体零件的上表面新建草图，绘制如图 9-6 所示的草图，然后单击【三维模型】标签栏【创建】面板上的【拉伸】工具按钮，弹出【拉伸】特性面板，按照图 9-7 所示选择拉伸截面和拉伸方式，最后单击【确定】按钮完成零件内部空腔的创建，此时的零件如图 9-8 所示。

5. 拉伸端部特征

对于零件上端的伸出特征，可以通过两次拉伸来完成。

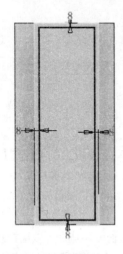

图9-6　绘制草图

图9-7　【拉伸】特性面板

图9-8　完成拉伸后形成空腔的零件

1）第一次拉伸选择在形成空腔的壳体的上表面新建草图。单击【草图】标签栏【绘图】面板上的【矩形】工具按钮，绘制如图 9-9 所示的草图并选择【尺寸】工具进行尺寸标注。

注意

在创建草图以后，壳体的内外表面都会在草图上自动投影出矩形轮廓，由于壳体外表面的矩形轮廓对后来的造型没有用处，可以任意选择将其删除或者保留。图 9-9 中对其进行了删除，以便于在后来的拉伸中选择截面轮廓。

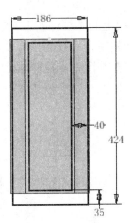

图9-9 绘制草图

单击【草图】标签栏上的【完成草图】工具按钮✔️，退出草图环境，进入零件特征环境。单击【三维模型】标签栏【创建】面板上的【拉伸】工具按钮，弹出【拉伸】特性面板，选择如图 9-9 所示的图形作为拉伸截面轮廓，设置终止方式为【距离】，拉伸距离为 12mm，如图 9-10 所示。单击【确定】按钮完成拉伸，此时的零件如图 9-11 所示。

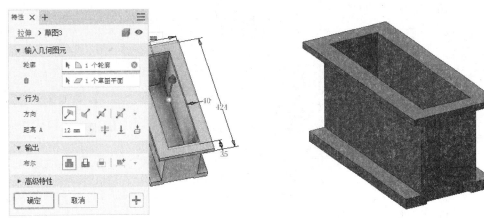

图9-10 【拉伸】特性面板   图9-11 拉伸后的零件

2）第二次拉伸选择在第一次拉伸形成特征的下表面新建草图。单击【草图】标签栏【绘图】面板上的【直线】工具按钮，绘制如图 9-12 所示的草图，并进行尺寸标注。

这里需要注意的是，虽然建立草图以后，某些边线会自动投影到草图中形成草图中的线条，但是这些线条不会自动和手工绘制的线条产生某种位置关系，如在草图中绘制了一条直线，它和自动投影得到的两条相交直线构成一个三角形形状，如图 9-13 所示，但是系统不会认为这样形成了一个封闭三角形，如果要做拉伸等需要选择封闭截面图形的操作，则无法选择这个三角形作为截面轮廓，这时需要手工添加三角形的另外两条边，也就是与投影直线重合的两条边线。

在绘制图 9-12 所示的两个矩形时，可将矩形的 4 条边线全部手工绘制，或者利用一条投影直线作为矩形的边，但是利用【直线】工具绘制其他边时，注意要将与投影直线相连接的边线的一个端点手工设置或者在绘图中自动捕捉为与投影直线重合。

单击【草图】标签栏上的【完成草图】工具按钮✔，退出草图环境，进入零件特征环境中。单击【三维模型】标签栏【创建】面板上的【拉伸】工具按钮📄，弹出【拉伸】特性面板；选择如图 9-13 所示的图形作为拉伸截面轮廓，设置终止方式为【距离】，设置拉伸距离为 28mm，其他设置如图 9-14 所示。单击【确定】按钮完成拉伸，此时的零件如图 9-15 所示。

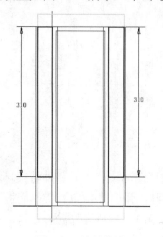

图9-12　绘制草图

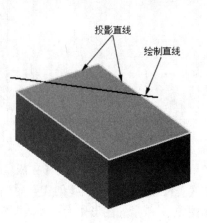

图9-13　投影线与绘制线不组成封闭图形

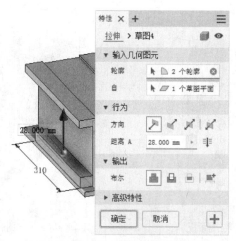

图9-14　【拉伸】特性面板

6．拉伸创建轴承孔

零件中有 4 个轴承安装孔，首先创建一侧的两个，然后利用镜像将其复制到另外的一侧，以减少工作量。

1）建立半圆柱形的凸台。在零件上端伸出特征的侧面新建草图，单击【草图】标签栏【绘图】面板上的【圆】工具按钮⊙，绘制如图 9-16 所示的半圆形并标注半径尺寸为 60mm 及其位置尺寸 170mm。

2）单击【草图】标签栏上的【完成草图】工具按钮✔，退出草图环境；单击【三维模型】标签栏【创建】面板上的【拉伸】工具按钮📄，弹出【拉伸】特性面板，选择图 9-16 中的半圆形作为截面轮廓，将终止方式设计为【不对称】，设置【距离 A】为 5mm，【距离 B】为 32mm，拉伸示意图如图 9-17 所示。

图9-15 拉伸后的零件

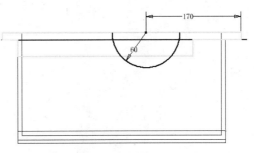

图9-16 绘制拉伸草图

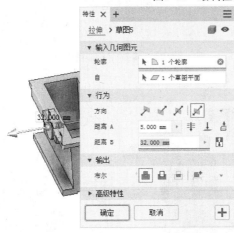

图9-17 【拉伸】特性面板

3）单击【确定】按钮完成拉伸，此时的零件如图 9-18 所示。

4）按照相同的方法创建同侧的另外一个半圆凸台，创建如图 9-19 所示的草图图形，设置【拉伸】特性面板如图 9-20 所示。完成拉伸后的零件如图 9-21 所示。注意，该特征的拉伸终止方式以及起始表面和终止表面的选择与上一个半圆凸台完全相同。

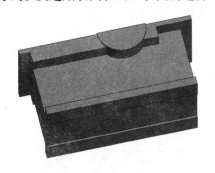

图9-18 拉伸后的零件

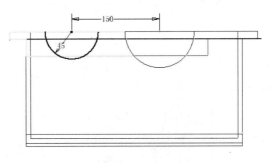

图9-19 绘制拉伸草图

5）在零件宽度方向的中心处创建工作平面以作为镜像凸台特征的对称平面。单击【三维模型】标签栏【定位特征】面板上的【工作平面】工具按钮，选择零件的一个侧面，在弹出的【偏移】对话框中输入正确的偏移距离（这里以空腔部分的外壁作为参考表面，偏移距离为61mm），然后按 Enter 键即可创建工作平面。创建的工作平面如图 9-22 所示。

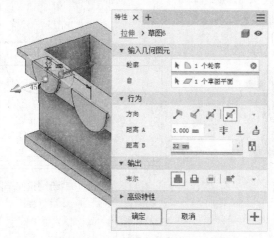

图9-20 【拉伸】特性面板

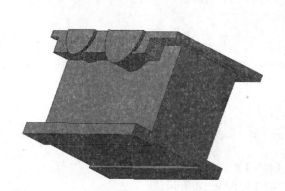

图9-21 拉伸后的零件

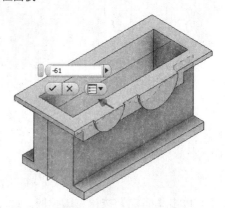

图9-22 建立工作平面

6）单击【三维模型】标签栏【阵列】面板上的【镜像】工具按钮 ▲，弹出【镜像】对话框，选择两个半圆凸台作为镜像特征，以刚创建的工作平面作为镜像平面，在【创建方法】选项中选择【完全相同】选项，单击【确定】按钮完成特征的镜像，此时两个半圆凸台被复制到零件的另一侧，如图 9-23 所示。

7）通过拉伸求差创建 4 个轴承孔。选择凸台的表面新建草图，单击【草图】标签栏【绘图】面板上的【直线】工具按钮 ／ 和【圆】工具按钮 ⊙，绘制如图 9-24 所示的草图并利用【尺寸】工具标注尺寸及修改尺寸值。

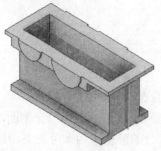

图9-23 镜像特征到另外一侧

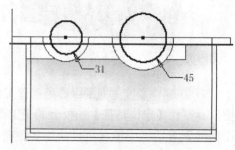

图9-24 绘制草图

8）单击【草图】标签栏上的【完成草图】工具按钮✔，退出草图环境。单击【三维模型】标签栏【创建】面板上的【拉伸】工具按钮▤，弹出【拉伸】特性面板，选择如图9-24所示的截面作为拉伸截面轮廓，布尔方式设置为【求差】，终止方式设置为【贯通】，方向设置为【翻转】，如图9-25所示。单击【确定】按钮完成拉伸，此时的零件如图9-26所示。

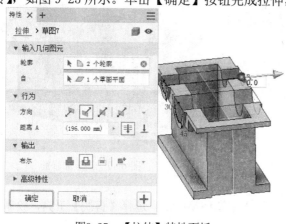

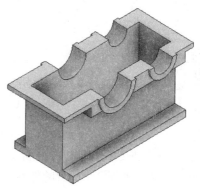

图9-25 【拉伸】特性面板　　　　　　　　　　　图9-26 拉伸后的零件

7. 创建加强筋

零件侧面的加强筋可以直接用【加强筋】工具来生成，也可以通过拉伸生成。这里分别用【加强筋】工具和【拉伸】工具创建同侧的加强筋，然后通过镜像复制到零件的另外一侧。

加强筋也是基于草图的特征，在使用【加强筋】工具创建加强筋之前需要绘制草图图形作为加强筋的外形轮廓。

1）为了建立草图，需要新建工作平面，这里通过偏移零件侧面的方式创建过轴承孔孔心且垂直于零件的上表面的工作平面，如图9-27所示。在该工作平面上新建草图，单击【草图】标签栏【绘图】面板上的【直线】工具按钮／和【投影几何图元】工具按钮▤，绘制如图9-28所示的图形。

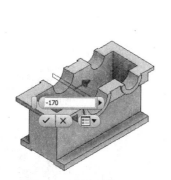

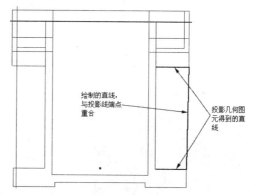

图9-27 创建工作平面　　　　　　　　图9-28 投影几何图元

2）单击【草图】标签栏上的【完成草图】工具按钮✔，退出草图环境，进入零件特征环境中，单击【三维模型】标签栏【创建】面板上的【加强筋】工具按钮▣，弹出【加强筋】对话框。

3）加强筋的截面轮廓自动选择为在草图中绘制的图形。将鼠标指针移动到加强筋轮廓附件，以选择不同的方向，这里选择如图 9-29 所示加强筋示意图中的箭头所指方向，设置加强筋的厚度为 16mm，方向为双向，终止方式为【到表面或平面】。

4）单击【确定】按钮完成加强筋的创建，此时的零件如图 9-30 所示。

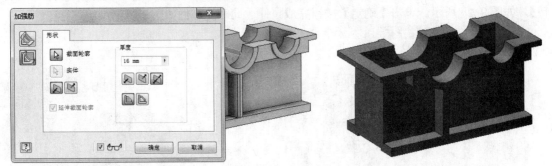

图9-29 【加强筋】对话框及示意图 图9-30 创建加强筋

如果要通过拉伸创建加强筋，可以：

1）选择另外一个凸台的外表面新建草图，进入草图环境中后，选择【直线】工具，绘制如图 9-31 所示的草图，选择【尺寸】工具标注尺寸并修改尺寸值。

2）单击【草图】标签栏上的【完成草图】工具按钮✔，退出草图环境，进入零件特征环境中。单击【三维模型】标签栏【创建】面板上的【拉伸】工具按钮▢，弹出【拉伸】特性面板，选择如图 9-31 所示的图形作为拉伸截面轮廓，将拉伸终止方式设置为【到】，选择零件的外侧表面作为终止平面，如图 9-32 所示。

3）单击【确定】按钮完成拉伸，此时的零件如图 9-33 所示。

当利用【加强筋】工具或者拉伸的方法创建了一侧的加强筋以后，可以将同侧的两个加强筋通过镜像复制到另外一侧。单击【三维模型】标签栏【阵列】面板上的【镜像】工具按钮⚠，弹出【镜像】对话框，选择两个加强筋作为镜像特征，选择图 9-22 中所示的工作平面作为镜像平面，在【创建方法】框中选择【完全相同】选项，即可将加强筋复制到零件的另外一侧。

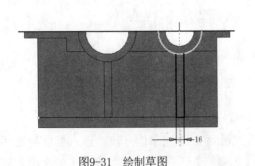

图9-31 绘制草图

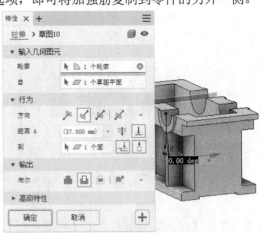

图9-32 【拉伸】特性面板

8．拉伸创建吊钩

零件两侧的吊钩可以用拉伸的方法创建。

1）在图 9-22 所示的工作平面上新建草图，单击【草图】标签栏【绘图】面板上的【直线】工具按钮 ╱ 和【三点圆弧】，绘制如图 9-34 所示的图形并选择【通用尺寸】工具进行尺寸标注，然后对尺寸值进行修改。

图9-33　拉伸创建加强筋

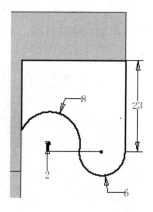

图9-34　绘制吊钩草图

2）单击【草图】标签栏上的【完成草图】工具按钮 ✔，退出草图环境。单击【三维模型】标签栏【创建】面板上的【拉伸】工具按钮 ▢，弹出【拉伸】特性面板，选择图 9-34 所示的图形作为拉伸截面轮廓，设置方向为【双向对称】，终止方式为【距离】，拉伸距离设置为 20mm，如图 9-35 所示。单击【确定】按钮完成拉伸，此时的零件如图 9-36 所示。

3）通过镜像将一侧的吊钩特征复制到零件的另外一侧。镜像之前首先创建一个工作平面作为镜像平面，要求该工作平面应该位于零件长度的二分之一处，且平行于零件长度方向的侧面（如图 9-37 中的起始平面）。这里我们通过将零件的一个侧面偏移到另外一个相对侧面的长度的一半（185mm）来创建作为镜像平面的工作平面，如图 9-37 所示。

单击【三维模型】标签栏【阵列】面板上的【镜像】工具按钮 ◬，弹出【镜像】对话框，选择刚创建的吊钩作为镜像特征，选择刚创建的工作平面作为镜像平面，在【创建方法】中选择【完全相同】选项，单击【确定】按钮，完成镜像特征的创建。此时零件的两侧都有了一个吊钩。

图9-35　【拉伸】特性面板

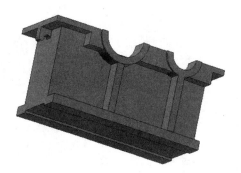

图9-36　拉伸创建一个吊钩

9. 创建油标尺安装孔

减速器中一般都装有油标尺以观察箱体中润滑油的液面高度，以便箱体内润滑油不足时，可以及时添加。油标尺安装孔可以通过拉伸并打孔的方法创建。

1）由于安装孔具有一定的斜度，零件上没有可用表面可以用来建立草图，所以需要新建一个工作平面以建立拉伸的草图。建立的工作平面如图 9-38 所示，与零件的侧面成 45°角。

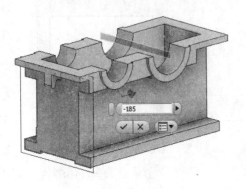

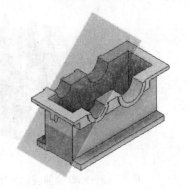

图9-37　建立工作平面　　　　　　　　　　图9-38　创建草图的工作平面

2）建立这个工作平面需要建立其他的工作平面和工作轴以作为辅助元素。建立该工作平面的过程如图 9-39 所示，首先偏移底面 79mm 以创建图 9-39a 所示的水平工作平面，然后选择此平面和油标尺安装孔所在的平面以创建图 9-39b 所示的工作轴，选择此工作轴和油标尺安装孔所在的平面，设置旋转角度为 45° 以创建图 9-39c 所示的工作平面，最后偏移图 9-39c 所示的工作平面 15mm 以创建图 9-39d 所示的工作平面，即所需要的工作平面。

3）在新建的工作平面上新建草图。单击【草图】标签栏【绘图】面板上的【圆】工具按钮 ⊙，绘制如图 9-40 所示的直径为 24mm 的圆形，并选择【尺寸】工具进行尺寸标注及尺寸值的修改。

4）单击【草图】标签栏上的【完成草图】工具按钮 ✔，退出草图环境，进入零件特征环境中，单击【三维模型】标签栏【创建】面板上的【拉伸】工具按钮 ▥，弹出【拉伸】特性面板，选择绘制的圆形为拉伸截面轮廓，选择终止方式为【到】，选择安装孔所在的平面为终止平面，其他设置如图 9-41 所示。单击【确定】按钮完成拉伸，此时的 零件如图 9-42 所示。

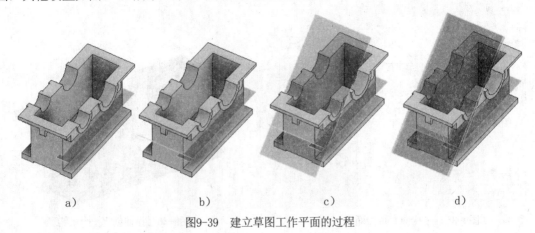

a)　　　　　　　　b)　　　　　　　　c)　　　　　　　　d)

图9-39　建立草图工作平面的过程

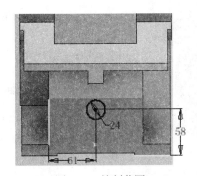

图9-40 绘制草图

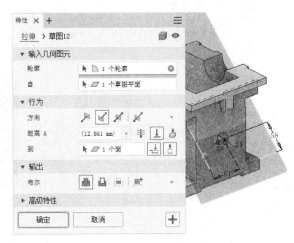

图9-41 【拉伸】特性面板

5）单击【三维模型】标签栏【修改】面板上的【孔】工具按钮，弹出【孔】特性面板，选择刚创建的拉伸体上表面为放置平面，选择边线为同心参考，选择孔的类型为沉头螺纹孔，选择终止方式为【到】，如图 9-43 所示。然后选择安装孔所在的箱壁的内侧作为终止平面。单击【确定】按钮完成打孔。此时的零件如图 9-44 所示。

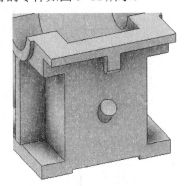

图9-42 拉伸完毕后的零件

10．创建出油孔

箱体的侧面底部有出油孔，用于排尽箱体中的废旧润滑油，如图 9-45 所示。出油孔特征分两步创建完成，第一步创建方形凸台特征，第二步创建凸台上的沉头孔特征。

1）创建方形凸台特征。

①选择出油孔所在的平面新建草图，单击【草图】标签栏【绘图】面板上的【矩形】工具按钮，绘制一个矩形，使用【等长】约束工具使得矩形的边长相等而成为正方形，然后使用【尺寸】工具对图形进行标注，如图 9-46 所示。

②单击【草图】标签栏上的【完成草图】工具按钮，退出草图环境，进入零件特征环境，单击【三维模型】标签栏【创建】面板上的【拉伸】工具按钮，弹出【拉伸】特性面板，选择刚绘制的正方形作为拉伸截面轮廓，其他设置如图 9-47 所示。

③单击【确定】按钮完成方形凸台的拉伸，结果如图 9-48 所示。

267

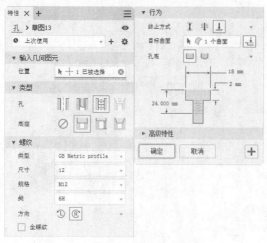

图9-43 【孔】特性面板　　　　图9-44 打孔完毕后的零件　　图9-45 出油孔

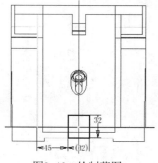

图9-46 绘制草图

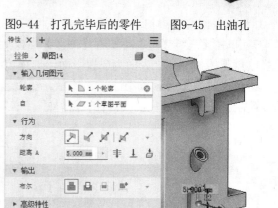

图9-47 【拉伸】特性面板

2）创建凸台上的沉头孔特征。

①在方形凸台的上表面新建草图。选择【点】工具绘制一个点，使用【尺寸】工具标注尺寸并通过修改尺寸值约束该点与投影得到的方形的中心点重合，如图9-49所示。

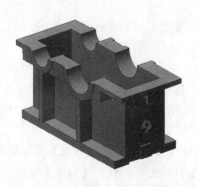

图9-48 拉伸完毕后的零件

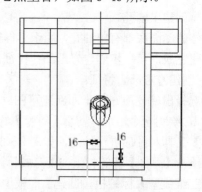

图9-49 绘制草图

②单击【草图】标签栏上的【完成草图】工具按钮，退出草图环境，单击【三维模型】

标签栏【修改】面板上的【孔】工具按钮 ⊙，弹出【孔】特性面板，选择创建的点作为孔的中心点。选择终止方式为【到】，选择出油孔所在的箱壁的内侧面作为打孔的终止面，其他设置如图 9-50 所示。

③单击【确定】按钮，完成出油孔特征的创建。

11. 创建安装孔等各种孔特征

首先创建零件上表面的 6 个用来与减速器上盖相连的螺栓孔。

1）在零件的上表面新建草图。选择【直线】和【点】工具绘制如图 9-51 所示的草图。其中，所绘制的直线的作用是作为创建的点的尺寸标注的参考线，所绘制的点则是用来作为打孔的中心。

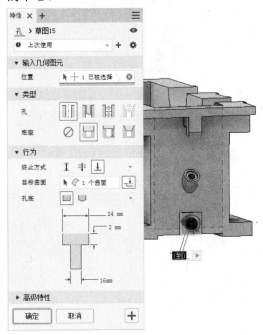

图9-50　【孔】特性面板

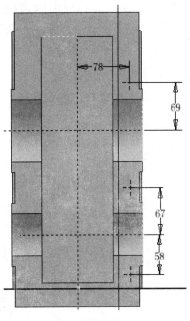

图9-51　绘制草图并标注尺寸

2）单击【草图】标签栏上的【完成草图】工具按钮 ✔，退出草图环境，进入零件特征环境。单击【三维模型】标签栏【修改】面板上的【孔】工具按钮 ⊙，弹出【孔】特性面板。

3）选择绘制的三个点作为打孔的中心。设置孔的深度为 40mm，其他设置如图 9-52 所示，然后选择零件上端特征的下表面作为打孔的终止平面，单击【确定】按钮完成三个直孔的创建。

4）利用拉伸工具为这三个孔创建沉头特征。选择零件上端特征的下表面新建草图，选择【圆】工具绘制三个与创建的直孔同心的圆，并标注尺寸如图 9-53 所示。单击【草图】标签栏上的【完成草图】工具按钮 ✔，退出草图环境。单击【三维模型】标签栏【创建】面板上的【拉伸】工具按钮 █，弹出【拉伸】特性面板，拉伸截面的选择和其他设置如图 9-54 所示。单击【确定】按钮完成拉伸，则一侧的三个螺栓孔创建完毕。

5）通过镜像将这三个螺栓孔复制到零件的另外一侧。具体的步骤这里不再详细讲述，读者可以参考，前面的内容以及关于镜像的详细说明。

创建了 6 个螺栓孔的零件如图 9-55 所示。

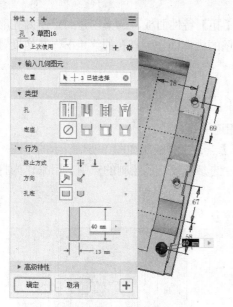

图9-52 【孔】特性面板

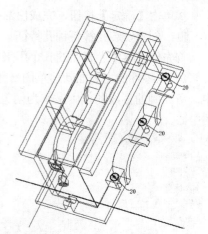

图9-53 绘制草图并标注尺寸

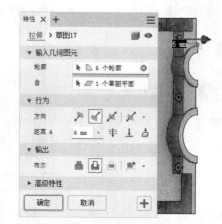

图9-54 【拉伸】特性面板

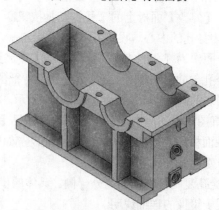

图9-55 创建完成6个螺栓孔

至于其他孔的创建这里就不再一一叙述，图9-56～图9-58所示为其他孔的草图以及【孔】特性面板的设置，读者可以参考这些图自己创建相应的孔特征。

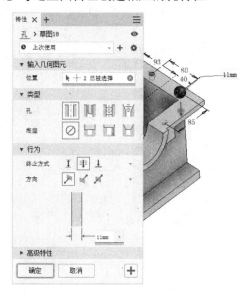

图9-56　【孔】特性面板1

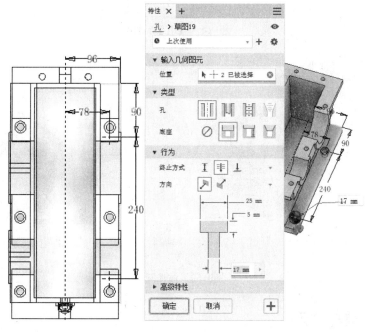

图9-57　【孔】特性面板2

12. 添加倒角与圆角特征

最后为零件的一些边线添加倒角与圆角特征。具体的创建过程这里不再详细讲述，前面已经有很多关于创建倒角和圆角的内容，读者可以参考。图9-59所示为在零件上添加了圆角特征，读者可以根据图9-59自行为零件添加倒角与圆角特征。

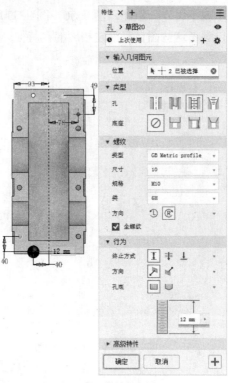

图9-58　【孔】特性面板3

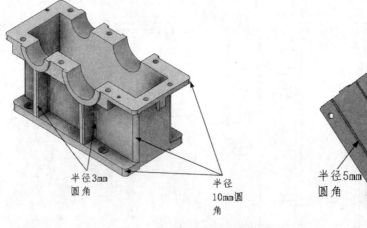

半径3mm
圆角

半径
10mm圆
角

半径5mm
圆角

图9-59　添加圆角特征

9.1.4　总结与提示

减速器下箱体的设计涉及很多的二维、三维 Autodesk Inventor 设计方法和技巧，本节只是引导读者如何设计零件，至于一些绘制草图图形以及尺寸标注等细节没有一一详述，读者可以在实际练习过程中自己认真体会。这里简单地总结一下在减速器下箱体设计过程中的几点技巧：

1）要善于利用尺寸约束和几何约束，几何约束利用得好，可以大大减少尺寸约束的数量，使得草图简洁明了。如果某些情况下缺少必要的几何图元以添加几何约束,可使用尺寸约束代替几何约束来达到同样的约束效果。

2)在设计草图图形时,要善于利用投影几何图元工具。往往在新建的草图上缺少必要的几何元素,给图形绘制和标注尺寸都带来了很大的不便,但如果能够很好地利用投影几何图元工具,则可以有效地引入添加尺寸的参考标注,提高绘图的效率。

3)要掌握定位特征的创建和使用方法,定位特征可以使得用户在任意表面上新建草图,让截面形状围绕任意的旋转轴旋转等,善于使用定位特征可以减小设计的难度,提高设计的效率。

4)一种特征往往可以有很多的途径来创建,但是最好选择最简单的、步骤最少以及所涉及草图图形最简单的方法,因为在设计的过程中零件往往需要修改某些特征,而最简单的造型方法也是最容易被修改的。

9.2 减速器箱盖设计

由于箱盖与下箱体有配合的关系,因此如果使用自上而下的零件设计方法,将会使得设计效率大大提高,也能够提高设计的零件的精确度。

箱盖零件的模型文件在网盘中的"\第9章"目录下,文件名为"箱盖.ipt"。

9.2.1 实例制作流程

设计过程如图9-60所示。

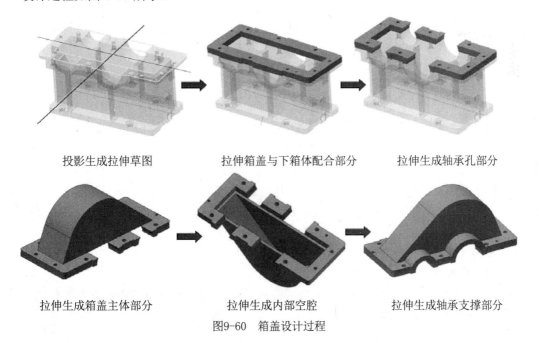

投影生成拉伸草图 拉伸箱盖与下箱体配合部分 拉伸生成轴承孔部分

拉伸生成箱盖主体部分 拉伸生成内部空腔 拉伸生成轴承支撑部分

图9-60 箱盖设计过程

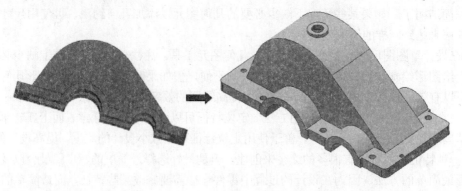

拉伸切除孔中多余部分　　　　　　　添加透气器安装孔

图9-60　箱盖设计过程（续）

9.2.2　实例效果展示

实例效果如图 9-61 所示。

图9-61　实例效果

9.2.3　操作步骤

1. 新建文件

1）新建一个部件文件。单击【装配】标签栏【零部件】面板上的【放置】工具按钮，在弹出的【装入零部件】对话框中选择下箱体零件并将其打开，则下箱体零件被装入到工作区域中。

2）单击【装配】标签栏【零部件】面板上的【创建】工具按钮，在弹出的【创建在位零部件】对话框中设定零件名称为"箱盖.ipt"，文件类型为【零件】，指定文件存储的位置和创建文件所使用的模板。

3）单击【确定】按钮，创建完成一个在位新零件。

2. 投影拉伸草图

创建在位零件后，需要进一步设计零件的各种特征。选择下箱体零件的上表面新建一个草图，进入草图环境，单击【草图】标签栏【绘图】面板上的【投影几何图元】工具按钮，将下箱体的配合端面的轮廓投影到草图中，如图 9-62 所示。之所以这么做是因为下箱体和上盖的结合面是完全吻合的，因此可以借用下箱体配合端面的轮廓来拉伸生成箱盖的配合部分。另外，使用投影的几何图元还可以不再为其标注尺寸，因为投影图形的尺寸与源图形的尺寸完全一致。

3. 拉伸生成箱盖与下箱体的配合部分

单击【草图】标签栏上的【完成草图】工具按钮 ✔，退出草图环境，进入零件特征环境。单击【三维模型】标签栏【创建】面板上的【拉伸】工具按钮 📄，弹出【拉伸】特性面板，选择步骤2中投影所得到的几何图形作为拉伸截面轮廓，将拉伸距离设置为20mm，如图9-63所示。注意，拉伸截面中不要包含孔的投影，以便能够拉伸出孔特征。单击【确定】按钮完成拉伸，此时的零件如图9-64所示。

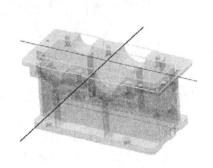

图9-62　投影几何图元到当前草图

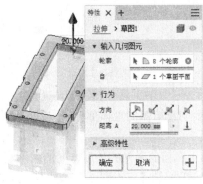

图9-63　【拉伸】特性面板

4. 拉伸生成轴承孔部分

1）在箱盖配合部分的侧面新建草图。单击【草图】标签栏【绘图】面板上的【圆】工具按钮 ⊙，绘制如图9-65所示的草图图形。注意，所绘制的两个圆形的大小与两个轴承孔的大小一样，这里可不用标注尺寸。另外，利用【投影几何图元】工具可以在草图上得到箱体零件的轴承孔孔心和其边线的投影。

图9-64　拉伸生成箱盖与下箱体的配合部分

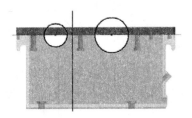

图9-65　绘制草图图形

2）单击【草图】标签栏上的【完成草图】工具按钮 ✔，退出草图环境。单击【三维模型】标签栏【创建】面板上的【拉伸】工具按钮 📄，选择两个圆形作为拉伸截面轮廓，布尔方式选择为【求差】，设置终止方式为【贯通】，如图9-66所示。

3）单击【确定】按钮完成拉伸，此时的零件如图9-67所示。

5. 拉伸生成箱盖主体部分

由于箱盖的配合部分以及轴承孔特征已经创建完毕，其他特征的创建不需要在部件环境中

275

完成，所以可以保存箱盖文件后退出部件文件。打开保存的箱盖文件"箱盖.ipt"，此时可以在零件特征环境中独立编辑箱盖零件。

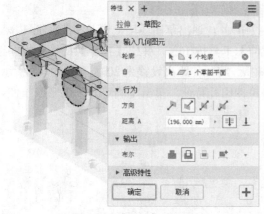

图9-66　【拉伸】特性面板

图9-67　完成拉伸后的零件

要创建箱盖的主体部分，设计时必须考虑的一个问题就是箱盖不能够与内部齿轮发生干涉现象。

1）在箱盖零件的长度方向的内侧新建草图。单击【草图】标签栏【绘图】面板上的【直线】工具按钮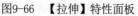和【三点圆弧】工具按钮，绘制如图9-68所示的草图图形，然后选择【尺寸】工具对其进行尺寸标注，并修改其尺寸值如图9-68所示。

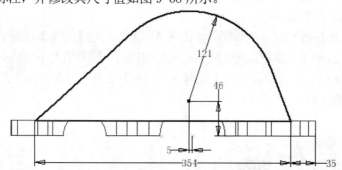

图9-68　绘制草图图形

2）单击【草图】标签栏上的【完成草图】工具按钮，退出草图环境，进入零件特征环境。单击【三维模型】标签栏【创建】面板上的【拉伸】工具按钮，弹出【拉伸】特性面板，选择绘制的草图图形作为截面轮廓，设置终止方式为【距离】并指定拉伸距离为106mm，如图9-69所示。

3）单击【确定】按钮完成拉伸，此时的零件如图9-70所示。

6．拉伸生成内部空腔

步骤5中拉伸出的箱体是实心的，需要将其内部掏空以创建壳体。这里采用拉伸切削的方式来实现。

1）为了建立拉伸草图，需要新建一个工作平面。这里将箱盖主体部分的侧面偏移厚度的一半来创建工作平面，如图9-71所示。

2）在这个工作平面上新建草图，单击【草图】标签栏【绘图】面板上的【投影几何图元】

工具按钮 ，将箱盖轮廓投影到草图中，然后单击【草图】标签栏【绘图】面板上的【偏移】工具按钮 ，将投影曲线偏移一定的距离，然后选择【直线】工具，将投影并且偏移得到的曲线首尾相连成为一个封闭的图形，并选择【尺寸】工具为其标注，如图 9-72 所示。

图9-69　【拉伸】特性面板

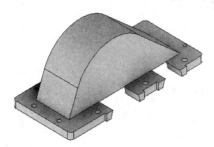

图9-70　拉伸后的零件

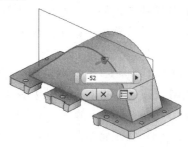

图9-71　建立工作平面

3）单击【草图】标签栏上的【完成草图】工具按钮 ，退出草图环境，进入零件特征环境中，单击【三维模型】标签栏【创建】面板上的【拉伸】工具按钮 ，弹出【拉伸】特性面板，选择图 9-73 拉伸示意图中的截面形状作为拉伸的截面轮廓，布尔方式设置为【求差】，设置拉伸距离为 90mm，拉伸方向为【对称】，拉伸示意图如图 9-73 所示。

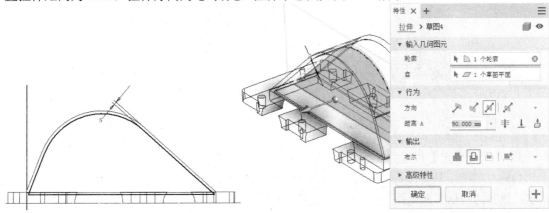

图9-72　绘制草图并标注尺寸

图9-73　【拉伸】特性面板

4）单击【确定】按钮完成拉伸，此时的零件如图 9-74 所示。

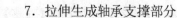
7. 拉伸生成轴承支撑部分

箱盖的轴承支撑部分和下箱体轴承孔一起组成一个完整的轴承安装孔，如图9-75所示。可以采用拉伸一侧特征然后通过镜像复制到另一侧的方法来创建零件两侧的轴承支撑部分特征。

图9-74　拉伸生成内部空腔

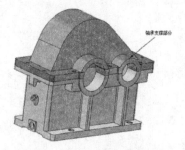
图9-75　轴承支撑部分示意图

1）对于零件一侧的轴承支撑部分，可以采用拉伸的方法创建。在零件宽度方向最外侧的表面上新建草图，选择【圆】和【直线】工具绘制如图9-76所示的草图，然后选择【尺寸】工具进行标注，并对尺寸值进行修改。

在创建草图的过程中，需要利用【投影几何图元】工具将零件的轴承孔的圆形边线特征投影到草图中，这样草图中也会出现其圆心，在创建新草图图形时就可以自动捕捉到该点，以便于自动创建约束。

2）单击【草图】标签栏上的【完成草图】工具按钮✔，退出草图环境，进入零件特征环境中。单击【三维模型】标签栏【创建】面板上的【拉伸】工具按钮，弹出【拉伸】特性面板，选择如图 9-76 所示的形状作为拉伸截面轮廓，设置终止方式为【到】，选择箱体主体平行于拉伸截面的相邻侧面作为拉伸的终止表面，如图9-77所示。

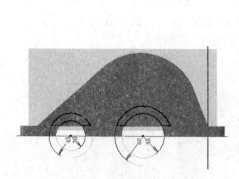
图9-76　绘制拉伸草图

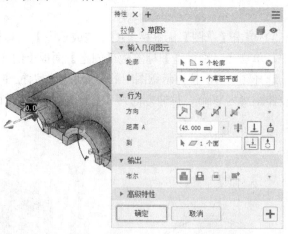
图9-77　【拉伸】特性面板

3）单击【确定】按钮完成拉伸，此时的零件如图9-78所示。

4）通过镜像工具将该特征复制到零件的另外一侧。详细过程不再讲述，镜像示意图如图9-79所示，选择的镜像平面是图9-79所示的工作平面。

8. 切除轴承孔中的多余部分

完成了步骤 7 中的轴承支撑部分的创建以后，可以看到轴承孔中有多余的部分，如果要安装传动轴，必然会存在干涉现象，如图 9-80 所示，所以应该将其去除。

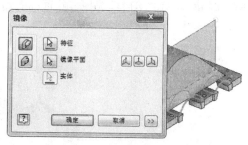

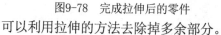

图9-78　完成拉伸后的零件　　　　　　　图9-79　镜像示意图

可以利用拉伸的方法去除掉多余部分。

1）在轴承孔的外侧面上新建草图，绘制如图 9-81 所示的圆形并标注尺寸。

2）单击【草图】标签栏上的【完成草图】工具按钮 ✔，退出草图环境，单击【三维模型】标签栏【创建】面板上的【拉伸】工具按钮 ，弹出【拉伸】特性面板，选择在草图中绘制的两个圆形作为拉伸截面轮廓，将布尔方式设置为【求差】，设置终止方式为【贯通】，如图 9-82 所示。

3）单击【确定】按钮完成拉伸，此时的零件如图 9-83 所示。

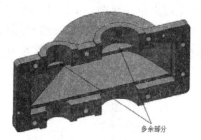

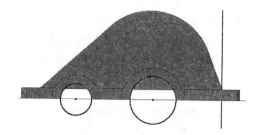

图9-80　拉伸出的多余部分　　　　　　　图9-81　绘制草图

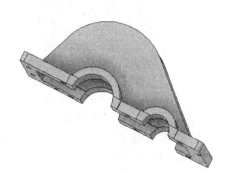

图9-82　【拉伸】特性面板　　　　　　　图9-83　拉伸后的零件

9．创建通气器安装孔

在箱盖的顶端安装有通气器，所以需要创建通气器的安装孔。可以通过拉伸的方法创建。

1）新建一个工作平面用来创建草图。这里创建一个与箱盖的配合面平行且与顶部圆弧面相

279

切的工作平面。单击【三维模型】标签栏【定位特征】面板上的【工作平面】工具按钮 ，先选择与箱体的配合面，然后再选择零件顶部的圆弧面，创建如图 9-84 所示的工作平面。

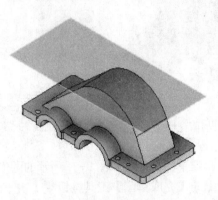

图9-84　建立工作平面

2）在这个工作平面上新建草图，进入草图环境后，选择【圆】工具绘制如图 9-85 所示的圆形，并标注尺寸。注意这里仍然需要选择【投影几何图元】工具来创建投影直线以用来作为标注尺寸的参考。

3）单击【草图】标签栏上的【完成草图】工具按钮 ，退出草图环境，单击【三维模型】标签栏【创建】面板上的【拉伸】工具按钮 ，弹出【拉伸】特性面板，选择图 9-85 所示的图形作为拉伸截面，将布尔方式设置为【求并】，终止方式设置为【对称】，拉伸距离设置为10mm，其他设置如图 9-86 中的【拉伸】特性面板所示。

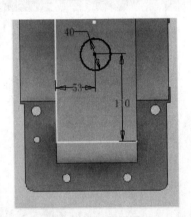

图9-85　绘制草图图形

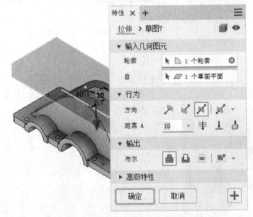

图9-86　【拉伸】特性面板

4）单击【确定】按钮完成拉伸，此时的零件如图 9-87 所示。

5）在拉伸生成部分的顶面上新建草图。选择【点】工具，在拉伸生成部分上的圆形的中心绘制一个中心点，如图 9-88 所示。

单击【草图】标签栏上的【完成草图】工具按钮 ，退出草图环境。单击【三维模型】标签栏【修改】面板上的【孔】工具按钮 ，选择绘制的中心点作为孔的孔心，孔的其他设置如图 9-89 所示。单击【确定】按钮完成孔的创建，此时的零件如图 9-90 所示。

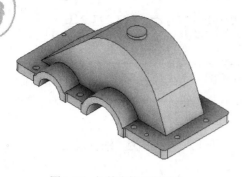

图9-87 拉伸完毕后的零件

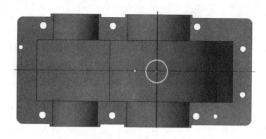

图9-88 绘制草图中心点

图9-89 【孔】特性面板

图9-90 创建孔后的零件

9.2.4 总结与提示

在箱盖的设计过程中，可以看到自上而下的设计方法在某些时候有着无与伦比的优越性。在创建箱盖配合部分的过程中，如果不采用创建在位零部件的方法，那么就必须要绘制一个复杂的草图轮廓来作为拉伸截面。而且如果以后要修改下箱体的尺寸，那么还对箱盖进行相应的修改。但是如果采用了本节中的方法，则不仅节省了大量的劳动，还使得创建的箱盖零件的尺寸能够随着下箱体的改变而自动更新，从而避免了修改过程中重复琐碎的工作。

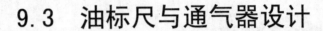
9.3 油标尺与通气器设计

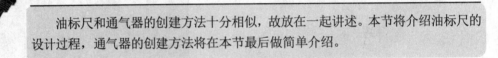

油标尺和通气器的创建方法十分相似，故放在一起讲述。本节将介绍油标尺的设计过程，通气器的创建方法将在本节最后做简单介绍。

油标尺零件的模型文件在网盘中的"第9章"目录下，文件名为"油标尺.ipt"。

9.3.1 实例制作流程

设计过程如图 9-91 所示。

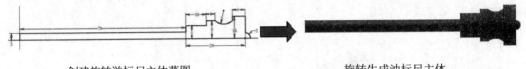

创建旋转游标尺主体草图   旋转生成油标尺主体

添加螺纹特征   添加倒角和圆角特征

图9-91 油标尺零件设计过程

9.3.2 实例效果展示

实例效果如图 9-92 所示。

图9-92 实例效果

9.3.3 操作步骤

1. 新建文件

运行 Autodesk Inventor，单击【快速入门】标签栏【启动】面板上的【新建】工具按钮，在弹出的【新建文件】对话框中选择【Standard.ipt】选项，新建一个零件文件，然后单击【保存】按钮 🖫，保存为"油标尺.ipt"。这里选择在原始坐标系的 XY 平面新建草图。

2．建立油标尺主体草图

油标尺的主体部分是一个回转体，因此可以通过旋转的方法生成。进入草图环境，单击【草图】标签栏【绘图】面板上的【直线】工具按钮 ／ 和【三点圆弧】工具按钮 ，绘制如图 9-93 所示的草图，并选择【尺寸】工具为其标注尺寸。

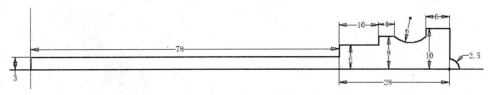

图9-93　建立草图

3．旋转生成游标尺主体

单击【草图】标签栏上的【完成草图】工具按钮 ✔，退出草图环境，进入到零件特征环境中。单击【三维模型】标签栏【创建】面板上的【旋转】工具按钮 ，弹出【旋转】特性面板，选择如图 9-93 所示的图形作为旋转的截面轮廓，选择草图最下方的一条水平直线作为旋转轴，终止方式设置为【全部】，如图 9-94 所示。单击【确定】按钮完成旋转，创建的零件如图 9-95 所示。

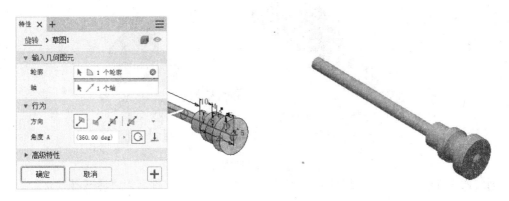

图9-94　【旋转】特性面板　　　　　　　　图9-95　旋转创建零件

4．添加螺纹特征

油标尺通过螺纹固定在箱体上，因此需要在直径为 12mm 的轴上创建螺纹特征。单击【三维模型】标签栏【修改】面板上的【螺纹】工具按钮 ，弹出【螺纹】特性面板，选择直径为 12mm 的轴的表面作为创建螺纹面，螺纹的其他设置如图 9-96 所示。单击【确定】按钮完成螺纹特征的创建，此时的零件如图 9-97 所示。

5．添加倒角与圆角特征

为油标尺添加倒角与圆角特征的具体过程这里不再详细叙述，读者可以自行完成倒角与圆角的创建，图 9-98 所示为创建倒角和圆角的示意图。创建完成倒角与圆角特征后，油标尺零件就全部创建完成。

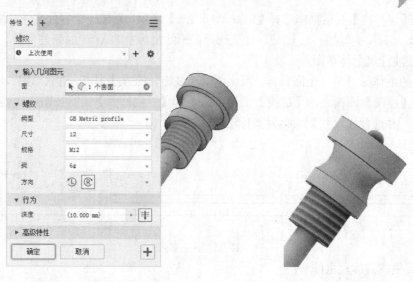

图9-96　【螺纹】特性面板　　　　　　　图9-97　添加螺纹后的零件

通气器零件（见图 9-99）也是一个回转体，所以也可以通过旋转方法生成。首先创建一个如图 9-100 所示的草图，旋转生成通气器的主体，然后为其添加螺纹和倒角、圆角特征即可。

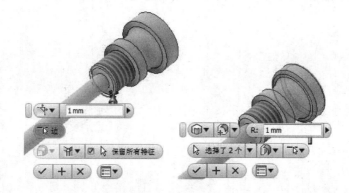

图9-98　倒角和圆角示意图

通气器零件的模型文件在网盘中的"\第 9 章"目录下，文件名为"通气器.ipt"。

图9-99　通气器

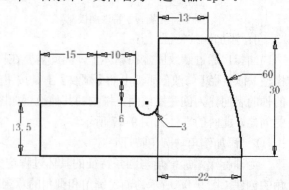

图9-100　旋转通气器的草图

9.3.4 总结与提示

油标尺的造型过程还是比较简单的，虽然零件本身没有复杂的特征，但是也要根据零件的特点来选择合适的造型方法，如油标尺的主体部分，如果不采用旋转方法而是采用拉伸等方法来造型，则至少需要四次拉伸和一次放样（或者旋转）才可以完成，这样不仅造型过程的复杂程度大大增加了，还会给模型的修改带来困难。所以在设计零件的过程中，一定要根据模型特征的特点选择合适的造型方法。

9.4 端盖设计

端盖安装在减速器轴承孔中，用于隔绝箱体与外部、防止漏油以及尘土进入箱体内部等。减速器一共需要4种类型的端盖，分别安装于两个传动轴的两端。由于这4种端盖仅有微小的差别，所以这里仅介绍安装在大齿轮传动轴一端的端盖的设计方法，对其他三种端盖的设计过程只做简单介绍。

端盖零件的模型文件在网盘中的"\第9章"目录下，文件名为分别为"端盖1-1.ipt""端盖1-2.ipt""端盖2-1.ipt"和"端盖2-2.ipt"。

9.4.1 实例制作流程

设计过程如图9-101所示。

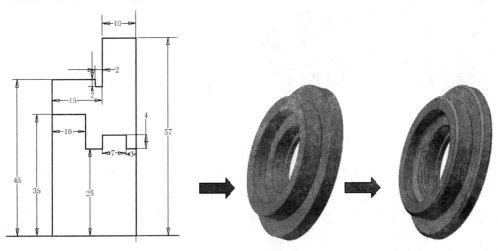

图9-101 端盖设计过程

9.4.2 实例效果展示

实例效果如图9-102所示。

9.4.3 操作步骤

1. 新建文件

运行 Autodesk Inventor，单击【快速入门】标签栏【启动】面板上的【新建】工具按钮，在弹出的【新建文件】对话框中选择【Standard.ipt】选项，新建一个零件文件，然后单击【保存】按钮，保存为"端盖 1-1.ipt"。这里选择在原始坐标系的 XY 平面新建草图。

2. 建立端盖主体草图

虽然端盖的形状有些复杂，但是其主体部分是一个回转体，因此可以用旋转的方法来造型。进入草图环境，单击【草图】标签栏【绘图】面板上的【直线】工具按钮，绘制如图 9-103 所示的草图图形，并选择【尺寸】工具进行尺寸标注。

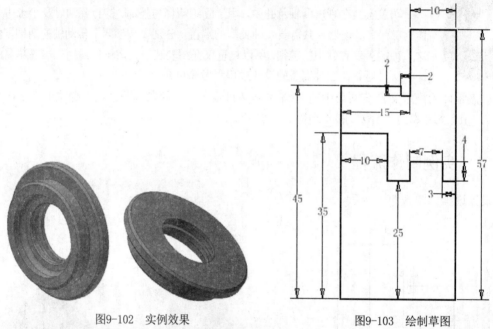

图9-102 实例效果　　　　　　　　　图9-103 绘制草图

3. 旋转生成端盖主体

单击【草图】标签栏上的【完成草图】工具按钮，退出草图环境，进入零件特征环境中。单击【三维模型】标签栏【创建】面板上的【旋转】工具按钮，弹出【旋转】特性面板，选择如图 9-103 所示的草图图形作为截面轮廓，选择草图最下方的水平直线作为旋转轴，示意图如图 9-104 所示。单击【确定】按钮完成旋转，此时的零件如图 9-105 所示。

4. 添加倒角与圆角特征

为零件添加倒角与圆角特征的过程不再详细叙述。图 9-106 所示为倒角与圆角示意图，其中显示了添加倒角与圆角的边线、方式与半径。至此，端盖零件全部创建完毕。

对于安装在大齿轮传动轴另外一侧、与"端盖 1-1"尺寸相同的"端盖 1-2"也可以用旋转的方法生成，其草图如图 9-107 所示，为旋转生成的零件添加倒角与圆角特征后的外观如图 9-108 所示。

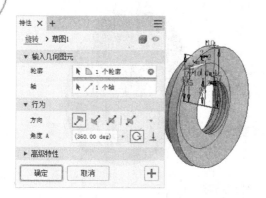

图9-104 【旋转】特性面板

图9-105 旋转生成的零件

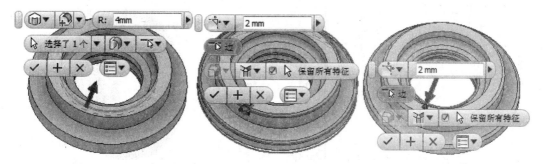

图9-106 圆角与倒角示意图

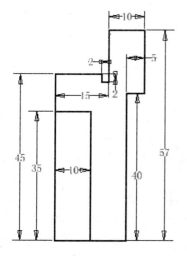

图9-107 绘制草图

图9-108 创建完成的"端盖1-2"零件

其他两个安装在小齿轮传动轴两端的端盖也可通过类似的方法生成，其草图与零件外观如图 9-109 所示。

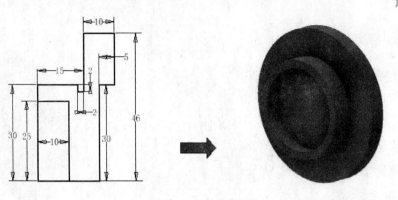

"端盖1-1"零件草图外观

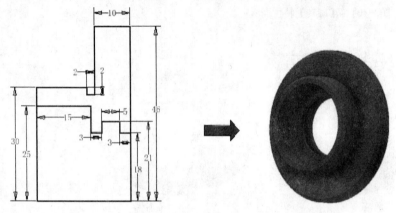

"端盖1-2" 零件草图外观

图9-109　小齿轮端盖的草图与零件外观

所有的端盖到此都已经创建完毕了。

9.4.4　总结与提示

在旋转生成端盖时，主体特征既可以一次旋转创建，也可以分几次旋转创建，如可以分两次旋转生成两个油封槽特征。一次旋转与多次旋转的区别是：一次旋转中草图之间各个元素的关系较为紧密，往往互相作为标注尺寸的参考，如果一个几何图元变动，往往会引起多个元素的变化；多次旋转虽然过程较为繁琐，但是草图之间是相互独立的（如果不存在投影几何图元而构成的草图元素），修改一个草图不会影响到另外的草图。

在实际的设计过程中，如果需要对零件频繁修改，零件的某些特征之间独立性较强，且修改一个特征要求不对其他特征造成影响，那么应该采用多次造型的方法来设计零件；反之则可以用一次造型的方法。具体采用什么样的造型方法，应该结合生产实际与软件特性进行综合考虑。

第3篇

装配与工程图篇

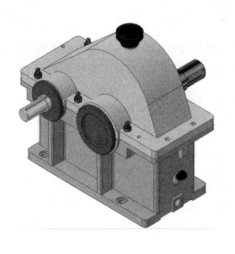

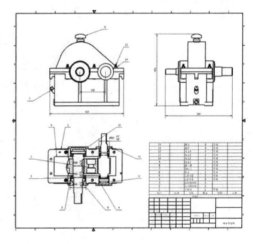

本篇主要介绍以下知识点:

✤ 减速器装配

✤ 零部件设计加速器

✤ 减速器干涉检查与运动模拟

✤ 减速器工程图与表达视图设计

第 10 章

减速器装配

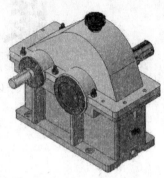

本章主要介绍了减速器部件的总体装配及其子部件的装配过程，还介绍了各种装配约束在实际装配过程中的具体应用以及各种实用的装配技巧。

- ◉ 传动轴装配
- ◉ 小齿轮装配
- ◉ 减速器总装配

10.1 传动轴装配

在 Autodesk Inventor 中，既可以把单个零件组装成为完整的部件，也可以首先把某些零件组装成为子部件，然后把零件和子部件组装成为部件。在本书的减速器装配中采用后一种方法，因为这种方法的装配思路更加清晰，且易于对装配关系进行修改。本节将讲述传动轴与大齿轮以及其他附属零件的装配。

传动轴部件文件位于网盘中的"\第 10 章\减速箱"目录下，文件名为"传动轴装配.iam"。

10.1.1 装配流程

装配过程如图 10-1 所示。

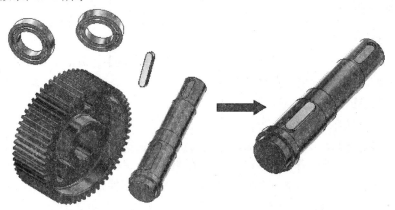

装入所有零件　　　　　　　　　　　向传动轴上安装平键

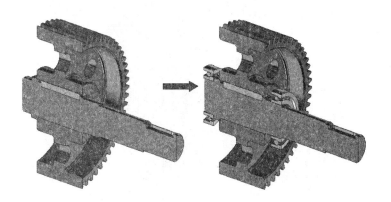

向传动轴上安装齿轮　　　　　在传动轴两端安装轴承

图10-1　装配过程

10.1.2　装配效果展示

装配效果如图 10-2 所示。

图10-2　装配效果

10.1.3　装配步骤

1. 新建文件

运行 Autodesk Inventor，单击【快速入门】标签栏【启动】面板上的【新建】工具按钮，在弹出的【新建文件】对话框中选择【Standard.iam】选项，单击【创建】按钮新建一个部件文件，命名为"传动轴装配.iam"。

2. 装入所有零件

可以选择在装配时首先装入所有需要的零部件，也可以选择在需要的时候才装入某个零部件。这里选择一次装入所有需要的零件。单击【装配】标签栏【零部件】面板上的【放置】工具按钮，弹出【装入零部件】对话框，选择要装入的零部件。这里选择装入的零件有：传动轴一个（传动轴.ipt）、大齿轮一个（大圆柱齿轮.ipt）、平键一个（平键.ipt）、轴承两个（轴承2.ipt）。当全部零部件装入以后，浏览器中会出现相应的图标，如图 10-3 所示。

图10-3　装入所有零件

3. 向传动轴上安装平键

平键的装配要求是：平键同时和传动轴以及齿轮上的键槽配合，使得二者之间没有相对转动。下面将向平键和传动轴之间添加装配约束并使得二者之间的位置要求能够与实际情况相符合。实际情况下，平键安装在键槽中，且平键必须有三个面与键槽的相应面接触才能够保证安装的正确性。这三个面分别是底面、侧面和一端的半圆面，如图10-4所示。在为平键和传动轴之间添加装配约束的时候，也要在这三个平面上添加约束。

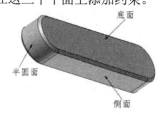

图10-4　平键的三个接触面

因此，平键的装配步骤如下：

1）添加键槽底面和传动轴相应面之间的配合约束。

单击【装配】标签栏【位置】面板上的【约束】工具按钮 ，弹出【放置约束】对话框，选择装配类型为【配合】选项，偏移量设置为零，【方式】选项选择【配合】选项。然后选择平键的一个底面和键槽的底面作为配合面，如图10-5所示，单击【确定】按钮完成第一个配合约束的添加，此时部件如图10-6所示。

图10-5　装配示意图　　　　　　　　图10-6　完成第一个配合约束的添加

2）添加约束使得平键的一个侧面与键槽的一个侧面配合。

单击【装配】标签栏【位置】面板上的【约束】工具按钮 ，弹出【放置约束】对话框，选择装配类型为【配合】选项，偏移量设置为零，【方式】选项选择【配合】选项。然后选择平键的一个侧面和键槽的一个侧面作为配合面，如图10-7所示，

！注意

可以选择【装配】标签栏【零部件】面板上的【移动】和【旋转】工具将零件旋转一定的角度，以便于添加约束和观察，最后单击工具栏上的【刷新】按钮即可使得零件恢复原来的位置。

单击【确定】按钮完成第二个配合约束的添加，此时的零件如图10-8所示。

3）为平键的半圆面和键槽的半圆面之间添加相切约束。

单击【装配】标签栏【位置】面板上的【约束】工具按钮 ，弹出【放置约束】对话框，选择装配类型为【相切】选项，偏移量设置为零，选择相切方式为【内边框】选项。然后选择平键的一个半圆面和键槽的半圆面作为配合面，如图10-9所示，单击【确定】按钮完成相切约

束，此时平键零件已经完全约束在了传动轴零件上。

图10-7　选择配合约束的两个面

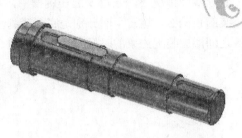

图10-8　添加第二个配合约束后的零件

4. 向传动轴上装配齿轮

需要将大圆柱齿轮装配到传动轴上。装配具有轴或者孔特征的零件时，一个最好用的装配方式就是插入装配。插入装配不仅仅可以使得轴类零件插入到孔中，还可以使得两个轴的轴线对齐，或者两个孔的中心线对齐等，同时插入装配还可以约束两个面之间的配合关系。

在大齿轮的装配中，需要添加两个约束：大齿轮与传动轴之间的约束、大齿轮与平键之间的约束。前者可保证大齿轮与传动轴的同心关系和端面配合关系，后者可保证大齿轮的键槽与平键之间的正确关系。其具体的装配步骤是：

1）添加大齿轮和传动轴之间的装配关系。

单击【装配】标签栏【位置】面板上的【约束】工具按钮，弹出【放置约束】对话框，选择装配类型为【插入】选项，偏移量设置为零，方式选择为【反向】选项，然后选择如图 10-10所示的两个圆形边线。单击【确定】按钮即可完成插入装配，此时的零件如图 10-11 所示。

图10-9　选择相切约束的两个面

图10-10　选择插入约束的两个圆形边线

此时虽然大齿轮已经安装到了传动轴上，但是大齿轮的键槽和安装在传动轴上的键的装配关系还没有设置。正确的装配是平键应该位于大齿轮的键槽中，但由于平键已经和传动轴之间存在了正确的装配关系，且大齿轮也已经和传动轴之间有了正确的装配关系，所以如果这时还用类似于向传动轴上安装平键时所用的配合约束、相切约束等装配约束，则会造成零部件过约束而无法装配。其实这时只要规定平键的底面和齿轮键槽的底面平行就完全可以正确地约束齿轮与平键了，因此可以选择【角度】选项的约束方式。

2）单击【装配】标签栏【位置】面板上的【约束】工具按钮，弹出【放置约束】对话框，选择装配类型为【定向角度】选项，角度设置为180º，方式选择为【定向角度】选项。然后选择如图 10-12 所示的键槽底面和平键底面（表面有箭头符号），单击【确定】按钮即可完成对准角度装配，此时齿轮已经完全约束到传动轴上了。

5. 在传动轴两端安装轴承

需要向传动轴两端安装轴承以便于把传动轴安装到下箱体上。轴承的安装比较简单,仅用插入约束就可以实现轴承的正确安装。

1)单击【装配】标签栏【位置】面板上的【约束】工具按钮,弹出【放置约束】对话框。

2)选择装配类型为【插入】,偏移量设置为零,方式选择为【反向】。然后选择如图 10-13 所示的两个圆形端面(有箭头符号垂直于该表面)。

图10-11　添加插入约束后的零件　　图10-12　对准角度示意图　　图10-13　选择插入约束的两个端面

3)单击【确定】按钮完成一个轴承的装配。

对于另外一端轴承的装配,这里不再详细讲述,读者可以参照图 10-14 所示自行完成另一个轴承的装配。装配好两个轴承的部件如图 10-15 所示。此时传动轴部件全部装配完成。

图10-14　【放置约束】对话框　　　　　图10-15　装配完毕两个轴承的部件

10.1.4　总结与提示

在一个复杂部件的装配中,往往涉及多种装配约束的使用,因此,务必对各种装配约束要有深入的了解。例如,插入约束不仅可把轴和孔装配在一起,还可以使得两个轴的中心线重合等。另外,虽然插入装配没有在【放置约束】对话框中对配合端面提出任何要求,但是当选择了需要进行插入的回转体以后,回转体的被选择的端面就会自动作为配合的表面。读者在练习中会逐渐体会到这一点。

在进行了部件的装配之后,部件中的某些零件会被设置为固定,如首先装入的第一个零件,比如这里的齿轮轴。零件在被固定以后，就不能被鼠标拖动从而进行转动或者移动，但是可以通过零件右键快捷菜单中的【固定】选项来改变零件被固定的状态。例如，在传动轴的装配中，由于传动轴是首先被装入的零件，所以它被设置为固定，当通过键槽安装了平键以及齿轮以后，由于存在装配约束，齿轮也会与传动轴一起被固定，这时候可以右键单击传动轴零件，在快捷菜单中将【固定】选项前面的勾号去掉，然后选择任意一个轴承零件，右键单击，在快捷菜单中选择【固定】选项，则此时轴承被固定，传动轴和齿轮可以一起转动，就好像是一个整体，这就满足了设计要求，同时也和实际情况相符合。

10.2 小齿轮装配

小齿轮的装配与传动轴装配之间的区别就是小齿轮固连在齿轮轴上，不再利用平键进行轴与齿轮之间的装配，只需要安装好轴承即可。这里简单讲述小齿轮装配的过程。

小齿轮部件文件位于网盘中的"\第 10 章\减速器"目录下，文件名为"小齿轮装配.iam"。

1. 新建文件

运行 Autodesk Inventor，单击【快速入门】标签栏【启动】面板上的【新建】工具按钮，在弹出的【新建文件】对话框中选择【Standard.iam】选项，单击【创建】按钮新建一个部件文件，命名为"小齿轮装配.iam"。

2. 装入所有零部件

装入所有需要的零件。单击【装配】标签栏【零部件】面板上的【放置】工具按钮，弹出【装入零部件】对话框，选择要装入的零部件。选择装入的零件有小齿轮（小圆柱齿轮.ipt），和轴承两个（轴承1.ipt）。

3. 添加装配约束

1）将其中一个轴承约束到小齿轮轴上。单击【装配】标签栏【位置】面板上的【约束】工具按钮，弹出【放置约束】对话框，选择装配类型为【插入】，偏移量设置为零，方式选择为【反向】。然后选择如图 10-16 所示的两个圆形端面。单击【确定】按钮即可完成插入装配，此时部件如图 10-17 所示。

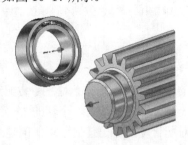

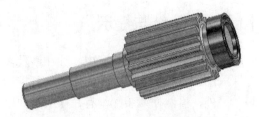

图10-16 选择插入约束的两个端面　　　　　图10-17 完成插入约束后的零件

2）将另外一个轴承装入到小齿轮的另外一端。也是选择插入装配，配合面的选择如图 10-18 所示，设置偏移量为零，方式选择为【反向】。单击【确定】按钮完成插入装配。

此时小齿轮轴全部组装完毕，结果如图 10-19 所示。

图10-18　选择另外一端插入约束的配合面　　　　　图10-19　组装完毕的小齿轮

10.3　减速器总装配

本节将介绍然后将前面创建的传动轴装配部件和小齿轮装配部件与箱体、箱盖以及其他附件装配在一起，完成减速器的整个装配。

减速器总装配文件位于网盘中的"\第 10 章\减速器"目录下，文件名为"减速器装配.iam"。

10.3.1　装配流程

装配流程如图 10-20 所示。

10.3.2　装配效果展示

装配效果如图 10-21 所示。

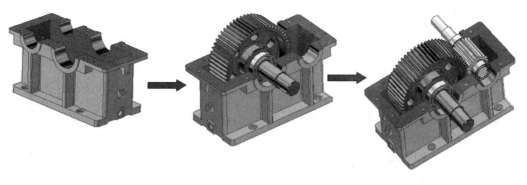

装入下箱体　　　　　　装配传动轴（含大齿轮）　　　　　　装配小齿轮轴

图10-20　装配流程

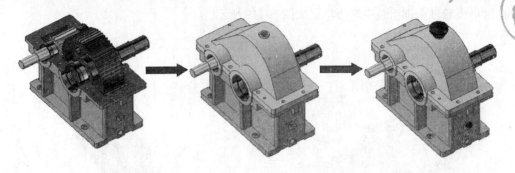

装配定距环　　　　　　装配箱盖　　　　　　装配油标尺和通气器

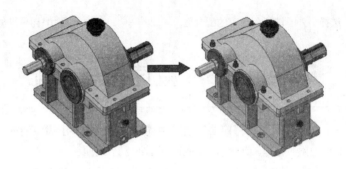

装配端盖　　　　　　　装配螺栓

图10-20　装配流程（续）

图10-21　装配效果

10.3.3　装配步骤

1. 新建文件

运行 Autodesk Inventor，单击【快速入门】标签栏【启动】面板上的【新建】工具按钮，在弹出的【新建文件】对话框中选择【Standard.iam】选项，单击【创建】按钮新建一个部件文件，命名为"减速器装配.iam"。

2. 装入下箱体

装入部件的第一个零件，这里将下箱体作为第一个装入的零件。

1）单击【装配】标签栏【零部件】面板上的【放置】工具按钮，弹出【装入零部件】对话框，选择要装入的零部件。这里选择下箱体零件（文件名为"下箱体.ipt"）。

2）单击鼠标，则下箱体自动放置到部件文件中，单击右键，在快捷菜单中选择【在原点处固定放置】选项，则完成零件放置。

3）部件环境中放置的第一个零部件自动添加固定约束，不能用鼠标对其进行拖动。如果需要零部件可以自动拖动，可以在零部件上单击右键，去掉右键快捷菜单中【固定】选项前面的勾号即可取消零部件的固定约束。

4）第一个零部件的原始坐标系与部件文件的原始坐标系相重合。

3．装配传动轴

1）单击【装配】标签栏【零部件】面板上的【放置】工具按钮，弹出【装入零部件】对话框，选择传动轴子部件（文件名为"传动轴装配.iam"），将其装入到当前工作环境中。

实际上传动轴安装在下箱体的轴承孔中，且传动轴上轴承的一个侧面与箱体空腔的内侧面对齐，如图 10-22 所示。这种约束条件仅用插入约束就可以满足。

2）单击【装配】标签栏【位置】面板上的【约束】工具按钮，弹出【放置约束】对话框，选择装配类型为【插入】选项，偏移量设置为零，方式选择为【对齐】。选择一个轴承的内侧表面和相应的轴承孔的内侧表面，如图 10-23 所示（有箭头符号垂直于该表面）。单击【确定】按钮完成传动轴的装配。

4．装配小齿轮轴

小齿轮的装配和传动轴的装配十分类似，这里只做简单介绍。

1）装入小齿轮子部件（文件名为"小齿轮装配.iam"）。

2）单击【装配】标签栏【位置】面板上的【约束】工具按钮，弹出【放置约束】对话框，选择装配类型为【插入】选项，偏移量设置为零，方式选择为【对齐】选项。选择一个轴承的内侧表面和相应的轴承孔的内侧表面，如图 10-24 所示（有箭头符号垂直于该表面）。

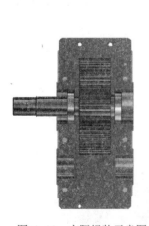  

图10-22　实际组装示意图　　　图10-23　选择插入约束的配合面　　　图10-24　选择插入约束的配合面

3）单击【确定】按钮完成小齿轮的装配，此时部件如图 10-25 所示。

可以看到，传动轴和小齿轮的装配都只是对一侧的轴承和轴承孔之间添加了插入约束，但是另外一侧的轴承和轴承孔的位置关系也是正确的，这主要是因为在设计零部件的时候已经考虑到了全局的装配，以及一些零件设计的基础知识。例如，安装同一条轴的两个轴承孔的中心线是重合的，因为两侧的轴承孔是通过一个截面轮廓一次拉伸切削形成的；传动轴上的两个安装轴承的阶梯轴的位置也是提前计算过的，这样装配好了一侧的轴承则另外一侧的轴承也恰好位于它应在的位置。

5. 安装定距环

由于轴承和安装在轴承孔外端的端盖之间存在间隙，为了防止传动轴在轴向受力时发生窜动，需要在轴承与端盖之间安装定距环，如图 10-26 所示。

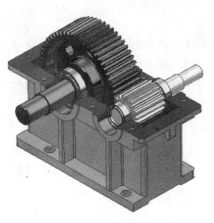

端盖
定距环
轴承

图10-25 完成小齿轮轴装配后的部件   图10-26 定距环装配示意图

1）单击【装配】标签栏【零部件】面板上的【放置】工具按钮，弹出【装入零部件】对话框，选择两种不同类型的定距环零件（文件名为"定距环 1.ipt"和"定距环 2.ipt"），将其装入到当前工作环境中，每种零件装入两个。

2）单击【装配】标签栏【位置】面板上的【约束】工具按钮，弹出【放置约束】对话框，选择装配类型为【插入】选项，选择定距环的一个侧面和相应装配位置轴承的一个侧面作为配合面，如图 10-27 所示。

单击【确定】按钮完成一个定距环的装配。

3）其他三个定距环的装配与此类似，故不再详细讲述。

需要注意的是两种不同尺寸类型的定距环需要安装在与其尺寸相符的轴承孔中。安装了 4 个定距环的减速器部件如图 10-28 所示。

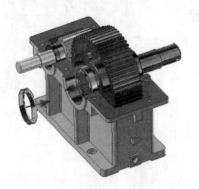

图10-27 选择插入约束的配合面   图10-28 安装4个定距环后的部件

6. 装配箱盖

1）单击【装配】标签栏【零部件】面板上的【放置】工具按钮，弹出【装入零部件】对话框，选择箱盖零件（文件名为"箱盖.ipt"），将其装入到当前工作环境中。

箱盖与箱体在实际情况中的装配要求是其配合表面应该吻合，且相应的孔应该互相对齐，以便于螺栓能够穿过。在 Autodesk Inventor 的装配中，可以通过两个简单的插入约束来完全约束箱盖。

2）单击【装配】标签栏【位置】面板上的【约束】工具按钮，弹出【放置约束】对话框，选择装配类型为【插入】，设置偏移量为零，方式选择为【反向】，选择图 10-29 所示的两个相应的孔的表面作为配合面。单击【确定】按钮完成第一个插入装配约束。

3）对于第二个插入装配约束，也可通过选择下箱体和箱盖的相应孔来完成。相应孔的选择是任意的，这里选择如图 10-30 所示的一对孔来进行装配。装配方法与上一个插入装配约束完全相同，这里不再赘述。

装配了箱盖后的部件如图 10-31 所示。

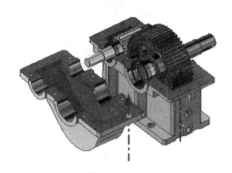 

图10-29　选择插入约束的配合面　　　　图10-30　选择插入约束的配合面

7. 装配油标尺和通气器

油标尺和通气器的装配基本属于轴类零件和孔的配合装配，所以可以选择插入装配约束来进行装配。

1）单击【装配】标签栏【零部件】面板上的【放置】工具按钮，弹出【装入零部件】对话框，选择油标尺和通气器零件（文件名为"油标尺.ipt"和"通气器.ipt"），将其装入到当前工作环境中。

2）单击【装配】标签栏【位置】面板上的【约束】工具按钮，弹出【放置约束】对话框，选择装配类型为【插入】，设置偏移量为零，方式选择为【反向】，选择图 10-32 所示的零件的端面作为配合表面。单击【确定】按钮完成插入装配约束。此时油标尺则被安装到油标尺孔中，如图 10-33 所示。

3）对于通气器零件，也按照类似的方法进行装配即可。图 10-34 所示为添加插入装配约束时选择的零件的端面特征。在【放置约束】对话框中设置偏移量为零，方式选择为【反向】选项，单击【确定】按钮即可完成装配。

装配了通气器的部件如图 10-35 所示。

8. 装配端盖和螺栓

端盖零件与轴承孔相配合，起到密封防尘的作用。端盖也可以通过简单的插入约束来进行装配。

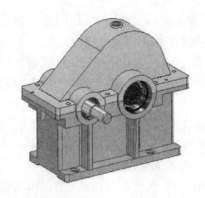 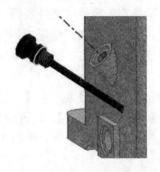

图10-31　装配了箱盖后的部件　　　　　图10-32　选择插入约束的配合面

  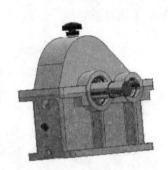

图10-33　安装油标尺后的部件　　图10-34　选择插入约束的端面特征　　图10-35　装配了通气器的部件

1）单击【装配】标签栏【零部件】面板上的【放置】工具按钮，弹出【装入零部件】对话框，选择4种不同类型的端盖零件（文件名为"端盖1-1.ipt""端盖2-2.ipt""端盖3-3.ipt"和"端盖4-4.ipt"），将其分别装入到当前工作环境中。

2）以"端盖1-1"为例，单击【装配】标签栏【位置】面板上的【约束】工具按钮，弹出【放置约束】对话框，选择装配类型为【插入】，设置偏移量为零，方式选择为【反向】。选择图10-36中的轴承孔的外侧表面和端盖零件的相应配合表面，单击【确定】按钮完成插入装配约束。

3）其他几个端盖的装配与此类似，这里不再详细讲述。

安装了端盖的减速器如图10-37所示。

螺栓和螺母零件用来固定减速器的箱盖和下箱体。

1）单击【装配】标签栏【零部件】面板上的【放置】工具按钮，装入螺栓和螺母零件，单击【装配】标签栏【位置】面板上的【约束】工具按钮，为螺栓和下箱体零件之间添加插入约束，具体过程不再赘述。其插入约束示意图如图10-38所示。

2）装配完螺栓之后，再为其添加螺母。螺母零件也是通过插入装配约束完成的，其插入约束示意图如图10-39所示。此时一对螺栓和螺母装配完毕。

3）按照同样的步骤和方法添加其他的螺栓螺母即可。

螺栓螺母全部装配完毕以后，减速器部件即全部装配完成。

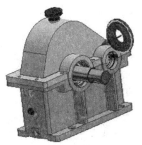

图10-36 选择插入约束的配合面

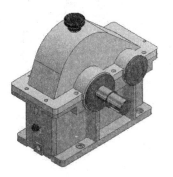

图10-37 安装了端盖的减速器

图10-38 螺栓插入约束示意图

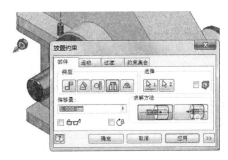

图10-39 螺母插入约束示意图

10.3.4 总结与提示

虽然 Autodesk Inventor 的装配约束有配合、角度、相切、插入和对称 5 种，但是这 5 种装配约束不是毫无关系的，如在插入约束中同时也可以包含端面的配合关系等。另外，在复杂部件装配中，往往一个零件的装配要用到数种装配约束，这时候需要仔细分析零件的实际装配特征，以选择最合适同时也是最精简的装配方式。例如，在减速器上盖的装配中，由于减速器的箱盖和下箱体存在一个明显的配合关系，读者往往马上就会想到首先添加一个配合的装配约束，然后添加了配合的装配约束之后，还需要添加两个插入装配约束来限定箱盖的装配位置，于是第一个配合的装配约束就成了画蛇添足之笔，毫无用处。所以在进行零件设计与装配的时候，既要考虑零部件的真实特征，又要对软件的使用方法有全面的了解，只有才可以有效地防止顾此失彼的现象。

第 11 章

零部件设计加速器

设计加速器是在装配模式中运行的，可以用来对零部件进行设计和计算。它是 Autodesk Inventor 功能设计中的一个重要组件，可以进行工程计算、设计使用标准零部件或创建基于标准的几何图元。有了这个功能，可以节省大量设计和计算的时间，这也是被称为设计加速器的原因。设计加速器包括紧固件生成器、动力传动生成器和机械计算器等。

精彩内容

◉ 紧固件生成器
◉ 弹簧
◉ 动力传动生成器

11.1　紧固件生成器

　　紧固件联接包括螺栓联接和销联接等，可以通过输入简单或详细的机械属性来自动创建符合机械原理的零部件。例如，使用螺栓联接生成器一次插入一个螺栓联接，将零部件装配在一起。

11.1.1　螺栓连接

　　使用螺栓联接零部件生成器可以设计和检查承受轴向力或切向力载荷的预应力的螺栓联接。在指定要求的工作载荷后选择适当的螺栓联接，执行螺栓联接强度计算和校核（如计算和校核在连接和紧固过程中螺纹的压力和螺栓应力）。

　　1．插入螺栓联接的操作步骤

　　1）单击【设计】标签栏【紧固】面板中的【螺栓联接】按钮 ，打开【螺栓联接零部件生成器】对话框，如图11-1所示。

> ⚠ **注意**
>
> 　　若要使用螺栓联接生成器插入螺栓联接，部件必须至少包含一个零部件（这是放置螺栓联接所必需的条件）。

图11-1　【螺栓联接零部件生成器】对话框

　　2）在【类型】区域中，选择螺栓联接的类型（如果部件仅包含一个零部件，则选择【贯通】联接类型）。

　　3）从【放置】下拉列表中选择放置类型。

- 【线性】：通过选择两条线性边来指定放置。
- 【同心】：通过选择环形边来指定放置。
- 【参考点】：通过选择一个点来指定放置。
- 【随孔】：通过选择孔来指定放置。

4）指定螺栓联接的位置。根据选择的放置类型，系统会提示指定起始平面、边、点、孔和终止平面等，显示的选项取决于所选的放置类型。图11-2 所示为指定螺栓联接的位置。

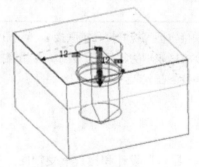

图11-2　指定螺栓联接的位置

5）指定螺栓联接的放置类型，以选择用于螺栓联接的紧固件。螺栓联接生成器根据【设计】选项卡左侧指定的放置过滤紧固件选择。当未确定放置类型时，【设计】选项卡右侧的紧固件选项不会启用。

6）将螺栓联接插入到包含两个或多个零部件的部件中，并选择【盲孔】联接类型。在【放置】区域中，系统将提示选择【盲孔起始平面】（而不是【终止平面】）来指定盲孔的起始位置。

7）在【螺纹】区域中，从【螺纹】下拉列表中指定螺纹类型，然后选择直径尺寸，如图 11-3 所示

8）选择【单击以添加紧固件】以连接到可从中选择零部件的资源中心，选择螺栓件。最后生成的螺栓联接如图 11-4 所示。

图11-3　【螺栓联接零部件生成器】对话框　　　　图11-4　创建螺栓联接

2．使用线性放置选项插入螺栓联接

选择线性类型的放置以通过选择两条线性边来指定螺栓联接位置。

1）在【设计】选项卡的【放置】区域中，从下拉列表中选择【线性】，如图 11-5 所示。

2）在图形窗口中，选择起始平面，如图 11-6 所示。选择后，将启用其他用于放置的按钮（【线性边 1】、【线性边 2】、【终止方式】）。

3）选择第 1 条线性边，如图 11-7 所示；再选择第 2 条线性边，如图 11-8 所示。

图11-5　选择【线性】类型

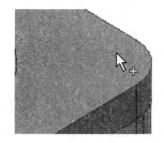

图11-6　选择起始平面

图11-7　选择第 1 条线性边

4）选择终止平面，如图 11-9 所示。

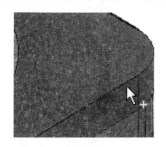

图11-8　选择第2 条线性边

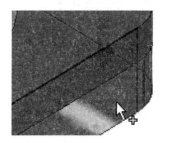

图11-9　选择终止平面

11.1.2　带孔销

带孔销用于机器零件的可分离、旋转联接。通常，这些联接仅传递垂直作用于带孔销轴上的横向力。带孔销通常为间隙配合以构成耦 合联接（杆-U 形夹耦合）。H11/h11、H10/h8、H8/f8、H8/h8、D11/h11、D9/h8 是最常用的配合方式。带孔销联接应通过开口销、软制安全环、螺母、调整环等来确保无轴向运动。标准化的带孔销可以加工头也可以不加工头，但无论哪种情况，都应为开口销提供孔。

1．插入整个带孔销联接的操作步骤

1）单击【设计】标签栏【紧固】面板中的【带孔销】按钮，打开【带孔销零部件生成器】对话框，如图 11-10 所示。

图11-10　【带孔销零部件生成器】对话框

2）从【放置】区域的下拉列表中选择放置类型，放置方式与螺栓联接方式相同。

3）【直径】：指定放置销的直径。

4）选择【单击以添加销】以连接到可从中选择零部件的资源中心，选择带孔销类型，如图 11-11 所示。

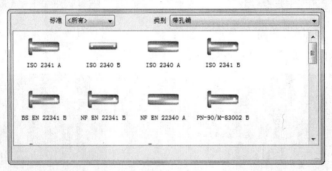

图11-11　资源中心

必须连接到资源中心，并且必须在计算机上对资源中心进行配置，才能选择带孔销。

5）单击【确定】按钮完成插入带孔销的操作。

可以切换至【计算】选项卡，以执行计算和强度校核。单击【计算】按钮即可执行计算。

2. 编辑带孔销

1）打开已插入设计加速器带孔销的 Autodesk Autodesk Inventor 部件。

2）选择带孔销，单击鼠标右键，在弹出的快捷菜单中选择【使用设计加速器进行编辑】选项。

3）编辑带孔销。可以更改带孔销的尺寸或更改计算参数。如果更改了计算值，则需选择【计算】选项卡查看是否通过强度校核。计算结果会显示在【结果】区域中。导致计算失败的输入将以红色显示（它们的值与插入的其他值或计算标准不符）。计算报告会显示在【消息摘要】区域中，单击【计算】和【设计】选项卡右下角的 V 形按钮即可显示该区域。

4）单击【确定】按钮完成修改。

11.1.3 安全销

安全销用于使两个机械零件之间形成牢靠且可拆开的联接，可确保零件的位置正确，消除横向滑动力。

1. 插入整个安全销联接的操作步骤

1）单击【设计】标签栏【紧固】面板中的【安全销】按钮，打开【安全销零部件生成器】对话框，如图 11-12 所示。

图11-12　【安全销零部件生成器】对话框

2）从【类型】区域中选择孔类型。包括贯通联接类型和锥形孔。

3）从【放置】区域的下拉列表中选择放置类型，包括线性、同心、参考点和随孔。

4）输入销直径。

5）选择【单击以添加销】选项，从资源中心中选择安全销类型。

注 意

必须连接到资源中心，并且必须在计算机上对资源中心进行配置，才能选择安全销。

6）单击【确定】按钮完成插入安全销的操作。

注 意

在【计算】选项卡中，可以执行计算和强度校核。单击【计算】按钮即可执行计算。

2．编辑安全销

1）打开已插入设计加速器安全销的 Autodesk Autodesk Inventor 部件。

2）选择安全销，单击鼠标右键，弹出快捷菜单，然后选择【使用设计加速器进行编辑】选项。

3）编辑安全销。可以更改安全销的尺寸和计算参数。如果更改了计算值，可选择【计算】选项卡查看是否通过强度校核。计算结果会显示在【结果】区域中。导致计算失败的输入将以红色显示（它们的值与插入的其他值或计算标准不符）。计算报告会显示在【消息摘要】区域中，单击【计算】和【设计】选项卡右下角的 V 形按钮即可显示该区域。

4）单击【确定】按钮完成修改。

3．计算安全销

1）单击【设计】标签栏【紧固】面板中的【安全销】按钮 ，打开【安全销零部件生成器】对话框。

2）在【设计】选项卡上选择【单击以添加销】选项，从资源中心中选择安全销。可在【零部件】区域中，单击编辑字段旁边的箭头。选择标准和安全销。

注 意

必须连接到资源中心，并且必须在计算机上对资源中心进行配置，才能选择安全销。

3）切换到【计算】选项卡。

4）选择强度计算类型。

5）输入计算值。可以在编辑字段中直接更改值和单位。

6）单击【计算】按钮执行计算。计算结果会显示在【结果】区域中。导致计算失败的输入将以红色显示（它们的值与插入的其他值或计算标准不符）。计算报告会显示在【消息摘要】区域中，单击【计算】和【设计】选项卡右下角的 V 形按钮即可显示该区域。

7）如果计算结果与设计相符，则单击【确定】按钮完成计算。

11.1.4　实例——为减速器安装螺栓

本实例我们将利用设计加速器快速地为减速器安装螺栓，如图 11-13 所示。

1．打开文件

运行 Autodesk Inventor，单击【快速入门】工具栏中的【打开】按钮 ，在弹出的【打开】对话框中选择"减速器. iam"装配文件，单击【打开】按钮，打开减速器装配文件，如图 11-14 所示。

2．添加螺钉

单击【设计】标签栏【紧固】面板中的【螺栓联接】按钮 ，打开【螺栓联接零部件生成器】对话框,选择【贯通】连接类型 ,选择【同心】放置方式。

选择箱体的安装孔下表面为起始平面,选择安装孔的圆形边线为圆形参考,选择箱盖的上表面为终止平面,如图 11-15 所示。

图11-13　安装螺栓

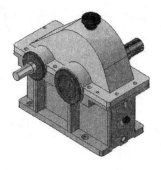

图11-14　打开减速器装配文件

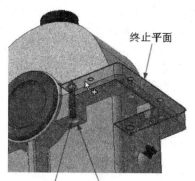

图11-15　选择放置面

在对话框中选择【GB Metric profile】螺纹类型,直径为12mm,选择【单击以添加紧固件】选项,连接到零部件的资源中心,选择【六角头螺栓】类别,在列表中选择【螺栓 GB/T 5780-2000】类型,如图 11-16 所示。

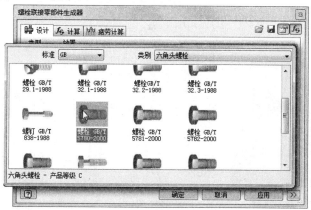

图11-16　选择螺钉

在对话框添加的螺栓下方选择【单击以添加紧固件】选项，连接到零部件的资源中心，选择【垫圈 GB/T 95-2002】类型，如图 11-17 所示。完成垫圈的选择后返回到【螺栓联接零部件生成器】对话框。

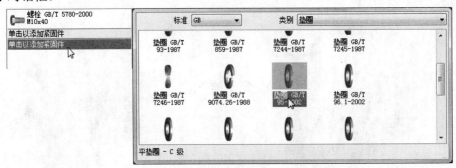

图11-17 选择垫圈

在对话框添加的垫圈下方选择【单击以添加紧固件】选项，连接到零部件的资源中心，选择【螺母】类别，在列表框中选择【螺母 GB/T 6170-2000】类型，如图 11-18 所示。完成螺母的选择后返回到【螺栓联接零部件生成器】对话框。

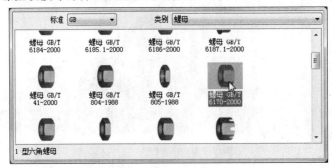

图11-18 选择螺母

在视图中可以拖动箭头调整螺栓的长度，如图 11-19 所示。在本例中采用默认设置，此时对话框如图 11-20 所示。单击【确定】按钮，完成第一个螺栓的添加，如图 11-21 所示。

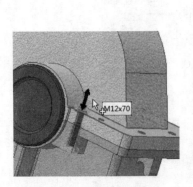

图11-19 调整螺栓长度

图11-20 【螺栓联接零部件生成器】对话框

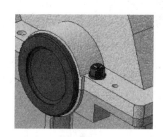

图11-21　添加第一个螺栓

重复步骤2，在减速器上添加同侧的其他2个螺栓，然后将安装的螺栓镜像，生成另一侧的螺栓，结果如图 11-13 所示。

11.2　弹簧

弹簧可在外力作用下发生形变，除去外力后又恢复原状。弹簧包括压缩弹簧、拉伸弹簧、碟形弹簧和扭簧等。在 Autodesk Inventor 中弹簧可以通过设计加速器直接生成。

11.2.1　压缩弹簧

压缩弹簧零部件生成器计算具有其他弯曲修正的水平压缩。

1）单击【设计】标签栏【弹簧】面板上的【压缩】按钮，弹出如图 11-22 所示的【压缩弹簧零部件生成器】对话框。

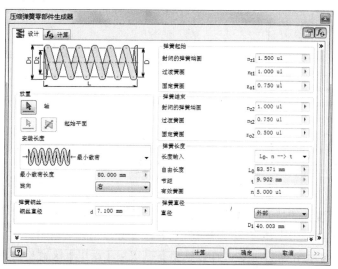

图11-22　【压缩弹簧零部件生成器】对话框

2）选择轴和起始平面放置弹簧。

3）输入弹簧参数。

4）单击【计算】按钮进行计算，计算结果会显示在【结果】区域里。导致计算失败的输入将以红色显示，即它们的值与插入的其他值或计算标准不符。

5）单击【确定】按钮，将压缩弹簧（见图 11-23）插入到 Autodesk Autodesk Inventor 部件中。

图11-23　压缩弹簧

11.2.2　拉伸弹簧

拉伸弹簧零部件生成器专门用于计算带其他弯曲修正的水平拉伸。

1）单击【设计】标签栏【弹簧】面板上的【拉伸】按钮，弹出如图 11-24 所示的【拉伸弹簧零部件生成器】对话框。

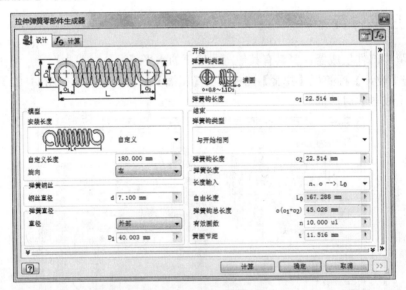

图11-24　【拉伸弹簧零部件生成器】对话框

2）选择用于所设计的拉伸弹簧的选项，输入弹簧参数。

3）在【计算】选项卡中选择强度计算类型并设置载荷与弹簧材料。

4）单击【计算】按钮进行计算，计算结果会显示在【结果】区域里，导致计算失败的输入将以红色显示，即它们的值与插入的其他值或计算标准不符。

5）单击【确定】按钮，将拉伸弹簧（见图 11-25）插入到 Autodesk Inventor 部件中。

图11-25　拉伸弹簧

11.2.3　碟形弹簧

碟形弹簧可用于承载较大的载荷而只产生较小的变形。它们可以单独使用，也可以成组使用。组合弹簧具有以下装配方式：

● 叠合组合（依次装配弹簧）。

● 对合组合（反向装配弹簧）。

● 复合组合（反向部件依次装配的组合弹簧）。

1．插入独立弹簧

1）单击【设计】标签栏【弹簧】面板上的【碟形】按钮<img>，弹出如图 11-26 所示的【碟形弹簧生成器】对话框。

图11-26　【碟形弹簧生成器】对话框

2）从【弹簧类型】下拉列表中选择适当的标准弹簧类型。

3）从【单片弹簧尺寸】下拉列表中选择弹簧尺寸。

4）选择轴和起始平面放置弹簧。

5）单击【确定】按钮，将碟形弹簧（见图 11-27）插入到 Autodesk Autodesk Inventor 部件中。

2．插入碟形组合弹簧

1）单击【设计】标签栏【弹簧】面板上的【碟形】按钮<img>，弹出如图 11-26 所示的【碟形弹簧生成器】对话框。

2）从【弹簧类型】下拉列表中选择适当的标准弹簧类型。

3）从【单片弹簧尺寸】下拉列表中选择弹簧尺寸。

4）选择轴和起始平面放置弹簧。

5）选择【组合弹簧】复选框，选择组合弹簧类型，然后输入对合弹簧数和叠合弹簧数。

6）单击【确定】按钮，将碟形组合弹簧（见图11-28）插入到 Autodesk Autodesk Inventor 部件中。

图11-27 碟形弹簧 图11-28 碟形组合弹簧

11.2.4 扭簧

扭簧零部件生成器用于设计和校核由冷成形线材或由环形剖面的钢条制成的螺旋扭簧。

扭簧有以下四种基本弹簧状态：

- 自由：弹簧未加载（指数 0）。
- 预载：弹簧指数应用最小的工作扭矩（指数 1）。
- 完全加载：弹簧应用最大的工作扭矩（指数 8）。
- 限制：弹簧变形到实体长度（指数 9）。

1）单击【设计】标签栏【弹簧】面板上的【扭簧】按钮，弹出如图 11-29 所示的【扭簧零部件生成器】对话框。

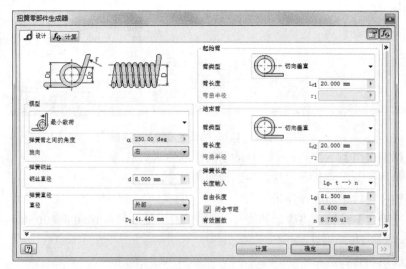

图11-29 【扭簧零部件生成器】对话框

2）在【设计】选项卡中输入弹簧的钢丝直径、臂类型等参数。

3）在【计算】选项卡中输入载荷、弹簧材料等用于扭簧计算的参数。

4）单击【计算】按钮进行计算，计算结果会显示在【结果】区域里。导致计算失败的输入将以红色显示，即它们的值与插入的其他值或计算标准不符。

5）单击【确定】按钮，将扭簧（见图11-30）插入到 Autodesk Autodesk Inventor 部件中。

图11-30　扭簧

11.2.5　实例——弹簧单跳跷玩具

本例安装的弹簧单跳跷玩具如图 11-31 所示安装过程中利用了设计加速器安装弹簧。

图11-31　弹簧单跳跷

1．新建文件

运行 Autodesk Inventor，单击【快速入门】工具栏中的【新建】按钮，在弹出的【新建文件】对话框【Templates】选项卡中的零件下拉列表中选择【Standard.iam】选项，如图 11-32 所示。单击【创建】按钮，新建一个装配文件，创建完成后，保存文件，保存名称为"弹簧单

317

跳跷"。

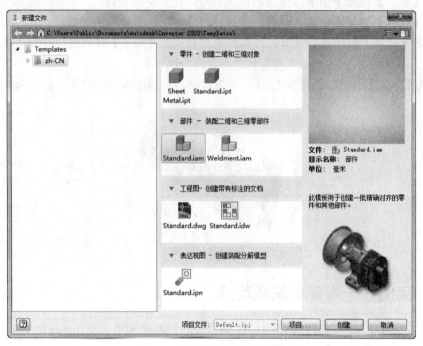

图11-32【新建文件】对话框

2. 装入跳跳杆

单击【装配】选项卡【零部件】面板上的【放置】按钮，打开如图 11-33 所示的【装入零部件】对话框，选择"跳跳杆"零件，单击【打开】按钮，装入跳跳杆。单击鼠标右键，在弹出的如图 11-34 所示的快捷菜单中选择【在原点处固定放置】选项，则零件的坐标与部件的坐标原点重合。再次单击鼠标右键，在弹出的如图 11-35 所示的快捷菜单中选择【确定】选项，完成跳跳杆的放置，如图 11-36 所示。

图11-33 【装入零部件】对话框

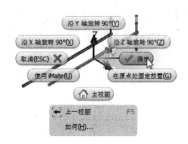

图11-34 快捷菜单1　　　　　　　　图11-35 快捷菜单2

3.放置地脚

单击【装配】选项卡【零部件】面板上的【放置】按钮，打开【装入零部件】对话框，选择"地脚"零件，单击【打开】按钮，装入地脚，将其放置到视图中的适当位置。单击鼠标右键，在弹出的快捷菜单中选择【确定】选项，完成地脚的放置，如图 11-37 所示。

图 11-36　放置跳跳杆　　　　　　　　图 11-37　放置地脚

4.装配地脚

单击【装配】选项卡【位置】面板上的【约束】按钮，打开【放置约束】对话框，选择【插入】类型，在视图中选取如图 11-38 所示的地脚内圆底边和跳跳杆底边，设置偏移量为0mm，设置【求解方法】为【反向】，单击【确定】按钮完成地脚的装配。

地脚内圆底边

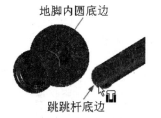

跳跳杆底边

图11-38　装配地脚

5.放置脚踏板

单击【装配】选项卡【零部件】面板上的【放置】按钮，打开【装入零部件】对话框，选择"脚踏板"零件，单击【打开】按钮，装入脚踏板，将其放置到视图中的适当位置。单击鼠标右键，在弹出的快捷菜单中选择【确定】选项，完成脚踏板的放置，如图 11-39 所示。

319

6. 装配脚踏板

单击【装配】选项卡【位置】面板上的【约束】按钮，打开【放置约束】对话框，选择【配合】类型，在视图中选取如图 11-40 所示的脚踏板内孔面和跳跳杆圆柱面，设置偏移量为 0mm，设置【求解方法】为【反向】，单击【确定】按钮完成脚踏板的装配。

图 11-39　放置脚踏板

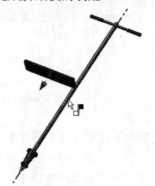

图 11-40　装配脚踏板

7. 添加弹簧

单击【设计】选项卡【弹簧】面板上的【压缩】按钮，弹出如图 11-41 所示的【压缩弹簧零部件生成器】对话框。如图 11-42 所示选择跳跳杆圆柱面为轴，选择地脚上部平面为起始平面放置弹簧。在【压缩弹簧零部件生成器】对话框中设置【钢丝直径】为 8mm、【自由长度】为 450mm、【有效簧圈】为 20，单击【计算】按钮，查看设计参数是否有误。若无误单击【确定】按钮，完成弹簧的添加，如图 11-43 所示。

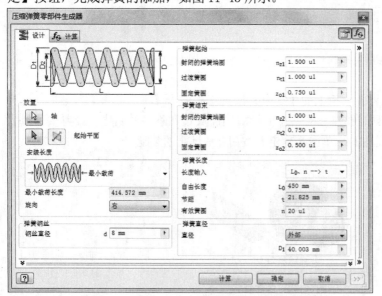

图 11-41　【压缩弹簧零部件生成器】对话框

图 11-42　选择轴和起始平面

8. 装配完成

单击【装配】选项卡【位置】面板上的【约束】按钮，打开【放置约束】对话框，选择【配合】类型，在视图中选取弹簧的另一个端面和脚踏板底面，设置偏移量为 0mm，单击【确定】

按钮。完成弹簧单跳跷玩具的安装，如图 11-31 所示。

图11-43 添加弹簧

11.3 动力传动生成器

利用动力传动生成器可以直接生成轴、圆柱齿轮、蜗轮、轴承、V 带和凸轮等动力传动部件，如图 11-44 所示为动力传动生成器面板。

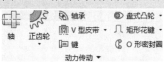

图11-44 动力传动生成器面板

11.3.1 轴生成器

使用轴生成器可以直接设计轴的形状、计算校核及在 Autodesk Autodesk Inventor 中生成轴的模型。创建的轴需要由不同的特征（倒角、圆角、颈缩等）和截面类型（圆柱、圆锥和多边形）装配而成。

使用轴生成器可执行以下操作：

● 设计和插入带有无限多个截面（圆柱、圆锥、多边形）和特征（圆角、倒角、螺纹等）的轴。

● 设计空心形状的轴。

● 将特征（倒角、圆角、螺纹）插入内孔。

● 分割轴圆柱并保留轴截面的长度。

● 将轴保存到模板库。

● 向轴设计添加无限多个载荷和支承。

【轴生成器】对话框由【设计】（见图 11-45）、【计算】（见图 11-46）和【图形】（见图 11-47）三个选项卡组成，各选项卡可分别实现不同的功能。

图11-45 【设计】选项卡

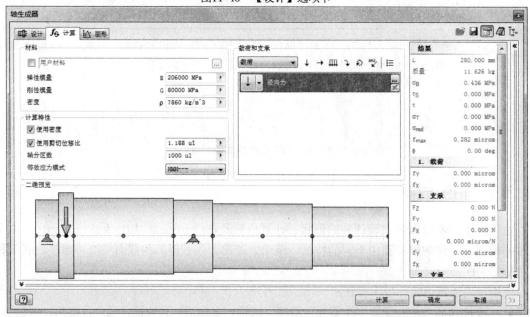

图11-46 【计算】选项卡

1. 设计轴的步骤

1）单击【设计】标签栏【动力传动】面板上的【轴】按钮，弹出如图 11-48 所示的【轴生成器】对话框。

2）在【放置】区域中，可以根据需要指定轴在部件中的放置。使用轴生成器设计轴时不需要放置。

3）在【截面】区域中的下拉列表中选择轴的形状。根据选择，工具栏中将显示命令。

a. 选择【截面】以插入轴特征和截面。

b. 选择【右侧的内孔】/【左侧的内孔】可以设计中空轴形状。

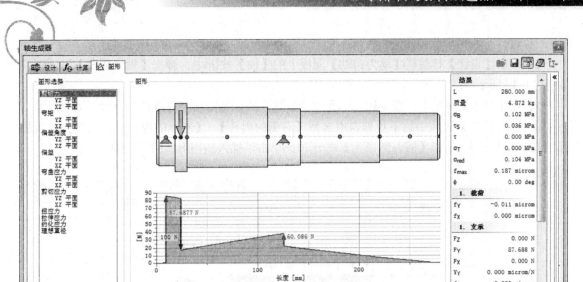

图11-47　【图形】选项卡

4）从【轴生成器】对话框中的中部区域工具栏中选择命令（【插入圆锥】 、【插入圆柱】 、【插入多边形】 ）以插入轴截面。选定的截面将显示在下方。

5）可以在工具栏中单击【选项】按钮 ，设定三维图形预览和二维预览的选项。

6）单击【确定】按钮，将轴插入 Autodesk Inventor 部件中。

图11-48　【轴生成器】对话框

 注 意

可以切换至【计算】选项卡，以设置轴材料和添加载荷和支承。

2. 设计空心轴形状的步骤

1) 单击【设计】标签栏【动力传动】面板上的【轴】按钮，弹出【轴生成器】对话框，如图 11-49 所示。

2) 在【放置】区域中，指定轴在部件中的放置方式。使用轴生成器设计轴时不需要放置。

3) 在【截面】区域中的下拉列表中选择【右侧的内孔】/【左侧的内孔】。工具栏上将显示【插入圆柱孔】和【插入圆锥孔】选项。单击以插入适当形状的空心轴。

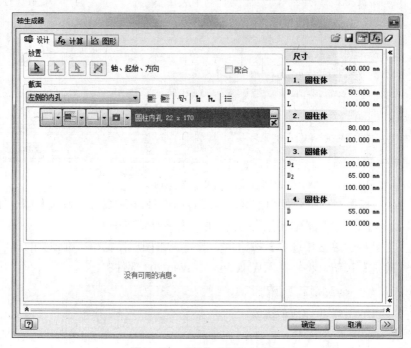

图11-49　【轴生成器】对话框

4) 在树控件中选择内孔，然后单击【更多】编辑尺寸；或在树控件中选择内孔，然后单击【删除】删除内孔。

5) 单击【确定】按钮，将轴插入 Autodesk Inventor 部件中。

11.3.2　正齿轮

利用正齿轮零部件生成器，可以计算外部和内部齿轮传动装置（带有直齿和螺旋齿）的尺寸并校核其强度。它包含的几何计算可设计不同类型的变位系数分布，包括滑动补偿变位系数。正齿轮零部件生成器可以计算、检查尺寸和载荷力，并可以执行强度校核。

【正齿轮零部件生成器】对话框包含【设计】（见图 11-50）和【计算】（见图 11-51）两个选项卡，分别具有不同的功能。

1. 插入一个正齿轮的创建步骤

1) 单击【设计】标签栏【动力传动】面板上的【正齿轮】按钮，弹出如图 11-50 所示的【正齿轮零部件生成器】对话框。

图11-50 【设计】选项卡

图11-51 【计算】选项卡

2）在【常用】区域中输入值。

3）在【齿轮 1】区域的下拉列表中选择【零部件】，输入齿轮参数。

4）在【齿轮2】区域的下拉列表中选择【无模型】。

5）单击【确定】按钮完成创建插入一个正齿轮的操作。

 注 意

用于计算齿形的曲线被简化。

2．插入两个正齿轮的步骤

使用圆柱齿轮生成器，一次最多可以插入两个齿轮。

1）单击【设计】标签栏【动力传动】面板上的【正齿轮】按钮，弹出【正齿轮零部件生成器】对话框。

2）在【常用】区域中输入值。

3）在【齿轮 1】区域的下拉列表中选择【零部件】，输入齿轮参数。

4）在【齿轮2】区域的下拉列表中选择【零部件】，输入齿轮参数。

5）单击【确定】按钮完成插入两个正齿轮的操作。

3．计算圆柱齿轮的步骤

1）单击【设计】标签栏【动力传动】面板上的【正齿轮】按钮，弹出【正齿轮零部件生成器】对话框。

2）在【设计】选项卡上选择要插入的齿轮类型（零部件或特征）。

3）从下拉列表中选择相应的【设计向导】选项，然后输入值。可以在编辑字段中直接更改值和单位。

注 意

单击【设计】选项卡右下角的【更多】按钮，打开【更多选项】区域，可以在其中选择其他计算选项。

4）在【计算】选项卡上，从下拉列表中选择相应【强度计算方法】选项，并输入值以执行强度校核。

5）单击【系数】按钮以显示一个对话框，可以在其中更改选定的强度计算方法的系数。

6）单击【精度】按钮以显示一个对话框，可以在其中更改精度设置。

7）单击【计算】按钮进行计算。

8）计算结果会显示在【结果】区域中。导致计算失败的输入将以红色显示（它们的值与插入的其他值或计算标准不符）。计算报告会显示在【消息摘要】区域中，单击【计算】选项卡右下角的 V 形按钮即可显示该区域。

9）单击【结果】按钮以显示含有计算的值的 HTML 报告。

10）单击【确定】按钮完成计算圆柱齿轮的操作。

4．根据已知的参数设计齿轮组

可使用正齿轮零部件生成器将齿轮模型插入到部件中。当已知所有参数，并且希望仅插入模型而不执行任何计算或重新计算值时，可以使用以下设置插入一个或两个齿轮：

1）单击【设计】标签栏【动力传动】面板上的【正齿轮】按钮，弹出【正齿轮零部件生成器】对话框。

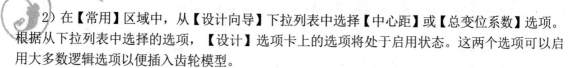

2）在【常用】区域中，从【设计向导】下拉列表中选择【中心距】或【总变位系数】选项。根据从下拉列表中选择的选项，【设计】选项卡上的选项将处于启用状态。这两个选项可以启用大多数逻辑选项以便插入齿轮模型。

3）设定需要的值，如压力角、螺旋角或模数。

4）在【齿轮 1】和【齿轮2】区域的下拉列表中选择【零部件】、【特征】或【无模型】。

5）单击右下角的【更多】按钮，以插入更多计算值和标准。

6）单击【确定】按钮即可将齿轮组插入到部件中。

11.3.3 蜗轮

利用蜗轮零部件生成器，可以计算蜗轮传动装置（普通齿或螺旋齿）的尺寸、力比例和载荷。它包含对中心距的几何计算或基于中心距的计算，以及传动比的计算，以此来进行蜗轮变位系数设计。

蜗轮零部件生成器可对主要产品计算并校核尺寸、载荷力的大小、蜗轮与蜗杆材料的最小要求，并基于 CSN 与 ANSI 标准执行强度校核。【蜗轮零部件生成器】对话框包含【设计】（见图 11-52）和【计算】（见图 11-53）两个选项卡，分别具有不同的功能。

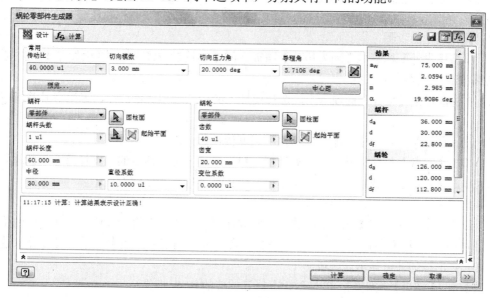

图11-52 【设计】选项卡

1．插入一个蜗轮的步骤

1）单击【设计】标签栏【动力传动】面板上的【蜗轮】按钮，弹出如图 11-52 所示的【蜗轮零部件生成器】对话框。

2）在【常用】区域中输入值。

3）在【蜗轮】区域中的下拉列表中选择【零部件】，输入齿轮参数。

4）在【蜗杆】区域中的下拉列表中选择【无模型】。

5）单击【确定】按钮完成插入一个蜗轮的操作。

图11-53　【计算】选项卡

2．计算蜗轮的步骤

1）单击【设计】标签栏【动力传动】面板上的【蜗轮】按钮 ，弹出如图 11-53 所示的【蜗轮零部件生成器】对话框。

2）在生成器的【设计】选项卡中，选择要插入的齿轮类型（零部件、无模型）并指定齿轮数。

3）在【计算】选项卡中，输入值以执行强度校核。

4）单击【系数】按钮以显示一个对话框，可以在其中更改选定的强度计算方法的系数。

5）单击【精度】按钮以显示一个对话框，可以在其中更改精度设置。

6）单击【计算】按钮，开始计算。

7）计算结果会显示在【结果】区域中。导致计算失败的输入将以红色显示（它们的值与插入的其他值或计算标准不符）。计算报告会显示在【消息摘要】区域中，单击【计算】选项卡右下角的 V 形按钮即可显示该区域。

8）单击 【结果】按钮 ，以显示含有计算的值的 HTML 报告。

9）单击【确定】按钮完成计算蜗轮的操作。

11.3.4 锥齿轮

锥齿轮零部件生成器用于计算锥齿轮传动装置（带有直齿和螺旋齿）的尺寸，并可以进行强度校核。它包含的几何计算可设计不同类型的变位系数分布，包括滑动补偿变位系数。

该生成器将根据 Bach、Merrit、CSN 01 4686、ISO 6336、DIN 3991、ANSI/AGMA 2001-D04:2005 或旧 ANSI 计算所有主要产品、校核尺寸以及载荷力大小，并执行强度校核。

【锥齿轮零部件生成器】对话框包含【设计】（见图11-54）和【计算】（见图11-55）两个选项卡，分别具有不同的功能。

图11-54 【设计】选项卡

图11-55 【计算】选项卡

1. 插入一个锥齿轮的步骤

1）单击【设计】标签栏【动力传动】面板上的【锥齿轮】按钮，弹出如图11-54所示的【锥齿轮零部件生成器】对话框。

2）在【常用】区域中输入值。

3）在【齿轮 1】区域中的下拉列表中选择【零部件】选项，输入齿轮参数。

4）在【齿轮 2】区域中的下拉列表中选择【无模型】选项。

5）单击【确定】按钮完成插入一个锥齿轮的操作。

2．插入两个锥齿轮的步骤

1）单击【设计】标签栏【动力传动】面板上的【锥齿轮】按钮 ，弹出如图 11-54 所示的【锥齿轮零部件生成器】对话框。

2）在【常用】区域中插入值。

3）在【齿轮 1】区域中的下拉列表中选择【零部件】选项，输入齿轮参数。

4）在【齿轮 2】区域中的下拉列表中选择【零部件】选项，输入齿轮参数。

5）选择所有两个圆柱面，因为齿轮会自动啮合在一起。

6）单击【确定】按钮完成插入两个锥齿轮的操作。

3．计算锥齿轮的步骤

1）单击【设计】标签栏【动力传动】面板上的【锥齿轮】按钮 ，弹出如图 11-54 所示的【锥齿轮零部件生成器】对话框。

2）在【设计】选项卡上，选择要插入的齿轮类型（零部件、无模型）并指定齿轮数。

3）在【计算】选项卡中，输入值以进行强度校核。

4）单击【系数】按钮以显示一个对话框，可以在其中更改选定的强度计算方法的系数。

5）单击【精度】按钮以显示一个对话框，可以在其中更改精度设置。

6）单击【计算】按钮，开始计算。

7）计算结果会显示在【结果】区域中。导致计算失败的输入将以红色显示（它们的值与插入的其他值或计算标准不符）。计算报告会显示在【消息摘要】区域中，单击【计算】选项卡右下角的 V 形按钮即可显示该区域。

8）单击【结果】按钮 ，以显示含有计算的值的 HTML 报告。

9）单击【确定】按钮完成计算锥齿轮的操作。

11.3.5　轴承

轴承生成器用于计算滚子轴承和球轴承。其包含完整的轴承参数设计和计算。计算参数及其表达都保存在工程图中，可以随时重新开始计算。使用滚动轴承生成器可以在【设计】选项卡上根据输入条件（轴承类型、外径、轴直径、轴承宽度）选择轴承。也可以在【计算】选项卡上设置计算轴承的参数。例如，执行强度校核（静态和动态载荷）、计算调整后的轴承寿命，选择符合计算标准和要求的寿命的轴承。

【轴承生成器】对话框包含【设计】（见图 11-56）和【计算】（见图 11-57）两个选项卡，分别具有不同的功能。

1．插入轴承的步骤

1）单击【设计】标签栏【动力传动】面板上的【轴承】按钮 ，弹出如图 11-56 所示的【轴承生成器】对话框。

2）选择轴的圆柱面和起始平面。轴的直径值将自动插入到【设计】选项卡中。

3）从【资源中心】中选择轴承的类型。若要打开资源中心，可单击【族】/【类别】编辑字段旁边的箭头。

4）根据选择的【族】/【类别】并指定轴承过滤器值，与标准相符的轴承列表将显示在【设

计】选项卡的下半部分。

图11-56 【设计】选项卡

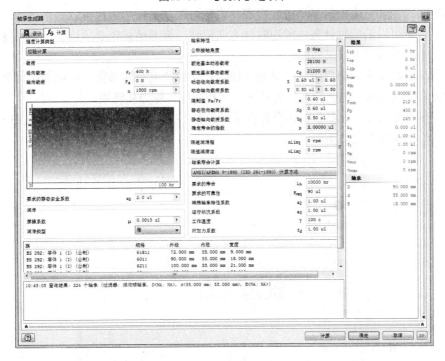

图11-57 【计算】选项卡

5）在列表中，单击选择适当的轴承。选择的结果将显示在选择列表上方的字段中，并且单击【确定】按钮将可用。

5）单击【确定】按钮完成插入轴承的操作。

2．计算轴承的步骤

1）单击【设计】标签栏【动力传动】面板上的【轴承】按钮，弹出如图11-56所示的【轴承生成器】对话框。

2）在【设计】选项卡上选择轴承。

3）切换到【计算】选项卡，选择强度计算的方法。

4）输入计算值。可以在编辑字段中直接更改值和单位。

5）单击【计算】按钮进行计算。

6）计算结果会显示在【结果】区域中。导致计算失败的输入将以红色显示（它们的值与插入的其他值或计算标准不符）。不满足条件的结果说明显示在【消息摘要】区域中，单击【计算】选项卡右下角的 V 形按钮即可显示该区域。

7）单击【确定】按钮完成计算轴承的操作。

11.3.6　V 带

使用 V 带零部件生成器可设计和分析在工业中使用的机械动力传动。V 带零部件生成器用于设计两端连接的 V 带。这种传动只能是所有皮带轮毂都平行的平面传动。并不考虑任何不对齐的带轮。皮带中间平面是皮带坐标系的 XY 平面。

动力传动理论上可由无限多个带轮组成。带轮可以是带槽的，也可以是平面的。相对于右侧坐标系，皮带可以沿顺时针方向或逆时针方向旋转。带凹槽带轮必须位于皮带回路内部。张紧轮可以位于皮带回路内部或外部。

第一个带轮被视为驱动皮带轮。其余带轮为从动带轮或空转带轮。可以使用每个带轮的功率比系数在多个从动带轮之间分配输入功率，并相应地计算力和转矩。

【V 型皮带零部件生成器】对话框包含【设计】（见图 11-58）和【计算】（见图 11-59）两个选项卡，分别具有不同的功能。

图11-58　【设计】选项卡

图11-59 【计算】选项卡

1. 设计使用两个带轮的带传动的步骤

1）单击【设计】标签栏【动力传动】面板上的【V 型皮带】按钮，弹出如图 11-58 所示的【V 型皮带零部件生成器】对话框。

2）选择皮带轨迹的基础中间平面。

3）单击【皮带】编辑字段旁边的下拉箭头以选择皮带。

4）添加两个带轮。第一个带轮始终为驱动轮。

5）通过拖动带轮中心处的夹点来指定每个带轮的位置。

6）通过拖动夹点或使用【皮带轮特性】对话框指定带轮直径。

7）单击【确定】按钮生成皮带传动。

2. 设计使用三个带轮的带传动的步骤

1）单击【设计】标签栏【动力传动】面板上的【V 型皮带】按钮，弹出如图 11-58 所示的【V 型皮带零部件生成器】对话框。

2）选择皮带轨迹的基础中间平面。

3）单击【皮带】编辑字段旁边的下拉箭头以选择皮带。

4）添加 3 皮带轮。第一个带轮始终为驱动轮。

5）通过拖动带轮中心处的夹点来指定每个带轮的位置。

6）通过拖动夹点或使用【皮带轮特性】对话框指定带轮直径。

7）打开【皮带轮特性】对话框以确定功率比。如果带轮的功率比为 0.0，则认为该带轮是空转轮。

8）单击【确定】按钮生成皮带传动。

11.3.7 凸轮

可使用盘式凸轮零部件生成器设计和计算平动臂或摆动臂类型从动件的盘式凸轮、线性凸轮和圆柱凸轮。可以完整地计算和设计凸轮参数，并可使用运动参数的图形结果。

这些生成器可根据最大行程、加速度、速度或压力角等凸轮特性来设计凸轮。

【盘式凸轮零部件生成器】对话框包含【设计】（见图 11-60）和【计算】（见图 11-61）两个选项卡，分别具有不同的功能。

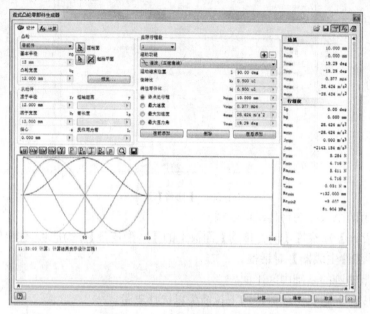

图11-60 【设计】选项卡

图11-61 【计算】选项卡

1. 插入盘式凸轮的步骤

1）单击【设计】标签栏【动力传动】面板上的【盘式凸轮】按钮◎，弹出如图 11-60 所示的【盘式凸轮零部件生成器】对话框。

2）在【凸轮】区域中的下拉列表中选择【零部件】选项。

3）在部件中选择圆柱面和起始平面。

4）输入基本半径和凸轮宽度的值。

5）在【从动件】区域中输入从动轮的值。

6）在【实际行程段】区域中选择实际行程段，或通过在图形区域单击选择【1】，然后输入图形值。

7）从下拉列表中选择运动类型。单击【+】（【在前添加】、【在后添加】）按钮可以添加自己的运动，并在【添加运动】对话框中指定运动名称和值。新运动即会添加到运动列表中。若要从列表中删除任何运动，可单击【-】（【删除】）按钮。

8）单击【设计】选项卡右下角的 【更多】按钮，为凸轮设计设定其他选项。

9）单击图形区域上方的 【保存到文件】，将图形数据保存到文本文件。

10）单击【确定】按钮完成插入盘式凸轮的操作。

2．计算盘式凸轮的步骤

1）单击【设计】标签栏【动力传动】面板上的【盘式凸轮】按钮◎，弹出如图 11-60 所示的【盘式凸轮零部件生成器】对话框。

2）在【凸轮】区域中选择要插入的凸轮类型（【零部件】、【无模型】）。

3）插入凸轮和从动轮的值以及凸轮行程段。

4）切换到【计算】选项卡，输入计算值。

5）单击【计算】按钮进行计算。

6）计算结果会显示在【结果】区域中。导致计算失败的输入将以红色显示（它们的值与插入的其他值或计算标准不符）。计算报告会显示在【消息摘要】区域中，单击【计算】选项卡右下角的 V 形按钮即可显示该区域。

7）单击图形区域上方的【设计】标签栏中的 【保存到文件】，将图形数据保存为文本文件。

8）单击右上角的【结果】按钮，打开 HTML 报告。

9）如果计算结果与设计相符，可单击【确定】按钮完成计算盘式凸轮的操作。

11.3.8 矩形花键

矩形花键联接生成器用于矩形花键的计算和设计，可以设计花键轴以及提供强度校核。使用花键联接生成器，可以根据指定的传递转矩确定有效的轮毂长度。可以通过轴上的键对内花键的侧面压力传递切向力，反之亦然。所需的轮毂长度由不能超过槽轴承区域的许用压力这一条件来决定。

矩形花键适用于传递大的循环冲击转矩。实际上，这类联接器最常用的是花键（约占80%）。这种类型的花键可以用于带轮毂圆柱轴的固定联接器和滑动联接器。定心方式是根据工艺、操作及精度要求进行选择的。可以根据内径（很少用）或齿侧面进行定心。直径定心适用于需要较高精度轴承的场合。以侧面定心的联接器具有大载荷的能力,适合承受可变力矩和冲击。【矩形花键联接生成器】对话框包含包含【设计】(见图 11-62)和【计算】(见图 11-63)两个选项卡,分别具有不同的功能。

图11-62 【设计】选项卡

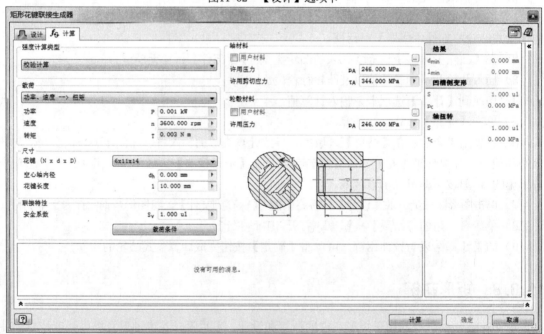

图11-63 【计算】选项卡

1. 设计矩形花键的步骤

1)单击【设计】标签栏【动力传动】面板上的【矩形花键】按钮,弹出如图 11-62 所示的【矩形花键联接生成器】对话框。

2)单击【花键类型】编辑字段旁边的下拉箭头,选择花键。

3)输入花键尺寸。

336

4）指定轴槽的位置。既可以创建新的轴槽，也可以选择现有的轴槽。根据选择的轴槽位置，将启用【轴槽】区域中的放置选项。

5）指定轮毂槽的位置。

6）在【选择要生成的对象】区域中选择要插入的对象。默认情况下会启用这两个选项。

7）单击【确定】按钮，生成矩形花键。

2．计算矩形花键的步骤

1）单击【设计】标签栏【动力传动】面板上的【矩形花键】按钮，弹出如图 11-62 所示的【矩形花键联接生成器】对话框。

2）在【设计】选项卡上单击【花键类型】编辑字段旁边的下拉箭头，选择花键并输入花键尺寸。

3）切换到【计算】选项卡，选择强度计算类型，输入计算值。

4）单击【计算】按钮进行计算。

5）计算结果会显示在【结果】区域中。导致计算失败的输入将以红色显示（它们的值与插入的其他值或计算标准不符）。计算报告会显示在【消息摘要】区域中，单击【计算】和【设计】选项卡右下角的 V 形按钮即可显示该区域。

6）单击【确定】按钮完成计算矩形花键的操作。

11.3.9 O 形密封圈

O 形密封圈零部件生成器可在圆柱和平面（轴向密封）上创建密封和凹槽。如果在柱面上插入密封，则要求杆和内孔具有精确直径。必须在创建圆柱曲面时才能使用 O 形密封圈零部件生成器。

O 形密封圈在多种材料和横截面上可用。仅可用有圆形横截面的 O 形密封圈。不能将材料添加到资源中心中现有的 O 形密封圈。

1．插入径向 O 形密封圈的步骤

1）单击【设计】标签栏【动力传动】面板上的【O 形密封圈】按钮，弹出如图 11-64 所示的【O 形密封圈零部件生成器】对话框。

图11-64 【O形密封圈零部件生成器】对话框

2）选择圆柱面为放置参考面。

3）选择要放置凹槽的平面或工作平面。单击【反向】按钮可更改方向。

4）输入从参考边到凹槽的距离。

5）在【O 形密封圈】区域中，单击此处从资源中心选择零件以选择 O 形密封圈。在【选择零件】下拉菜单中，选择【径向朝外】或【径向朝内】，然后选择 O 形密封圈。

6）单击【确定】按钮完成向部件中插入径向 O 形密封圈。

2．插入轴向 O 形密封圈的步骤

1）单击【设计】标签栏【动力传动】面板上的【O 形密封圈】按钮，弹出如图 11-64 所示的【O 形密封圈零部件生成器】对话框。

2）选择平面或工作平面为放置参考面。

3）选择参考边（圆或弧）、垂直面或垂直工作平面以定位槽。单击【反向】按钮可更改方向。

4）在【O 形密封圈】区域中，单击此处从资源中心选择零件以选择 O 形密封圈。在【选择零件】下拉菜单中，选择【轴向外部压力】或【轴向内部压力】，然后选择 O 形密封圈，凹槽直径基于密封的内径还是外径取决于密封承受的是外部压力还是内部压力。

5）单击【确定】按钮完成部件中插入轴向 O 形密封圈。

11.3.10 实例——传动轴组件

本例创建的传动轴组件如图 11-65 所示。在第 10 章中，我们是利用源文件中提供的传动轴、大圆柱齿轮、轴承和平键进行的传动轴装配，本例我们将利用设计加速器快速地生成传动轴、大圆柱齿轮、平键和轴承，并对它们进行装配。

图11-65 传动轴组件

1．新建文件

单击【快速入门】工具栏上的【新建】按钮，在弹出的【新建文件】对话框中的【Templates】选项卡中的零件下拉列表中选择【Standard.iam】选项，单击【创建】按钮，新建一个装配体文件。

2．保存文件

单击主菜单下的【保存】命令，打开【另存为】对话框，输入文件名为"传动轴组件"，单击【保存】按钮，保存文件。

3．创建传动轴

1）单击【设计】标签栏【动力传动】面板上的【轴】按钮，弹出【轴生成器】对话框，如图 11-66 所示。

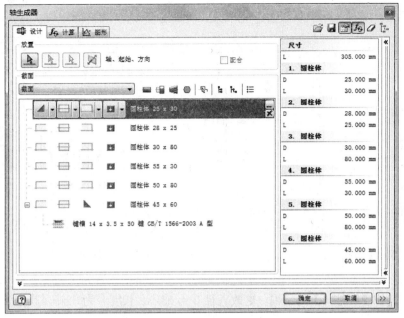

图11-66 【轴生成器】对话框

2）选择第 1 段轴，对第 1 段轴进行配置。单击【第一条边的倒角特征】按钮◢，弹出【倒角】对话框，单击【倒角边长】按钮，输入倒角边长为 2mm，如图 11-67 所示，单击【确定】按钮，返回到【轴生成器】对话框，单击【截面特性】按钮，弹出【圆柱体】对话框，更改直径 D 为 55mm、长度 L 为 18mm，如图 11-68 所示，单击【确定】按钮，返回到【轴生成器】对话框，完成第 1 段轴的设计。

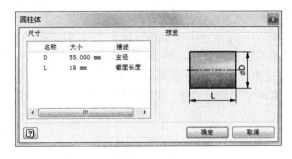

图11-67 【倒角】对话框   图11-68 【圆柱体】对话框

3）选择第 2 段轴，对第 2 段轴进行配置。将第一条边特征设置为【无特征】，单击【截面特性】按钮，弹出【圆柱体】对话框，更改直径 D 为 66mm、长度 L 为 12mm，其他采用默认设置，完成第 2 段轴的设计。

4）选择第 3 段轴，对第 3 段轴进行配置。将第一条边特征设置为【无特征】，单击【截面特性】按钮，弹出【圆柱体】对话框，更改直径 D 为 58mm、长度 L 为 80mm，单击【截面特征】下拉按钮 ▼，打开如图 11-69 所示的下拉列表，选择【添加键槽】选项添加键槽，然后单击【键槽特性】按钮，弹出【键槽】对话框，选择【键 GB/T 1566-2003 A 型】，更改键槽长度 L 为 70mm，更改键槽距离轴端的距离为 5mm，如图 11-70 所示，单击【确定】按钮，返回到【轴生成器】对话框，其他采用默认设置，完成第三段轴的设计。

图11-69 【截面特征】下拉

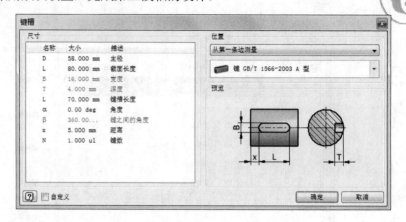

图11-70 【键槽】对话框

5）选择第 4 段轴，对第 4 段轴进行配置.将第一条边特征设置为【无特征】，单击【截面特性】按钮，弹出【圆柱体】对话框，更改直径 D 为 55mm、长度 L 为 32mm，其他采用默认设置，完成第 4 段轴的设计。

6）选择第 5 段轴，对第 1 段轴进行配置。将第一条边特征设置为【无特征】，单击【截面特性】按钮，弹出【圆柱体】对话框，更改直径 D 为 50mm、长度 L 为 78mm，单击【确定】按钮，返回到【轴生成器】对话框，完成第五段轴的设计。

7）选择第 6 段轴，对第 6 段轴进行配置。单击【第二条边的倒角特征】按钮，弹出【倒角】对话框，单击【倒角边长】按钮，输入倒角边长为 2mm，单击【确定】按钮，返回到【轴生成器】对话框，单击【截面特性】按钮，弹出【圆柱体】对话框，更改直径 D 为 45mm、长度 L 为 60mm，然后单击【截面特征】下拉按钮，选择【添加键槽】选项添加键槽，然后单击【键槽特性】按钮，弹出【键槽】对话框，选择【键 GB/T 1566-2003 A 型】，更改键槽长度 L 为 50mm，更改键槽距离轴端的距离为 5mm，单击【确定】按钮，返回到【轴生成器】对话框，其他采用默认设置，完成第六段轴的设计。然后单击【轴生成器】对话框上的【确定】按钮，创建传动轴，如图 11-71 所示。

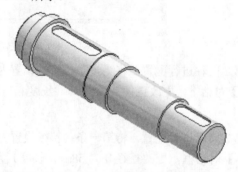

图11-71 创建传动轴

4.创建平键

1）单击【设计】标签栏【动力传动】面板上的【键】按钮，弹出【平键联接生成器】对

话框，如图 11-72 所示。

图11-72 【平键联接生成器】对话框

2）单击类型下拉按钮，加载资源中心，选择【键 GB/T 1566-2003 A 型】，如图 11-73 所示，然后返回到【平键联接生成器】对话框。

图11-73 选择平键

3）在【轴槽】区域中选择【选择现有的】选项，在视图中选择轴上的键槽，然后选择轴圆柱面为圆柱面参考，选择轴端面为起始面并单击【反转到对侧】按钮，调整键的放置方向，在对话框中单击【插入键】按钮，取消【开轮毂槽】按钮的选择，其他采用默认设置，如图 11-74 所示。单击【确定】按钮，完成平键的创建，结果如图 11-75 所示。

5. 创建大圆柱齿轮

1）单击【设计】标签栏【动力传动】面板上的【正齿轮】按钮，弹出【正齿轮零部件生成器】对话框，如图 11-76 所示。

341

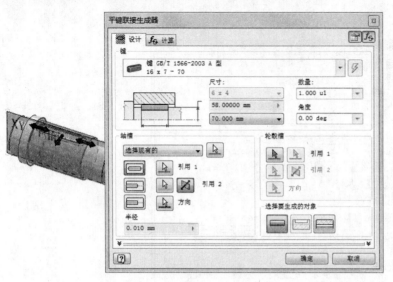

图11-74　键设计参数　　　　　　　　　　　　　图11-75　创建平键

图11-76　【正齿轮零部件生成器】对话框

2）在【正齿轮零部件生成器】对话框中，设置【模数】为4，然后选择第3段轴为【圆柱面】，选择第2段轴的内侧端面为【起始平面】，设置【齿宽】为82，在【齿轮2】区域中设置齿轮2为【无模型】，其他采用默认设置。单击【确定】按钮，生成如图11-77所示的齿轮，由于生成的齿轮不符合设计要求，下面对齿轮进行编辑。

图11-77　生成齿轮

3）在模型树中选择【正齿轮：1】零部件，单击鼠标右键，在弹出的快捷菜单中选择【打开】选项，打开正齿轮组件，继续打开正齿轮零件，进入三维模型创建环境。

4）单击【三维模型】选项卡【草图】面板中的【开始创建二维草图】按钮，选择正齿轮的侧面为草绘平面，绘制两个直径分别为100mm和200mm的圆，如图11-78所示，然后单击【完成草图】按钮，退出草图绘制环境。

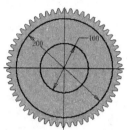

图11-78　绘制草图

5）单击【三维模型】选项卡【创建】面板中的【拉伸】按钮，弹出【拉伸】特性面板，选择上步绘制的草图为拉伸轮廓，设置拉伸距离为31mm，选择【输出】方式为【求差】选项，如图11-79所示，然后单击【确定】按钮，创建一侧的轮毂。采用同样的方法，创建另一侧的轮毂。

图11-79　【拉伸】特性面板

6）单击【三维模型】选项卡【草图】面板中的【开始创建二维草图】按钮，选择正齿轮的轮毂侧面为草绘平面，绘制草图，如图11-80所示，然后单击【完成草图】按钮，退出草图绘制环境。

7）单击【三维模型】选项卡【创建】面板中的【拉伸】按钮，选择上步绘制的草图为拉伸轮廓，设置拉伸方式为【贯通】，选择【输出】方式为【求差】选项，如图11-81所示，然后单击【确定】按钮，创建一个减重孔。

8）单击【三维模型】标签栏【阵列】面板上的【环形阵列】工具按钮，弹出【环形阵列】对话框，选择上步创建的减重孔为要进行阵列的特征，选择齿轮主体的轮毂圆柱面即可将齿轮主体的中心线作为环形阵列的旋转轴，设置阵列数目为6个，阵列夹角为360º，单击【确定】按钮完成环形阵列，此时零件如图11-82所示。

9）单击【三维模型】标签栏【修改】面板上的【圆角】工具按钮，弹出【圆角】对话框。

选择如图 11-83 所示的边线作为圆角边（注意零件两侧的边都要选择），设置圆角半径为 4mm，单击【确定】按钮完成圆角特征的创建。

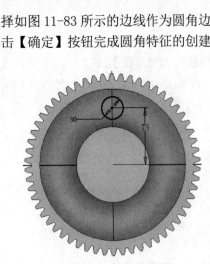

图11-80　绘制草图

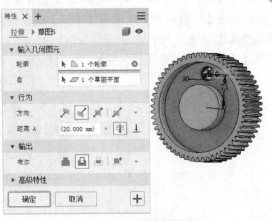

图11-81　【拉伸】特性面板

图11-82　阵列减重孔后的齿轮

图11-83　圆角示意图

10）单击【三维模型】标签栏【修改】面板上的【倒角】工具按钮，弹出【倒角】对话框。选择如图 11-84 所示的边线作为倒角边，在【倒角】对话框中设置倒角方式为【倒角边长】，指定倒角边长为 2mm，单击【确定】按钮完成倒角。添加了圆角和倒角特征的零件如图 11-85 所示。

图11-84　倒角示意图

图11-85　添加圆角和倒角特征

11）单击【三维模型】选项卡【草图】面板中的【开始创建二维草图】按钮，选择正齿轮的轮毂侧面为草绘平面，绘制轴孔草图，如图 11-86 所示，然后单击【完成草图】按钮，退出草图绘制环境。

12）单击【三维模型】选项卡【创建】面板中的【拉伸】按钮，弹出【拉伸】特性面板，选择上步绘制的草图为拉伸截面轮廓，设置拉伸方式为【贯通】，选择【输出】方式为【求差】选项，如图 11-87 所示，然后单击【确定】按钮，创建轴孔，完成大圆柱齿轮的修改。保存后返回到装配环境。

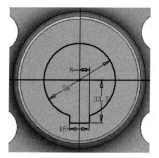

图11-86　绘制轴孔草图

图11-87　【拉伸】特性面板

13）单击【装配】选项卡【关系】面板中的【约束】按钮，选择配合类型为【配合】，选择【求解方法】为【配合】，然后选择平键的侧面和大圆柱齿轮键槽的侧面，如图 11-88 所示。单击确定按钮，完成大圆柱齿轮的装配。

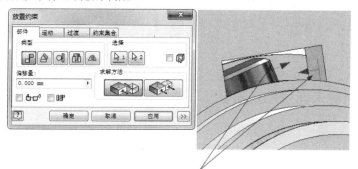

选择配合面

图 11-88　选择配合面

6. 创建轴承

1）单击【设计】选项卡【动力传动】面板上的【轴承】按钮，弹出【轴承生成器】对话框。选择传动轴最左侧的圆柱面为轴承放置的圆柱面，选择轴端面为起始平面，单击【浏览轴承】按钮，弹出轴承的资源中心，在资源环境中加载轴承，选择【标准】为 GB，【类别】为【深沟球轴承】，如图 11-89 所示。选择【深沟球轴承】，返回到【轴承生成器】对话框，如图 11-90 所示。选择轴承规格为【6011】，单击【确定】按钮，装入轴承。同理安装另一侧的轴承，完成传动轴组件的装配，结果如图 11-65 所示。

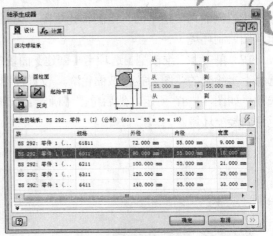

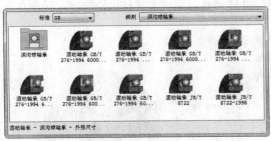

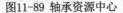

图11-89 轴承资源中心 图11-90 【轴承生成器】对话框

第12章

减速器干涉检查与运动模拟

在部件装配完毕以后，往往要对部件进行检查以便于确定各个零件之间没有干涉，尤其是运动的零部件在运动过程中不能够发生碰撞。Autodesk Inventor 提供了运动模拟和干涉检查的功能，用户可以利用这些功能进一步完善零部件的设计。本章将对减速器的干涉检查和运动模拟做简要介绍。

⊙　齿轮传动的运动模拟

⊙　减速器的干涉检查

12.1 齿轮传动的运动模拟

在 Autodesk Inventor 中，可以为零部件之间添加运动约束，使得零部件之间按照指定的方向和预定的传动比运动，也可以驱动某个装配约束，将零部件按指定的增量和距离依次重置来模拟运动的效果。需要注意的是，只能够同时驱动一个装配约束，但是可以通过使用【等式】工具来创建约束之间的代数关系来驱动其他的约束。

12.1.1 添加齿轮间的运动约束

齿轮是运动零件，可以为其添加运动约束，这样当一个齿轮发生运动时，另外一个齿轮也会按照一定的传动比随之运动。

为一对齿轮添加运动约束的步骤如下：

1）单击【装配】标签栏【位置】面板上的【约束】工具按钮，弹出【放置约束】对话框，选择其中的【运动】选项卡，如图 12-1 所示。

2）将运动类型设置为【转动】，然后选择两个齿轮轴，齿轮轴上将出现中心轴线标志和旋转方向标志，如图 12-2 所示。

3）指定所需要的传动比为 3.41。

4）在【方式】选项中，选择【正向】或者【反向】选项来确定运动的方向。

5）单击【确定】按钮完成运动约束，此时就已经建立了齿轮之间的运动约束关系。

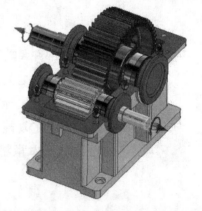

图12-1 【运动】选项卡 　图12-2 齿轮轴上将出现中心轴线标志和旋转方向标志

这时候如果用鼠标拖动大齿轮或者小齿轮转动，可以看到大、小齿轮按照所设定的传动比和运动方向同时转动。

 注意

驱动约束对于运动约束来说是不可用的，如果在浏览器中的运动约束图标上单击右键，快捷菜单中的【驱动约束】选项是灰色的。所以，在 Autodesk Inventor 中，想建立一个运动约束然后利用驱动约束来驱动它是不可能实现的。

12.1.2　驱动约束

1．使用驱动约束注意事项

前面已经说过，不能用驱动约束功能来驱动运动约束，但是可以用驱动约束来驱动一般的装配约束，以达到自动运动模拟的效果，如实现一对啮合齿轮的自动连续转动。需要注意的是，虽然不可以用驱动约束功能来驱动运动约束，但是用驱动约束驱动其他装配约束使得具有运动约束的零部件运动时，运动约束还是有效的。例如，在减速器部件中，在大、小齿轮之间添加了运动约束，然后用驱动约束功能使得其中一个齿轮传动，那么另外一个齿轮也会按照在运动约束中规定的传动比和运动方向运动。所以一般在利用 Autodesk Inventor 进行模拟运动时，都是采用运动约束和驱动约束相结合的方法。

在添加驱动约束时，一定要清楚驱动约束是如何驱动装配约束以使得零件进行运动的。

1）如果装配类型是配合、相切和插入，则驱动约束功能驱动零件在其装配偏移量的方向上运动，即发生平移。

2）如果装配类型是对准角度，驱动约束功能驱动零件在其偏转角度方向上运动，即发生旋转。

所以，如果想使得一个利用插入装配约束插入孔中的轴类零件在孔中转动的话，驱动插入装配约束是不可能达到目的的。

2．为减速器中零部件添加驱动约束

可以在减速器部件中驱动一个齿轮传动，通过两个齿轮之间的运动约束使得两个齿轮同时转动。我们已经知道，不可能利用驱动齿轮与传动轴之间的插入装配约束的方法来完成这个功能，要驱动零件发生转动，可以通过驱动零件之间的对准角度约束来实现，也可以通过驱动相切约束或者配合约束来实现。注意，驱动相切约束或者配合约束的零部件发生运动，也是使得相切的零部件沿着偏移距离的方向直线运动，但是可以将其转换为零件的转动。

（1）为零部件添加配合约束：可以为零件添加配合约束，然后通过驱动配合约束以达到运动的目的。单击【装配】标签栏【位置】面板上的【约束】工具按钮，弹出【放置约束】对话框，选择【配合】装配类型，然后选择如图 12-3 所示的零件表面作为配合面，设置偏移量为零，方式选择【配合】选项。单击【确定】按钮完成配合装配约束。

（2）为配合约束添加驱动约束：可以驱动该配合约束使得齿轮发生转动。在浏览器中选择该配合约束，单击右键，在看见菜单中选择【驱动】选项，弹出【驱动】对话框，如图 12-4 所示，将起始位置和终止位置分别设置为 0mm 和 60mm，其他选项采用默认的设置，单击【播放】按钮，可以看到大齿轮和小齿轮同时转动起来。

注　意

由于驱动配合约束是把零件的直线运动转化为转动，所以终止位置如果超过了零件最大转角所能够达到的极限位置，则系统会给出出错信息。如果将图 12-4 中的终止位置设置为 120mm，按下【播放】按钮后运动到 109mm 处时齿轮运动将停止，并打开错误信息对话框，如图 12-5 所示。可见终止位置的最大范围只能够达到 109mm 处。但是如果采用对准角度装配约束，就不会出现这个问题了。所以在进行类似的转动驱动约束时，如果零件的运动范围很小且零件上很难建立对准角度约束，可以采用配合约束或者相切约束代替对准角度约束。相反情况下，只能够使用对准角度约束。

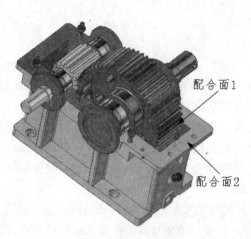

配合面1

配合面2

图12-3 配合平面

图12-4 【驱动】对话框

图12-5 错误信息对话框

12.1.3 录制齿轮运动动画

在实现驱动约束使得零件运动后，可以将运动情况录制成视频文件，以便于进行观察或者演示。在【驱动】对话框中，有一个红色的【录像】按钮，可以录制驱动约束时的零件运动情况。

1）如果要进行录制，可以单击【录像】按钮，打开【另存为】对话框，选择要生成的视频文件的文件名、路径和文件类型，其中文件类型只能是 avi 文件。

2）单击【保存】按钮关闭【另存为】对话框，此时打开【视频压缩】对话框，选择一种视

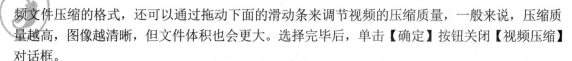

频文件压缩的格式，还可以通过拖动下面的滑动条来调节视频的压缩质量，一般来说，压缩质量越高，图像越清晰，但文件体积也会更大。选择完毕后，单击【确定】按钮关闭【视频压缩】对话框。

3）可以单击【驱动】对话框中的播放按钮，如果【在录像时最小化对话框】选项被选中，将会使【驱动】对话框最小化，零件开始运动，同时录像也会开始。可以看到，录像时零件的运动会比平时慢很多，这是因为在驱动约束的同时进行录像，系统资源消耗大而使得系统性能降低的缘故。

4）当运动结束时，录像也会自动停止。在运动的过程中如果关闭【驱动】对话框，则录像也会停止，视频文件中的内容仅是从开始录像到关闭【驱动】对话框时的零件运动情况。

12.2　减速器的干涉检查

在装配完成以后，还需要检查零件的设计以及组装是否合理，最常见的检查就是干涉检查，即检查部件中的各个零件或者子部件之间是否存在干涉。如果存在干涉，那么零部件在实际安装时就会发生互相碰撞而无法完成装配。此时或者要对零件进行设计上的修改，或者改变装配方法以避免干涉。

在 Autodesk Inventor 中，常用的检查干涉的方法有两种，即剖视部件以观察干涉和利用 Autodesk Inventor 提供的干涉检查工具来检查两个零部件之间的干涉。下面分别讲述这两种方法在减速器部件中的实际应用。

12.2.1　剖视箱体以观察干涉

减速器在全部安装完成以后成为一个封闭的箱体，我们只能够观察它的外观，而不能观察到它的内部。由于减速器的很多零部件安装在减速器箱体内部，所以如果要观察其零部件之间是否存在干涉情况，就必须要能够观察到减速器内部。Autodesk Inventor 提供了一个很好的部件剖视的工具，可以生成部件的各种形式的剖视图，如半剖视图、1/4 剖视图、3/4 剖视图等，使得我们可以方便地看到部件所有的内部特征。

1. 创建半剖视图观察齿轮、传动轴和油标尺是否存在干涉

在减速器的设计过程中，需要注意：

1）在减速器中如果箱盖或者下箱体设计不当，使得其与齿轮存在干涉，那么减速器是不能正常工具的。

2）传动轴在安装过程中，其两端的轴承也要正确地安装在轴承孔中，不能与定距环发生干涉。

3）如果油标尺设计过短，当箱体润滑油液面位偏低时将无法检测到润滑油液面高度，如果设计过长则容易和齿轮或者箱内壁发生干涉。

因此，在减速器装配完成之后，有必要对其进行观察，看是否存在干涉或者设计不合理的现象。下面分步讲解如何创建半剖视图以观察齿轮、传动轴和油标尺的安装情况。

1）观察齿轮与油标尺的安装位置，可以发现在减速器宽度方向的二分之一处创建半剖视图

能够很好地观察齿轮和油标尺与箱壁之间的位置关系。

首先创建用来作为剖切面的工作平面,可以将箱体宽度方向的一个侧面偏移这个侧面与对应侧面之间的距离的一半来创建一个工作平面,如图 12-6 所示。其实也完全可以借用零件中的工作平面。我们在设计箱盖时,为了切削内部的空腔特征,已经建立了一个与图 12-6 所示工作平面位置重合的工作平面,这时候可以借用这个工作平面来完成剖切。如果这个工作平面不可见,在浏览器中选择这个工作平面,单击右键,在看见菜单中选择【可见】选项即可。

2)单击【视图】标签栏【外观】面板上的【半剖视图】工具按钮 ,然后选择图 12-6 所示的工作平面,此时部件被剖切。单击右键,从看见菜单中选择【确定】选项完成剖切。剖切后的部件如图 12-7 所示。

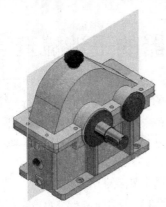
图12-6 建立工作平面

图12-7 剖切后的部件

从图中可以看到,齿轮和箱体、油标尺和箱体以及油标尺和齿轮之间均没有干涉,另外油标尺的长度设计也较为合理,既没有碰到箱底,长度也不过短,从而能够在润滑油液面较低时也可以检测到。同时还可以观察到平键与齿轮、传动轴之间的安装情况,并且可以看到平键的安装是正确的,恰好位于传动轴和齿轮的键槽之间。

3)为了能够观察传动轴及其轴承等零件的安装情况,需要创建一个垂直于箱盖与箱体的配合面且过传动轴轴线的工作平面,如图 12-8 所示。可以将下箱体加强筋的对应侧面偏移其厚度的一半来创建该工作平面,如下箱体零件中加强筋的厚度是 16mm,可以将其厚度方向的一个侧面偏移 8mm 来创建工作平面。

单击【视图】标签栏【外观】面板上的【半剖视图】工具按钮 ,选择创建的工作平面,单击右键,选择看见菜单中的【确定】选项完成剖切。被剖切的部件如图 12-9 所示。此时可以观察传动轴与轴承、轴承与轴承孔、轴承与定距环、定距环与端盖以及端盖与轴承孔之间是否装配合理以及是否存在干涉等。小齿轮轴的半剖视图如图 12-10 所示。

2. 创建 1/4 剖视图或者 3/4 剖视图以便于同时观察两个方向的特征

如果创建 1/2 剖视图,则一次只能够观察一个方向(即垂直于剖面方向)上的特征。如果要同时观察两个方向上的特征,则需要创建 1/4 剖视图或者 3/4 剖视图。图 12-11 所示为减速器零件的 3/4 剖视图,可以看出,在 3/4 剖视图中,既可以观察齿轮零件是否与箱体内壁之间存在干涉,还可以观察传动轴及其附件的安装情况。显然,3/4 剖视图或者 1/4 剖视图相对于1/2 剖视图来说增大了观察的范围。

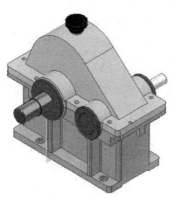

图12-8　创建工作平面

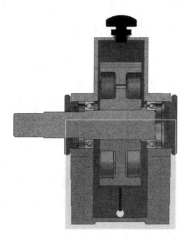

图12-9　剖切后的部件

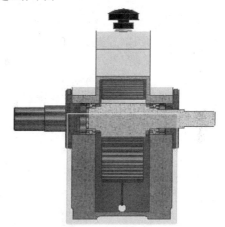

图12-10　小齿轮轴的半剖视图

　　要创建合适的 1/4 剖视图或者 3/4 剖视图，必须首先创建正确的剖切平面。这里一般选择工作平面作为剖切平面。在图 12-11 所示的 3/4 剖视图中，选择了图 12-6 中的工作平面和图 12-8 中的工作平面作为剖切平面。也可以选择这两个工作平面创建 1/4 剖视图，如图 12-12 所示。

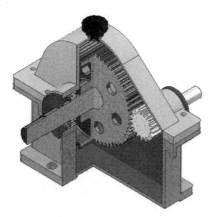

图12-11　3/4剖视图

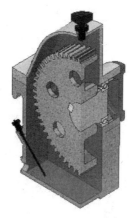

图12-12　1/4剖视图

12.2.2 检查静态干涉

利用创建的剖视图只能够直观地观察零部件之间是否存在干涉，若干涉体积很小超出人眼观察范围，剖视图则无法全面地观察干涉部分。此时可以利用 Autodesk Inventor 提供的干涉检查工具来定量地检测干涉。注意，该工具只能够检查静止状态的零部件之间的干涉。

下面利用干涉检查工具来检查箱盖与通气器之间是否存在干涉。

1）单击【检验】标签栏【干涉】面板上【干涉检查】选项 ，弹出【干涉检查】对话框。

2）选择通气器零件为选择集 1，选择箱盖零件为选择集 2，单击【确定】按钮完成干涉检查。

3）如果检测到干涉，则弹出的【检测到干涉】对话框如图 12-13 所示，在该对话框中显示了发生干涉的零件为通气器和箱盖，以及干涉部分的体积和质心等。同时，在部件中干涉的部分以红色显示，如图 12-13 所示。

> **！注意**
>
> 虽然这里检测到了零件之间的干涉，但是并不是说明零件的设计一定有问题，原因是发生干涉的是零件之间的螺纹装配部分，由于在 Autodesk Inventor 中的螺纹是通过贴图方式显示而不是真正的螺纹，所以即使零件螺纹连接部分的尺寸设计完全正确，也会检测到干涉，这时候将其忽略即可。

4）如果要检测大齿轮与箱体之间是否存在干涉，可以选择大齿轮和箱体分别作为选择集 1 和选择集 2，这时候检测不到任何干涉，系统会打开对话框告知没有检测到干涉，如图 12-14 所示。

图12-13 【检测到干涉】对话框

图12-14 没有检测到干涉时的对话框

12.2.3　检测运动过程中的干涉

　　显然，仅能够检测静态干涉是不够的，因为很多情况下运动过程中的干涉更加重要。Autodesk Inventor 也提供了检测零部件运动过程中干涉的工具。由于是通过驱动约束来使得零部件进行运动，所以这个动态检测干涉的工具是和驱动约束工具一起使用的。下面以检测减速器各个零部件之间的运动干涉为例，简要讲述如何检测零部件运动过程中的干涉。

　　在浏览器中选择前面所建立的用来驱动大齿轮和小齿轮共同运动的配合约束，单击右键，从快捷菜单中选择【驱动】选项，弹出【驱动】对话框，选中其中的【碰撞检测】选项，然后单击【播放】按钮，此时齿轮开始在驱动约束的作用下运动，当检测到零件之间的干涉时，运动将停止，系统会打开对话框显示【检测到冲突】，同时发生干涉的零部件的轮廓线会变成红色并亮显，如图 12-15 所示。在检测到零部件运动过程中的干涉以后，可以修改零部件或者对装配关系进行修改以消除零部件之间存在的干涉关系。

　　当检测到干涉时，运动会停止在发生干涉的位置，这时候如果要确定发生干涉的零部件的干涉部分的位置等详细信息，可以选择【检验】标签栏中的【干涉检查】选项，弹出【干涉检查】对话框后，选择发生干涉的零部件分别作为选择集 1 和选择集 2，然后单击【确定】按钮，即可在弹出的【检查到干涉】对话框中获得干涉部分的详细信息。

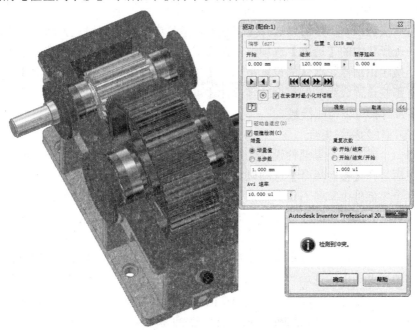

图12-15　检测到运动过程中的干涉

12.2.4　检测零部件的接触

1. 接触识别器的工作原理

在实际的机构设计中，很多情况下需要依靠零部件之间的接触进行工作，如图 12-16 所示的凸轮机构。有时候需要检测两个零部件什么时候开始发生接触，以及某些零部件是否能够按照预期的方式运动等。这时候可以使用 Autodesk Inventor 的接触识别器工具来判断零部件的接触情况。

图12-16　凸轮机构

接触识别器的工作原理是：如果激活了接触识别器工具，并且将某些零部件设置为接触集合，那么在驱动约束运动过程中如果这些零部件发生接触，系统会做出相应的反应。如果要观察某个零件是否能够按照预期的方式运动，可以把与该零件有接触关系的零件的【接触集合】属性去掉，或者不激活接触识别器工具，那么在驱动约束时零件就会按照已有的轨迹运动而不考虑与其他零件的接触关系。这样就可以观察零件是否能够正确按照预期的方式运动，因为此时零件不受外部接触的干扰。

2．激活接触识别器

如果要激活接触识别器，可以选择【工具】标签栏中的【文档设置】选项，弹出【文档设置】对话框，选择其中的【造型】选项卡，在【交互式接触】选项中选中【接触识别器关闭】选项，将关闭接触识别器。默认的设置是选中【接触识别器关闭】选项。选中【仅接触集合】选项，则只有那些设置成为接触集合的零部件才可以检测接触。也可以选中【所有零部件】选项，则所有零部件都可以检测接触。

3．设置零部件为接触集合

如果要将一个或者多个零部件设置为接触集合，可以在浏览器中，在一个或多个零部件上单击右键，然后选择【接触集合】选项以将这些零部件包含在接触集合中。也可以在工作区域中的一个或多个零部件上单击右键，然后选择【iProperty】选项，在打开的【iProperty】对话框中选择【引用】选项卡，选中【接触集合】选项，然后单击【确定】按钮即可。

4．检测零部件的接触

要检测两个零部件在运动过程中有没有发生接触，可以首先激活接触识别器，然后在浏览器中通过右键快捷菜单中的选项将该零部件设置为接触集合，然后驱动这些零部件的装配约束或者拖动这些零部件以使其运动，如果零部件的运动十分顺畅，则说明零部件之间没有接触，如果运动速度立刻降低，则可以判断零部件之间发生了接触。

注　意

"接触"不是"干涉""接触"是指零部件的表面之间有接触（当然也包含了零部件之间发生干涉），"干涉"是指零部件之间有相交的体积。如果仅仅是表面有接触而相交体积为零，则不算作干涉。

5．检查零部件是否按照预定轨迹运动

如果要观察零部件是否按照预定的轨迹运动，可以关闭接触识别器，或者将零件的【接触识别】属性取消，然后通过驱动约束使得零部件运动。如果零部件能够按照预定的轨迹运动，则说明零部件的装配约束是正确的。

第 13 章

减速器工程图与表达视图设计

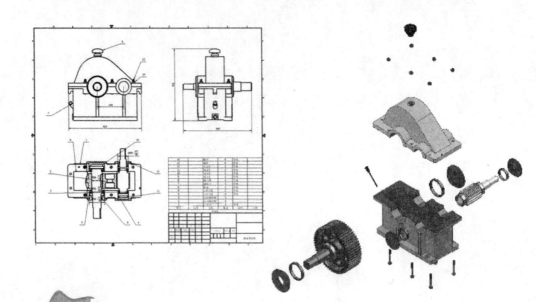

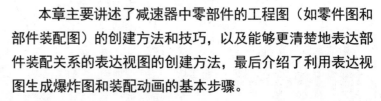

本章主要讲述了减速器中零部件的工程图（如零件图和部件装配图）的创建方法和技巧，以及能够更清楚地表达部件装配关系的表达视图的创建方法，最后介绍了利用表达视图生成爆炸图和装配动画的基本步骤。

⊙ 零件图绘制

⊙ 装配图绘制

⊙ 减速器表达视图

13.1 零件图绘制

在 Autodesk Inventor 中，绘制零件图的一般步骤是：

1）选择合适的视图以表达零件的所有特征。

2）进行尺寸标注。

3）进行技术要求的标注。

4）填写标题栏。

13.1.1 标准件零件图

在实际的设计中，很多标准件由于其结构、形式和尺寸都已经标准化，因此不需要画出它们的零件图，只需要在装配图中注明其标记即可。这里讲述标准件零件图绘制方法的主要目的是为了让读者熟悉实际工程图的创建过程，为后面章节中零件工程图的创建打下基础。另外，标准件在装配图中的标注也是十分重要的，通过本节的学习，读者将会熟悉标准件的标注格式。

本节仅对螺栓和螺母零件图的创建和标注略作说明，至于其他的标准件（如轴承、键、销等）的标注，读者可以查阅有关的机械制图标准，这里不再赘述。

在 Autodesk Inventor 中，所有零部件的二维工程图都是自动生成的，螺栓和螺母零件也不例外，不用手工绘制螺栓螺母零件中的螺纹，最主要的工作就是零件的标注。虽说如此，实体设计阶段的螺栓和螺母的三维形状决定了其在工程图中的外观样式。由于螺栓与螺母是标准件，所以零件各个特征的尺寸都要符合一定的标准，在三维设计的时候一定要注意这一点，如螺栓头与螺杆的长度就不能够随意设定，一定要查阅相关的标准，这样，自动生成的工程图才会符合螺栓和螺母零件的外形绘制标准。图 13-1 所示为在工程图绘制标准中螺栓与螺母零件的比例画法。下面将按照绘制零件图的一般顺序介绍螺栓零件图的创建过程，螺母零件图的创建将仅以范例展示。

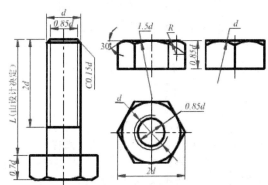

图13-1 工程图绘制标准中螺栓与螺母零件的比例画法

螺栓零件的零件图文件位于网盘中的"\第13章\减速器"目录下，文件名为"螺栓.idw"。

1. 新建文件

运行 Autodesk Inventor，单击【快速入门】标签栏【启动】面板上的【新建】工具按钮，

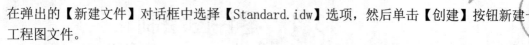

在弹出的【新建文件】对话框中选择【Standard.idw】选项，然后单击【创建】按钮新建一个工程图文件。

 注意

> 此时无需保存文件，当创建了一个零件的零件图以后再保存文件时，系统会自动把零件的文件名作为当前工程图文件的文件名（扩展名不同）。例如，如果创建了文件名为"螺栓.ipt"的零件的工程图，则在保存工程图文件的时候默认文件名为"螺栓.idw"。建议采用默认的文件名，因为零件图和工程图文件如果文件名一样易于区分和管理。

2．选择合适的视图

螺栓与螺母零件的外形简单，而且是标准件，因此采用基本的三视图（主视图、俯视图和左视图）就完全可以表达清楚零件的特征。

1）单击【放置视图】标签栏【创建】面板上的【基础视图】工具按钮▣，弹出【工程视图】对话框。

2）在【工程视图】对话框中，选择要创建工程图的零件，这里选择创建好的螺栓零件的文件"螺栓.ipt"，当保存工程图文件时，文件名自动设置为"螺栓.idw"。

3）在 ViewCube 中选择一种合适的视图方向。这里选择了创建【右视图】作为图样中的主视图（区别于建立在主视图基础上的投影视图）。

4）【工程视图】对话框中的其他设置如图 13-2 所示，单击【确定】按钮完成主视图的创建，如图 13-3 所示。

图13-2　【工程视图】对话框

5）创建了视图之后，可以用鼠标将其拖动到图样中的合适的位置。

6）为了表达螺栓头端部的特征，还需要为螺栓零件创建一个投影侧视图。单击【放置视图】标签栏【创建】面板中的【投影视图】工具按钮🔲，选中已经创建的主视图，然后向右拖动鼠标，在适当的位置单击左键确定要创建视图的位置，然后单击右键，选择快捷菜单中的【创建】选项，完成投影视图的创建，如图 13-4 所示。

 注意

> 由于创建的螺纹是真实的螺纹，而不是使用 Autodesk Inventor 的螺纹工具创建的，所以在生成工程图的时候不会生成如图 13-5 所示的标准螺纹工程图样式。在设计螺栓时，为了使得零件更加真实，我们采用了切削真实螺纹的方法。如果在实际设计过程中需要在工程图中正确地表达螺纹，可以选择【螺纹】工具创建以【贴图】形式表达的螺纹。

7）为了便于在读零件图的时候更加容易读懂，可以在零件图中添加零件的轴测图以更加清楚地表达零件的实体特征。单击【放置视图】标签栏【创建】面板中的【投影视图】工具按钮🔲，选择主视图，然后向右下方或者左上方等与水平或者竖直方向大概倾斜 45° 的方向上拖动鼠标，

即可出现轴测图的预览。

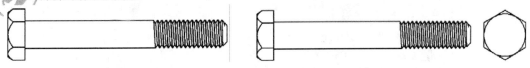

图13-3 主视图　　　　　　　　　　　　　　图13-4 投影视图

8）单击鼠标左键确定创建轴测图的位置。

9）单击鼠标右键，选择快捷菜单中的【创建】选项，即可创建零件的轴测图。

为螺栓零件添加轴测图后的零件图如图 13-6 所示。

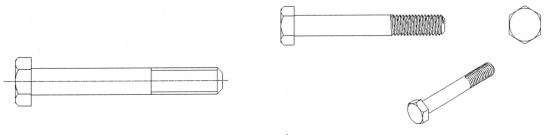

图13-5 标准螺纹工程图样式　　　　　　　　图13-6 添加轴测图后的零件图

3．尺寸标注

对于回转体零件和其他具有对称特征的零件，或者零件上的回转体特征（如孔、圆柱等），在其工程图上一般都需要标注中心标记。在主视图和侧视图中添加中心标记的方法如下：

1）对于螺栓的主视图，单击【标注】标签栏【符号】面板上的【对分中心线】工具按钮 ⚮，然后选择螺栓体的两条水平方向的轮廓线，即可创建螺栓零件的中心线，如图 13-7 所示。

2）对于投影侧视图，单击【标注】标签栏【符号】面板上的【中心标记】工具按钮 ⊹，移动鼠标指针到圆形中心左右，则圆形的中心被自动捕捉，显示为一个绿色的小圆点，单击左键即可在圆形中心处创建中心标记，如图 13-7 所示。

螺栓的尺寸标注包括螺栓体的标注和螺纹的标注两部分。其中，螺纹的标注是主要部分，螺纹标注包括螺纹的国标代号、规格尺寸和性能等级。对于本节中螺栓的螺纹标注，可以：

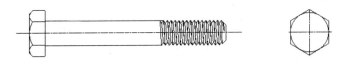

图13-7 创建中心标记

1）单击【标注】标签栏【尺寸】面板中的【尺寸】工具按钮 ⊢⊣，然后选择螺杆的两条水平轮廓线，引出螺纹大径尺寸，创建该尺寸。

2）在尺寸上单击右键，选择快捷菜单中的【文本】选项，弹出【编辑尺寸】对话框，编辑尺寸文本如图 13-8 所示，输入如图 13-8 所示的文本作为螺纹的尺寸标注。

3）单击【确定】按钮完成文本的修改以及螺纹的标注。

此时螺栓上的螺纹尺寸标注如图 13-9 所示。其尺寸标注的含义是：螺纹规格为粗牙普通螺

361

纹，螺纹大径为 10mm，公称长度为 70mm，性能等级 8.8 级，A 型的六角头螺栓。

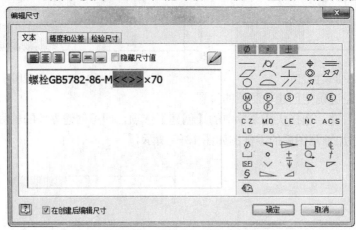

图13-8 【编辑尺寸】对话框

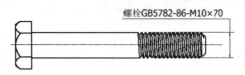

图13-9 螺纹尺寸标注

注 意

默认情况下，自动生成的尺寸在【文本格式】对话框中以红色的<<>>形式显示，用户不能够在文本框中将其删除或者修改。如果确实要修改，可以在需要修改的尺寸上单击右键，选择快捷菜单中的【隐藏数值】选项，这样就可以再次打开【文本格式】对话框对尺寸值进行修改了。

4）为螺栓体标注尺寸，具体过程不再详述。完成标注的螺栓零件图如图 13-10 所示。

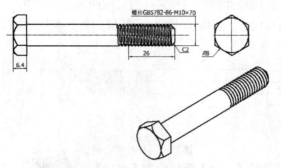

图13-10 完成标注的螺栓零件图

4．填写标题栏

选择文本工具，填写零件图的标题栏，具体方法可以参考前面的相关章节。图 13-11 所示为填写的标题栏范例。

螺母零件的标注不再具体讲述，其零件图如图 13-12 所示。螺母零件的零件图文件位于网

盘中的"\第13章\减速器"目录下，文件名为"螺母.idw"。

图13-11 标题栏范例

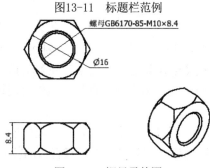

图13-12 螺母零件图

13.1.2 传动轴零件图

传动轴零件较螺栓零件复杂，仅仅靠基础视图和投影视图不能够准确地表达零件的某些特征，因此需要创建其他视图（如剖视图）以全面准确地表达零件的信息。下面分介绍传动轴零件的零件图创建过程。

传动轴零件的零件图文件位于网盘中的"\第13章\减速器"目录下，文件名为"传动轴.idw"。

1. 新建文件

运行 Autodesk Inventor，单击【快速入门】标签栏【启动】面板上的【新建】工具按钮，在弹出的【新建文件】对话框中选择【Standard.idw】选项，然后单击【创建】按钮新建一个工程图文件。

2. 选择合适的视图

1）创建传动轴零件的基础视图，也就是工程图中的主视图。选单击【放置视图】标签栏【创建】面板上的【基础视图】工具按钮，弹出【工程视图】对话框，在【文件】选项中选择传动轴零件文件"传动轴.ipt"，默认方向为【前视图】方向，工程图的其他设置如图13-13所示。，创建的传动轴主视图如图13-14所示。将其放置到图中适当位置。

2）由于传动轴是一个回转体零件，主视图已经可以很好地表达其特征信息，所以无需再创建侧视图。但是主视图中无法表现键槽特征的某些信息，如键槽的深度，所以需要为表现键槽的特征而创建合适的视图。在工程图中，为了表达键槽的特征，一般都采用剖视图的方法。下面用创建以表达键槽特征信息的剖视图。

图13-13　【工程视图】对话框

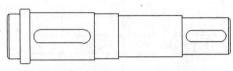

图13-14　传动轴的主视图

①单击【放置视图】标签栏【创建】面板上的【剖视】工具按钮，选择刚才创建的传动轴主视图，在键槽长度的大约一半处绘制一条竖直的直线作为剖切线，然后绘制一条水平向右的直线作为投影方向线。

② 单击右键，选择快捷菜单中的【继续】选项，则出现剖视图的预览图，并打开【剖视图】对话框，设置生成剖视图的各种选项，移动鼠标以选择合适的位置放置剖视图，如图 13-15 所示。单击左键完成剖视图的创建。

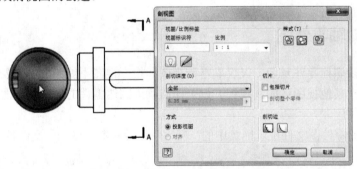

图13-15　创建剖视图

③ 由于传动轴上有两个键槽，所以还需要为另外一个键槽创建剖视图，创建方法与第一个键槽的剖视图创建方法类似。两个剖视图都创建完毕的完整视图如图 13-16 所示。

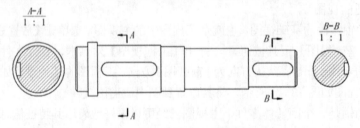

图13-16　创建两个剖视图

3. 尺寸标注

1）为主视图和两个剖视图创建中心标记，如图 13-17 所示。然后为主视图标注长度方向的零件尺寸，标注过程不再详细叙述。长度方向尺寸标注完成的主视图如图 13-18 所示。

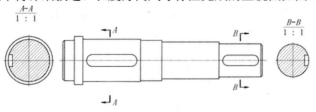

图13-17　创建中心标记

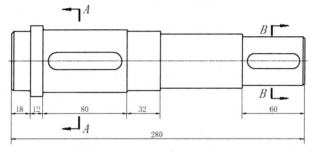

图13-18　长度方向的尺寸标注

2）为各段不同直径的轴标注直径尺寸。由于轴一般是用来进行装配的，所以其尺寸一般都需要标注公差，以便于控制加工的精度。

在进行标注时，可以首先选择【尺寸】工具为轴标注尺寸（不带有公差要求），标注完毕以后，在需要标注公差的尺寸上单击右键，选择快捷菜单中的【编辑】选项，弹出【编辑尺寸】对话框，如图 13-19 所示。选择【精度和公差】选项卡，其左侧的下拉框中列出了所有的公差方式，选择一种方式。选择的方式决定了对话框中其他的选项哪些可用。

这里选择【偏差】方式，则【上偏差】和【下偏差】选项可用，可以设置上、下偏差的具体数值，单击【确定】按钮完成尺寸的公差设置。此时在视图的尺寸上出现了公差标注，如图 13-20 所示。在【精度和公差】选项卡右侧的【精度】区域中可以设置数值精度，数值将按指定的精度四舍五入，单击下拉箭头即可从列表中进行选择。【基本单位】选项可以设置选定尺寸的基本单位的小数位数，【基本公差】选项可以设置选定尺寸的基本公差的小数位数。然后为其他轴段进行类似的尺寸标注。所有轴段尺寸及公差标注完成后的工程图如图 13-21 所示。

图13-19　【编辑尺寸】对话框

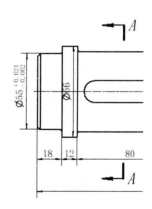

图13-20　为尺寸添加公差标注

3）为键槽特征标注尺寸。键槽特征需要三个尺寸来进行定义，即长度、宽度和深度。可以在主视图上标注长度，在剖视图上标注宽度和深度，如图 13-22 所示。

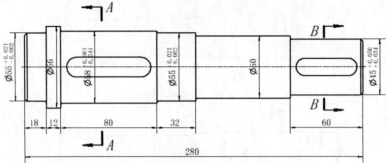

图13-21　尺寸及公差标注完成后的工程图

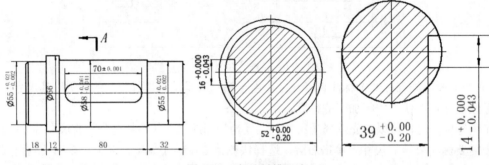

图13-22　标注键槽尺寸

4．技术要求标注

技术要求一般包括表面粗糙度、尺寸公差、几何公差、热处理和表面镀涂层以及零件制造检验、试验的要求等。可以根据实际情况在零件中按照国家标准中的规定给出正确的标注。

传动轴上需要安装轴承以及齿轮，因为安装处存在表面接触，因此需要标注表面粗糙度。图 13-23 所示为传动轴零件的表面粗糙度标注。另外，键槽部分由于存在表面接触，也需要进行表面粗糙度的标注，其中一个键槽的表面粗糙度标注如图 13-24 所示。

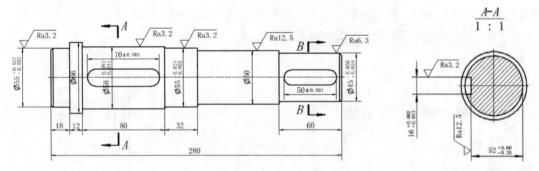

图13-23　传动轴零件的表面粗糙度标注　　　　　图13-24　键槽的表面粗糙度标注

如果要对传动轴零件进行几何公差标注，首先应该确定工艺基准。

1）单击【标注】标签栏【符号】面板上的【基准标示符号】工具按钮，选择零件上可以作为基准的部分，添加基准符号。

2）单击【标注】标签栏【符号】面板上的【几何公差】按钮◎1，对零件图进行几何公差标注。例如，在传动轴零件中，以一个轴承安装端的圆柱面作为一个工艺基准，另外一个轴承安装部位则与该基准有同轴度的要求，标注如图13-25所示。

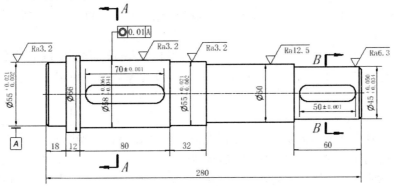

图13-25 同轴度标注

其他的技术要求（如热处理、表面涂镀层以及试验要求等）可以单击【标注】标签栏【文本】面板上的【文本】工具按钮A来进行标注，结果如图13-26所示。

5．填写标题栏

标题栏的填写与螺栓零件的标题栏填写类似，这里不再赘述。需要注意的是，标题栏中零件名称和设计者自动由系统确定，设计者是在【选项】对话框中设置的用户名（通过选择【工具】标题栏中的【应用程序选项】选项打开），如 administrator，零件名称是生成零件图的零件文件的名称，如"传动轴"，用户不可以通过编辑文本的方式改变这两个项目。对于标题栏中的其他项目，可以使用【文本】工具进行填写。

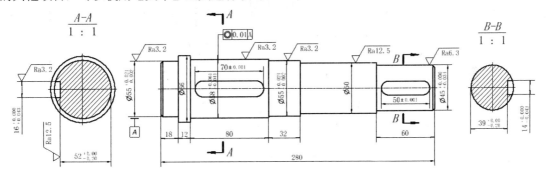

技术要求
1. 调质200～250HBW。
2. 所有台阶处倒圆角R2。
3. 表面淬火处理。

图13-26 技术要求标注

13.1.3 下箱体零件图

通过齿轮传动轴和螺栓零件图的创建过程的学习，读者已经大致掌握了创建零件图的一般过程和方法。下箱体零件是减速器部件中较为复杂的零件，通过学习其零件图的绘制，读者可以了解复杂零件的零件图创建技巧，提高零件图绘制的综合水平。下面介绍下箱体零件图的创建过程。

下箱体零件的零件图文件位于网盘中的"\第13章\减速器"目录下，文件名为"下箱体.idw"。

1. 新建文件

运行 Autodesk Inventor，单击【快速入门】标签栏【启动】面板上的【新建】工具按钮![icon]，在弹出的【新建文件】对话框中选择【Standard.idw】选项，然后单击【创建】按钮新建一个工程图文件。

2. 选择合适的视图

下箱体零件具有非常繁多复杂的特征，凭借一个视图已经不能够完全表达零件的特征，因此这里需要同时创建主视图、俯视图和左视图以表达零件。另外，零件中有一些特征是这三个视图也无法表达的，如油标尺安装孔和一些螺栓孔等，所以还需要创建局部剖视图来表达这些特征。

1）创建基本视图。单击【放置视图】标签栏【创建】面板上的【基础视图】工具按钮![icon]，在 ViewCube 中选择右视图作为主视图，在【工程视图】对话框中设置比例为 1:2。然后创建俯视图和左视图。创建的基本视图如图 13-27 所示。

2）创建局部剖视图。油标尺安装孔在三个视图上都无法很好地表达，因此需要为其创建局部剖视图。有关创建局部剖视图的具体方法可以参照第 5 章的相关内容，这里仅介绍创建局部剖视图的步骤。

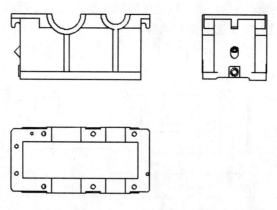

图13-27　零件的基本视图

①选择主视图，单击【放置视图】标签栏【草图】面板中的【开始创建草图】工具按钮![icon]，建立一个草图。单击【草图】标签栏【绘图】面板的【圆】工具按钮![icon]，绘制一个如图 13-28 所示的圆形。然后单击【草图】标签栏上的【完成草图】工具按钮![icon]，退出草图环境，返回到工程图环境中。

②单击【放置视图】标签栏【修改】面板上的【局部剖视图】工具按钮![icon]，然后选择主视图，弹出【局部剖视图】对话框。

③在草图中绘制的圆形被自动选择作为剖切边界的截面轮廓，在【深度】选项中选择【自点】选项，在主视图中选择如图 13-29 所示的点作为剖切的起始点，然后设置剖切的深度，这

里指定为93mm。

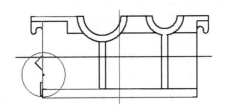

图13-28　在草图中绘制圆形

注意

　　剖切起始点和剖切深度不是任意设定的，二者之间存在一定的关系。例如，在下箱体零件中，从剖切起始点开始剖切，剖切到指定深度时，恰好能够切掉油标尺安装孔的一半，这时正好可以观察安装孔的特征。总之，二者的设置应该使得剖视图能够恰好表达特征。所以在选择剖切起始点和设定剖切深度时，一定要经过计算。另外，也可以通过单击鼠标左键在视图中创建剖切起始点。注意，点总是创建在最靠近外面（即距离读者最近）的表面上。

　　④单击【确定】按钮完成局部剖视图的创建，如图13-30所示。

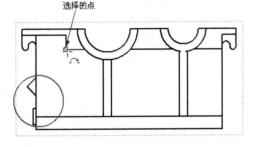

图13-29　剖切起始点

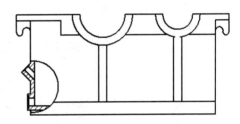

图13-30　局部剖视图

　　⑤创建零件上出油孔和安装孔的局部剖视图，具体过程这里不再赘述，其截面轮廓和【局部剖视图】对话框中的设置如图13-31所示。其中出油孔可以借助于油标尺安装孔的截面轮廓，只需要将其圆形的截面轮廓增大能够覆盖到出油孔即可。另外，零件底座上的固定孔可以在左视图中进行局部剖切，具体过程不再详细讲述，其截面轮廓和【局部剖视图】对话框中的设置如图13-32所示。

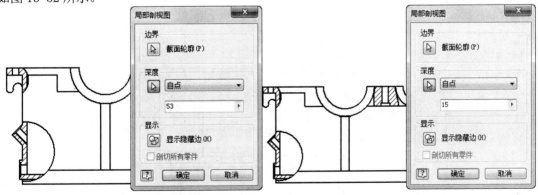

图13-31　【局部剖视图】对话框设置

　　至此，零件的视图已经选择并创建完毕，可以为其标注尺寸了。

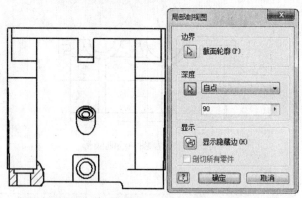

图13-32 固定孔的轮廓截面 【局部剖视图】对话框设置

3. 尺寸标注

1）为图上的各个孔以及具有对称特征的零件部分创建中心线标记。对于圆形截面可以使用【中心标记】进行标注，对于孔的剖视截面和对称特征，可以使用【对分中心线】或者【中心线】工具标注。创建了中心线标记的视图如图 13-33 所示。

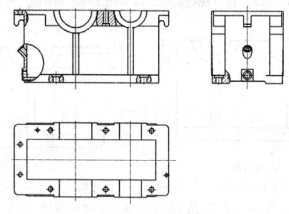

图13-33 创建了中心线标记的视图

2）为零件图进行尺寸标注

①在主视图中，可以对零件的长度、剖切所得到的孔以及其他一些特征（如肋板和吊钩）进行标注，具体的标注过程不再赘述，完整标注尺寸的主视图如图 13-34 所示。

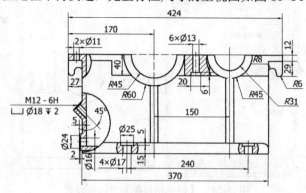

图13-34 完整标注尺寸的主视图

②在左视图中，可以对零件的宽度、高度以及一些特征（如固定孔、凹台在宽度方向的尺寸）进行标注。完整标注尺寸的左视图如图 13-35 所示。

③在俯视图中，可以对各种可见孔的位置和大小进行标注，同时还可以对箱体空腔尺寸进行标注。完整标注尺寸的俯视图如图 13-36 所示。

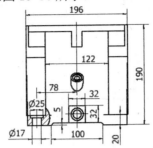

图13-35　完整标注尺寸的左视图

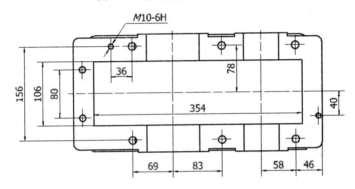

图13-36　完整标注尺寸的俯视图

4．技术要求标注

对于一些有加工精度要求的尺寸需要标注尺寸公差，如两个轴承孔之间的距离，其尺寸公差标注如图 13-37 所示。需要标注公差的还有主视图上两个轴承孔的半径尺寸，其公差标注如图 13-37 所示。

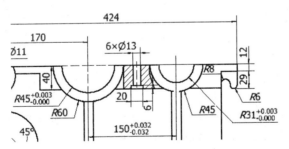

图13-37　尺寸公差标注

对于其他的技术要求，可以使用文本工具在图样的空白处进行标注，下箱体零件的其他技术要求标注如图 13-38 所示。

5．填写标题栏

选择文本工具，在标题栏中需要填写的项目中进行填写即可，这里不再赘述。至此下箱体

的零件图已经全部完成，如图 13-39 所示。

技术要求
1.铸件清砂后进行时效处理，且配合面之间不允许漏油；
2.箱体与箱盖零件配合后，四周剖分面错位量小于2mm；
3.所有未注的圆角半径为R5，全部倒角为C2。

图13-38　技术要求标注

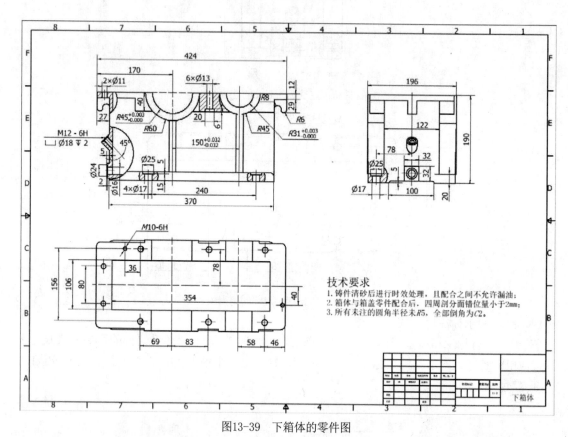

图13-39　下箱体的零件图

13.1.4　箱盖零件图

箱盖零件图的创建与下箱体零件图类似，也是由一个基础视图和两个投影视图以及表达零件个别特征的局部剖切视图组成。下面做要介绍。

箱盖零件的零件图文件位于网盘中的"\第 13 章\减速器"目录下，文件名为"箱盖.idw"。

1．新建文件

运行 Autodesk Inventor，单击【快速入门】标签栏【启动】面板上的【新建】工具按钮⬜，在弹出的【新建文件】对话框中选择【Standard.idw】选项，然后单击【创建】按钮新建一个工程图文件。

2. 选择合适的视图

创建的主视图、左视图和俯视图已能够表达箱盖零件的基本外形特征，对于通气器安装孔则可以创建局部剖视图来表达。另外，对于配合面上的安装孔以及协助拆卸的螺纹孔，为了表达其在深度方向的信息，也可以创建局部剖视图。

1）创建零件图三视图。单击【放置视图】标签栏【创建】面板上的【基础视图】工具按钮，在 ViewCube 中选择左视图作为主视图，并沿逆时针方向旋转 90°，在【工程视图】对话框中设置比例为 1:2，创建主视图，然后创建俯视图和左视图，结果如图 13-40 所示。

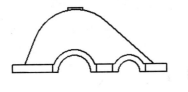

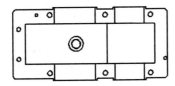

图13-40　箱盖零件的三视图

2）创建通气器安装孔的局部剖视图。

① 在图样中选中主视图，单击【放置视图】标签栏【草图】面板中的【开始创建草图】工具按钮，创建一个草图。单击【草图】标签栏【绘图】面板中的【圆】工具按钮，绘制如图 13-41 中所示的圆形，然后退出草图。

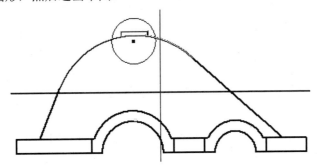

图13-41　在草图中绘制圆形

②单击【放置视图】标签栏【修改】面板上的【局部剖视图】工具按钮，弹出如图 13-42 所示的【局部剖视图】对话框，选择在草图中绘制的圆形作为截面轮廓，选择图 13-42 所示的点作为起始点，将深度方式设置为【自点】，将剖切深度设置为 53mm。单击【确定】按钮完成局部剖视图，如图 13-43 所示。

3）创建零件配合面上的安装孔局部剖视图。为零件配合面上的安装孔创建局部剖视图的具体过程不再赘述。其截面轮廓和【局部剖视图】对话框设置如图 13-44 所示。

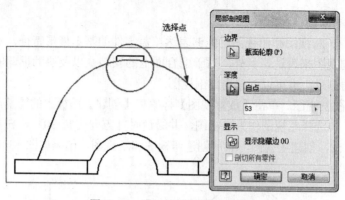

图13-42 【局部剖视图】对话框

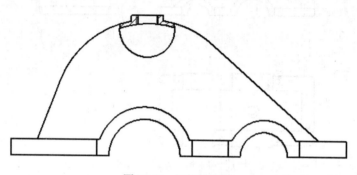

图13-43 局部剖视图

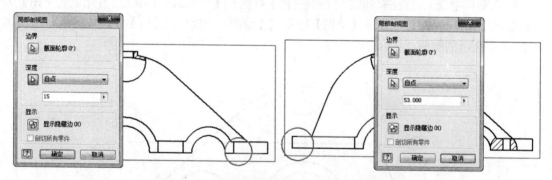

图13-44 创建安装孔的截面轮廓及【局部剖视图】设置

3．尺寸标注

在标注尺寸之前，仍然需要利用各种中心标记工具为视图创建中心标记，如图 13-45 所示。

在主视图中，可以为轴承孔、局部剖视图中的孔以及箱盖的外形进行尺寸标注，如图 13-46 所示。在俯视图中，可以标注箱盖的长度和宽度，各个孔的位置尺寸等，具体的标注如图 13-47 所示。在左视图中，可以标注零件的高度以及其他未经标注的尺寸，如图 13-48 所示。

4．技术要求标注

对于箱盖零件上的轴承孔特征，包括孔径和孔间距离，也需要进行公差标注，如图 13-49 所示。对于其他的技术要求，可以选择【文本】工具在图样内添加。

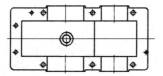

图13-45　创建中心标记

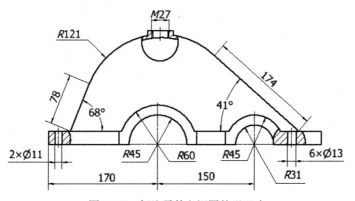

图13-46　标注零件主视图外形尺寸

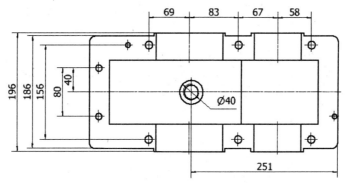

图13-47　俯视图尺寸标注

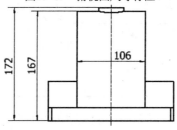

图13-48　左视图尺寸标注

375

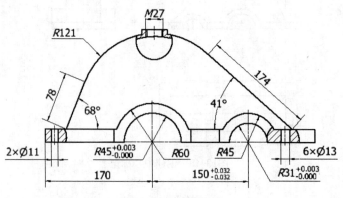

图13-49　公差标注

5．填写标题栏

标题栏也可以选择【文本】工具在相应的位置填写。注意，可以编辑文本属性以使得文本不超越表格的边界。

此时，箱盖零件的零件图全部创建完毕，如图 13-50 所示。

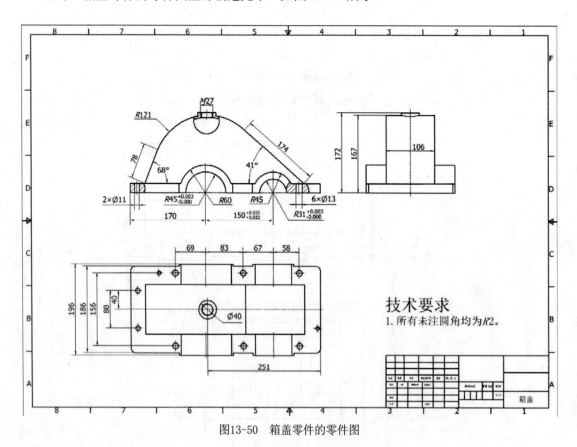

图13-50　箱盖零件的零件图

13.2 装配图绘制

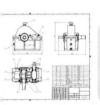

　　本节主要介绍了两个部件（即传动轴部件和减速器部件）的装配图的创建。传动轴部件较为简单，通过它的装配图创建，读者可以熟悉创建装配图的基本过程和方法。减速器装配图的创建较为复杂，需要考虑如何在装配图中清楚地表达多个零部件之间的装配关系，通过它的装配图创建，读者可以积累创建复杂部件装配图的经验。

　　装配图以表达部件的工作原理和装配关系为主，是进行设计、装配、检验、安装和调试以及维修等的重要技术参考文件。装配图由以下几部分组成：

　　1）一组图形，用来表达机器或者部件的工作原理、零件之间的装配关系和主要结构形状。

　　2）必要的尺寸，主要是与部件有关的性能、装配、安装和外形等方面的尺寸。

　　3）零件的编号和明细栏，用来说明部件的组成情况，如零件的代号、名称、数量和材料等。

　　4）技术要求，用来提出与部件有关的性能、装配、检验和试验等方面的要求。

　　5）标题栏，用来填写图名、图号和设计单位等。

　　在装配图的创建过程中，需要依次创建以上所述的装配图组成部分。需要说明的是，在 Autodesk Inventor 中，零件编号和明细栏可以自动生成，因此大大减少了创建装配图的工作量。

　　Autodesk Inventor 创建装配图和创建零件图没有本质的区别，都是在工程图环境下利用已有的零部件进行二维图样的自动生成，不同之处在于装配图需要零件编号和明细栏，另外，零件图侧重表达零件的特征，而装配图侧重于表达零部件之间的关系。

　　传动轴装配图文件位于网盘中的"\第 13 章\减速器"目录下，文件名为"传动轴装配.idw"。

13.2.1 传动轴装配图

　　1. 新建文件

　　运行 Autodesk Inventor，单击【快速入门】标签栏【启动】面板上的【新建】工具按钮，在弹出的【新建文件】对话框中选择【Standard.idw】选项，然后单击【创建】按钮新建一个工程图文件。

　　2. 选择合适的视图

　　对于传动轴部件来说，唯一不好表达的零件就是平键，因为它安装在齿轮和传动轴零件之间，是不可见的，所以需要创建剖视图以表达该零件。对于该部件来说，首先创建一个主视图，然后创建一个剖视图就可以清楚地表达所有零件之间的关系了。

　　1）创建基础视图。单击【放置视图】标签栏【创建】面板上的【基础视图】工具按钮，打开【工程视图】对话框，选择传动轴部件（文件名为"传动轴装配.iam"），作为要创建工程图的部件，然后选择合适的视图方向，这里需要注意的是，要在剖视图中表达平键零件的信息，对视图方向是有要求的，要求平键零件的外表面面向读者，如图 13-51 所示，才能够在剖视图中表达平键零件。以该方向为投影方向建立基础视图，也就是主视图，如图 13-52 所示。

　　2）创建剖视图以表达平键零件的装配关系。单击【放置视图】标签栏【创建】面板上的【剖视】工具按钮，选择主视图，在其竖直方向的中心处绘制一条水平直线，然后绘制一条竖直方向的直线作为投影方向，单击右键，选择快捷菜单中的【继续】选项，出现要创建的剖视图的预览，同时弹出【剖视图】对话框，如图 13-53 所示。设置好其中的选项后单击【确定】按钮，即可创建剖视图，结果如图 13-54 所示。

图13-51　视图方向选择

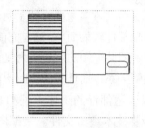

图13-52　创建主视图

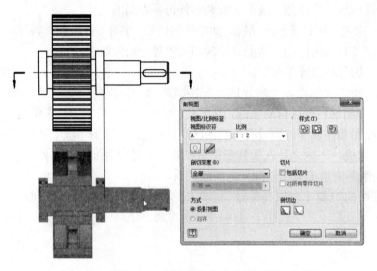

图13-53　剖视图预览及【剖视图】对话框　　　　　　　　　图13-54　剖视图

　　3）隐藏部分零件的剖面线。可以看到，在创建的剖视图中，所有的零件都进行了剖切。但是有关标准规定，对于紧固件以及轴、连杆、球、键和销等实心零件，若按纵向剖切，且剖切平面通过其对称平面或与对称平面相平行的平面或者轴线时，则这些零件都按照不剖切绘制。

　　在 Autodesk Inventor 中，可以隐藏或者显示单个零件的剖面线，即可以修改剖面线的形式。在剖视图中，选择平键零件，单击右键，选择快捷菜单中的【隐藏】选项，则平键的剖面线被隐藏。按照相同的方法隐藏传动轴零件的剖面线，此时的剖视图如图 13-55 所示。

　　3. 标注尺寸

　　装配图中的尺寸标注和零件图中有所不同，零件图中的尺寸是加工的依据，工人根据这些尺寸能够准确无误地加工出符合图样要求的零件；装配图中的尺寸则是装配的依据，装配工人需要根据这些尺寸来精确地安装零部件。在装配图中，一般需要标注以下几种类型的尺寸：

　　1）总体尺寸，即部件的长、宽和高。它为制作包装箱、确定运输方式以及部件占据的空间提供依据。

　　2）配合尺寸，表示零件之间的配合性质的尺寸。它规定了相关零件结构尺寸的加工精度要求。

3）安装尺寸，是部件用于安装定位的连接板的尺寸及其上面的安装孔的定形尺寸和定位尺寸。

4）重要的相对位置尺寸，它是与部件工作性能有关的零件的相对位置尺寸，在装配图中必须保证，应该直接注出。

5）规格尺寸，它是选择零部件的依据，在设计中确定，通常要与相关的零件和系统相匹配，比如所选用的管路管螺纹的外径尺寸。

6）其他的重要尺寸。

需要注意的是，正确的尺寸标注不是机械地按照以上类型的尺寸对装配图进行标注，而是在分析部件功能和参考同类型资料的基础上进行。

传动轴部件主视图中的尺寸标注如图13-56所示。其中：

● 尺寸240mm和280mm是传动轴部件的径向尺寸和长度尺寸，即总体尺寸。

● 尺寸30mm和124mm则是相对位置尺寸（注意280mm同时也是相对位置尺寸），它们分别对应轴承和齿轮的安装位置。

剖视图中的尺寸标注如图13-57所示。在剖视图中主要标注了配合尺寸，如 ϕ58H8/h7 和 ϕ55H7/h6，表明了轴和齿轮以及轴和轴承之间的配合尺寸公差要求，为加工提供了重要依据。

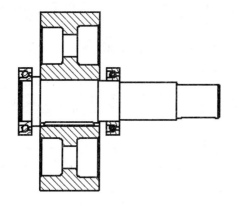

图13-55　隐藏剖面线后的剖视图　　　　图13-56　主视图中的尺寸标注

4. 创建零件编号（引出序号）和明细栏

装配图中要求对每个零件或者部件都标注序号或者代号，并填写明细栏。

● 序号的作用是直观地展现组成部件的全部零件的个数，同时将零件与明细栏中的对应信息联系起来。

● 明细栏中列举了各个零件的名称、数量等基本信息，为产品生产的准备、组织和管理工作提供了必需的信息资料。

● 零件序号和明细栏中的序号一一对应，根据序号可以在明细栏中查阅各个零件比较详细的信息，有利于看图和图样管理。

在 Autodesk Inventor 中，可以选择手动或者自动生成零件编号，而明细栏的生成则是完全自动的，十分方便。

1）手动创建零件编号。如果要手动为每一个零部件分别创建编号，可单击【标注】标签栏【表格】面板上的【引出序号】工具按钮①，在视图中选择一个零件（注意当鼠标指针移动到某个零件上方的时候，零件的轮廓线以红色亮显），单击即可选中该零件，此时弹出【BOM 表特性】对话框，如图 13-58 所示。

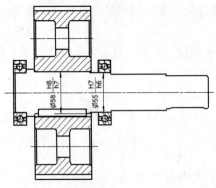

图13-57　剖视图中的尺寸标注　　　　　　　　图13-58　　【BOM表特性】对话框

当完成相应的设置后，单击【确定】按钮，鼠标指针旁边出现引出序号的预览，单击左键即可在单击处放置编号。图 13-59 所示为在传动轴零件的剖视图中创建的引出序号。

2）自动放置所有引出序号。

①单击【标注】标签栏【表格】面板上的【自动引出符号】工具按钮，弹出【自动引出序号】对话框，如图 13-60 所示。

②选择一个要进行标注的视图，然后一一设定需要进行标注序号的零部件。

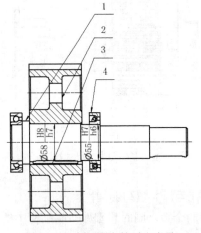

图13-59　剖视图中的引出序号　　　　　　　　图13-60　【自动引出序号】对话框

在工程图中一般要求引出序号沿水平或者铅垂方向顺时针或者逆时针排列整齐。虽然可以通过选择放置引出序号的位置使得编号排列整齐，但是编号的大小是系统确定的，有时候数字的排列不是按照大小顺序。这时候可以对编号取值进行修改，选择一个要修改的编号，单击右键，选择快捷菜单中的【编辑引出序号】选项即可。

③选择放置的位置，然后单击即可。

④设置完毕后单击【确定】按钮，即可创建所有零部件的引出序号。

为传动轴部件的剖视图自动引出的所有序号如图 13-61 所示。可以看到，自动标注的编号在空间上的排列比较凌乱，这时可以通过拖动编号来更改其排列位置。

3）创建明细栏。要创建装配图的明细栏，可单击【标注】标签栏【表格】面板上的【明细栏】工具按钮▦，选择一个视图，此时鼠标指针旁边出现一个矩形方框，即要创建的明细栏的预览，选择一个合适的位置后单击，即可创建明细栏。为传动轴装配图创建的明细栏如图 13-62 所示。

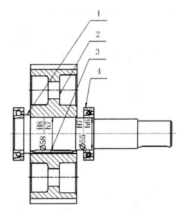

图13-61 自动引出所有序号

4		轴承1	2	钢，高强度，低合金	
3		平键	1	常规	
2		大圆柱齿轮	1	钢，合金	
1		传动轴	1	钢，碳	
序号	标准	名称	数量	材料	注释
明细栏					

图13-62 传动轴装配图的明细栏

5．添加技术要求

装配图的技术要求应该注写以下几方面的内容：

1）装配过程中的注意事项和装配后应该满足的要求，如保证间隙、精度要求、润滑方法以及密封要求等。

2）检验、试验的条件和规范以及操作要求。

3）部件的性能、规格参数以及运输使用时的注意事项和涂饰要求等。

可选择文本工具为装配图添加适当的技术要求。

6．填写明细栏

选择文本工具填写明细栏。至此，传动轴装配图全部创建完毕。

13.2.2 减速器装配图

减速器的装配图由于装配的零部件较多，因此较传动轴装配图要复杂。下面介绍减速器装配图的创建过程。

381

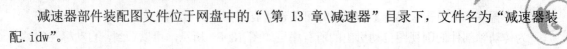
减速器部件装配图文件位于网盘中的"\第 13 章\减速器"目录下，文件名为"减速器装配.idw"。

1．新建文件

运行 Autodesk Inventor，单击【快速入门】标签栏【启动】面板上的【新建】工具按钮，在弹出的【新建文件】对话框中选择【Standard.idw】选项，单击【创建】按钮新建一个工程图文件。

2．选择合适的视图

为了能够全面地表现减速器装配体，在装配图中我们创建了减速器部件的主视图、左视图和俯视图，并且对俯视图进行了局部剖切，以表现部件的内部特征。

1）单击【放置视图】标签栏【创建】面板上的【基础视图】工具按钮，创建部件的主视图。注意，为了能够在俯视图的局部剖视图中正确的表现内部零件之间的关系，主视图的投影方向应该垂直于箱体的一侧，如图 13-63 所示。

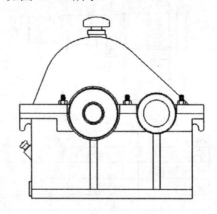

图13-63　主视图的投影方向

2）创建了主视图以后，再利用【投影视图】工具创建左视图和俯视图。减速器的三视图如图 13-64 所示。

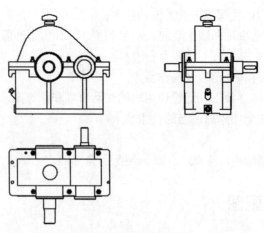

图13-64　减速器的三视图

3）选中俯视图，单击【放置视图】标签栏【草图】面板中的【开始创建草图】工具按钮，

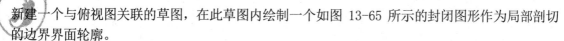

新建一个与俯视图关联的草图，在此草图内绘制一个如图 13-65 所示的封闭图形作为局部剖切的边界界面轮廓。

4）单击【放置视图】标签栏【创建】面板上的【局部剖视图】工具按钮，选择俯视图，弹出【局部剖视图】对话框，绘制的草图图形自动被选择为界面轮廓，将深度类型选择为【自点】，起始点和剖切深度的选择如图 13-66 所示。单击【确定】按钮完成局部剖切，此时的俯视图如图 13-67 所示。

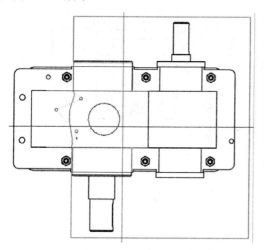

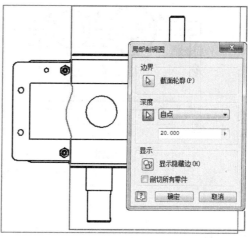

图13-65 局部剖切的边界界面轮廓　　　　图13-66 创建局部剖视图示意图

5）根据前面提出的装配图剖切的一些原则，这里将轴零件和下箱体零件设置为不剖切，去除两个传动轴零件和下箱体的剖面线，此时的俯视图如图 13-68 所示。

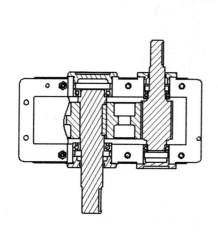

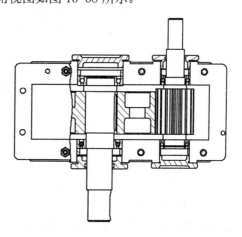

图13-67 局部剖切后的俯视图　　　　图13-68 隐藏剖面线后的局部剖视图

3. 尺寸标注

标注尺寸之前，首先在各个视图中标注中心线。然后分别为减速器的装配图标注几种类型的尺寸，如总体尺寸和相对位置尺寸等。主视图和左视图的尺寸标注如图 13-69 所示，主要是一些外形总体尺寸以及两个齿轮轴之间的相对位置尺寸。在俯视图中，主要需要标注一些配合尺寸，如图 13-70 所示。对于其他尺寸的标注这里不再赘述，读者可以在实际的设计中根据具体的需求决定标注哪些尺寸。

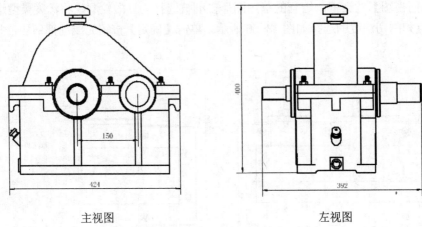

主视图   左视图

图13-69   主视图和左视图的尺寸标注

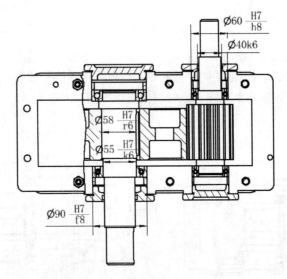

图13-70   俯视图的尺寸标注

4．创建零件编号和明细栏

在减速器装配图中创建零件编号和明细栏的方法与在传动轴装配图中一样，可选择【放置视图】标签栏，单击【创建】面板上的【自动引出序号】工具按钮来为所有的零部件自动标注引出序号。

1）单击【标注】标签栏【表格】面板上的【自动引出序号】工具按钮，单击俯视图，弹出【自动引出序号】对话框，如图 13-71 所示。

2）选中所有的零件以进行标注序号，其他选项如图 13-71 所示。

3）单击【确定】按钮完成引出序号的创建，此时的俯视图如图 13-72 所示。

图13-71 【自动引出序号】对话框

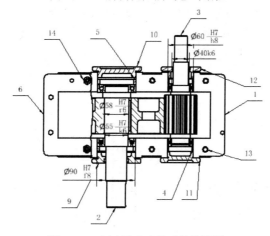

图13-72 创建引出序号后的俯视图

通过编号的右键快捷菜单中的【编辑引出序号】选项可以编辑编号的数字值。选择该选项，弹出一个编号的【编辑引出序号】对话框，如图 13-73 所示。在【引出序号值】选项中单击即可改变引出序号和明细栏。【序号】可以同时设置引出序号和明细栏中项的值。如果要修改【序号】的取值的话，单击该值然后键入新值即可。【替代】选项则仅忽略引出序号中的值。如果忽略引出序号值，那么在明细栏中做出更改后，该值将不会更新。如果要修改【替代】选项的值的话，选择该值，然后键入新值即可。

4）虽然自动标注的零件编号在空间上的排列还是比较整齐的，但是数字没有按照一定的顺序排列，这是因为 Autodesk Inventor 是按照装配顺序来为零部件编号的，在部件文件中最先装入的零件的编号为1，第二个装入的零件编号为2，依此类推。但是可以修改引出编号的数字的值，使得数字按照逆时针或者顺时针的顺序排列。

5）油标尺零件和通气器零件在俯视图上无法表现，可以在主视图上选择【引出序号】工具单独为这两个零件进行引出序号的标注。另外螺栓和螺母零件也适合在主视图上标注。以上几个零件在主视图中的引出序号标注如图 13-74 所示。

图13-73　【编辑引出序号】对话框

6）为装配图添加明细栏。由于已经创建了引出序号并且修改了引出序号的项目编号，所以明细栏中的值也会自动随着引出序号的更新而自动改变。单击【标注】标签栏【表格】面板上的【明细栏】工具按钮▦，创建零部件的明细栏，如图 13-75 所示。在创建明细栏时，有以下几个事项值得注意：

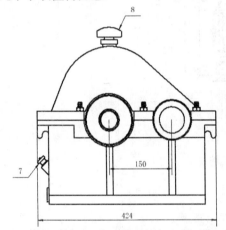

图13-74　主视图中部分零件的引出序号标注

14			6	钢，合金	
13			6	钢，合金	
12			1	铁，铸造	
11			1	铁，铸造	
10			1	铁，铸造	
9			1	钢，铸造	
8			1	ABS 塑料	
7			1	常规	
6			1	铁，铸造	
5			2	常规	
4			2	常规	
3			1		
2			1		
1			1	铁，铸造	
序号	标准	名称	数量	材料	注释
		明细栏			

图13-75　零部件的明细栏

①自动创建明细栏以后，往往其中的序号不是按照顺序排列的，但是可以通过编辑明细栏来实现编号的顺序或者逆序排列。双击明细栏，弹出【明细栏：减速器装配】对话框，如图 13-76 所示。在名称栏中输入全部零件名称。

②单击其中的【排序】按钮▦，弹出如图 13-77 所示的【对明细栏排序】对话框，选择进行排序的关键字和该关键字下的排列顺序（升序和降序）。可以选择三个关键字，即第一关键字、第二关键字和第三关键字。排序的时候，将首先按照第一关键字及其排列顺序进行排序，然后依次按照第二和第三关键字及其排列顺序排序。

③在【明细栏】对话框中，可以编辑任何一个零件的任何信息，包括序号、数量、代号和备注。在实际生成明细栏的过程中，往往出现缺少零件信息、排序混乱等问题，这时候就需要利用【明细栏】对话框进行零件条目的添加与删除，以及序号的重新编制等。总之，要能够与引出序号正确无误的一一对应。一般按照从大到小的顺序排列，并且不会遗漏零部件。

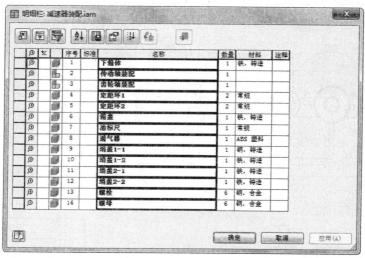

图13-76 【明细栏：减速器装配】对话框

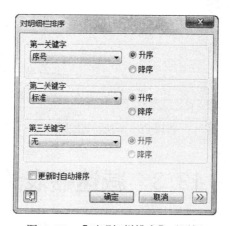

图13-77 【对明细栏排序】对话框

④为防止无意中更新明细栏单元中的值，可以冻结它们。冻结某个单元后，在更新其他单元时，将不更新该单元，在删除冻结条件之前，无法对其进行编辑。具体的方法是，在【编辑明细栏】对话框中选择表中包含要冻结的单元的行，然后在所选的任意单元上单击鼠标右键，然后选择【冻结】选项。注意：被冻结的单元将亮显。要解除对单元的冻结，可以重复【冻结】步骤。

⑤如果在视图中无法为某个零件（如被遮挡的零件）添加引出序号，则可以在明细栏中添加该零件。在添加自定义零件之后，可以为它们添加引出序号，步骤如下：在【明细栏】对话框中选择表中的一行以设置新零件的位置，然后单击【插入自定义零件】命令，在所选行的前面或后面插入零件，再键入必要的零件相关信息，如序号、代号等。

5．技术要求和明细栏

为装配图添加技术要求和填写明细栏中的细目。此时减速器装配图全部创建完成，如图13-78所示。

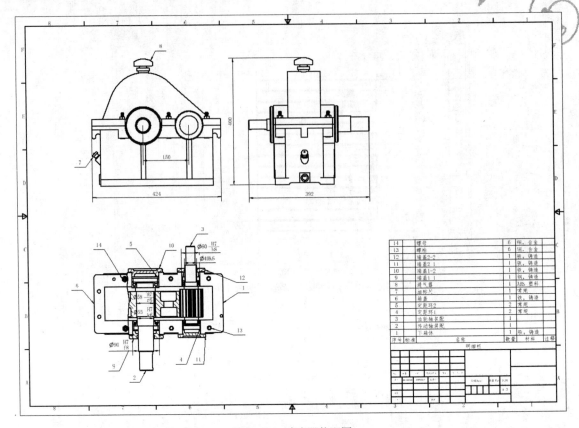

图13-78　减速器装配图

13.3　减速器表达视图

本节将讲述减速器表达视图以及爆炸图的创建方法。通过本节的学习，读者不仅可以深刻体会到表达视图的作用，而且能够独立创建部件的表达视图以及爆炸图。

首先可以使用部件表达视图更清楚地示范部件中的零件之间如何相互影响和配合，如使用动画分解装配视图来图解装配说明；其次可以使用分解装配视图显示出可能会被部分或完全遮挡的零件。例如，可以使用表达视图创建轴测的分解装配视图以显示出部件中的所有零件，然后将该视图添加到工程图中，并引出部件中的每一个零件的序号。

减速器部件表达视图文件位于网盘中的"\第13章\减速器"目录下，文件名为"减速器表达视图.idw"。

13.3.1　效果展示

实例效果如图 13-79 所示。

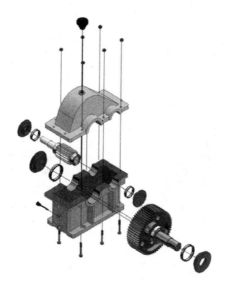

图13-79　表达视图实例效果

13.3.2　操作步骤

1. 新建文件

运行 Autodesk Inventor，单击【快速入门】标签栏【启动】面板上的【新建】工具按钮，在弹出的【新建文件】对话框中选择【Standard.ipn】模板，单击【创建】按钮新建一个表达视图文件，并将文件保存为"减速器表达视图.ipn"。

2. 自动创建表达视图

单击【表达视图】标签栏【模型】面板上的【插入模型】工具按钮，弹出【插入】对话框，这里选择减速器部件（文件名为"减速器装配.iam"）作为要创建表达视图的部件，如图 13-80 所示，单击【确定】按钮，即可创建如图 13-81 所示的表达视图。

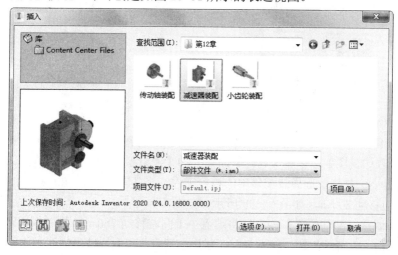

图13-80　【插入】对话框

3．手动调整零部件位置

1）单击【表达视图】标签栏【创建】面板上的【调整零部件位置】工具按钮，弹出【调整零部件位置】小工具栏，如图 13-82 所示。

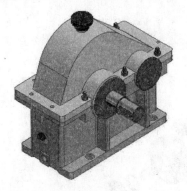

图13-81　自动创建的表达视图　　　　　　　　　　图13-82　【调整零部件位置】工具栏

2）选择装配体中的螺母零件和通气器零件，视图中出现移动箭头，拖动所需移动方向的箭头，将其向上移动 800 mm，单击按钮，即可零件沿指定方向移动 800mm，如图 13-83 所示。

3）单击【表达视图】标签栏【创建】面板上的【调整零部件位置】工具按钮，弹出【调整零部件位置】小工具栏，选择装配体中的箱盖零件，将其向上移动 400 mm，单击按钮，即可将零件沿指定方向移动 400mm，如图 13-84 所示。

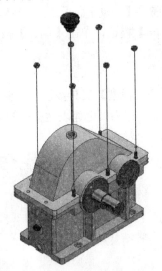

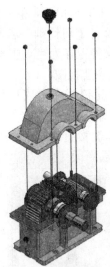

图13-83　移动螺母、通气器零件　　　　　　　　图13-84　移动箱盖零件

4）单击【表达视图】标签栏【创建】面板上的【调整零部件位置】工具按钮，弹出【调整零部件位置】小工具栏，选择装配体中的螺栓零件，将其向下移动 300 mm，单击按钮，将零件沿指定方向移动 300mm，如图 13-85 所示。

5）重复【调整零部件位置】命令，将端盖 1-1 向右移动 780mm，将右侧定距环 2 向右移动 700mm，将传动轴、大圆柱齿轮、轴承 2 和平键向右平移 500mm，结果如图 13-86 所示。

6）重复【调整零部件位置】命令，将端盖 1-2 向左移动 200mm，将左侧定距环 2 向左移动

100mm，结果如图 13-87 所示。

图13-85　移动螺栓零件

图13-86　移动大圆柱齿轮等零件

7）重复【调整零部件位置】命令，将端盖 2-1 向右移动 175mm，将右侧定距环 1 向右移动 125mm；将端盖 2-2 向左移动 450mm，将左侧定距环 1 向左移动 400mm，将小圆柱齿轮、两个轴承 1 向左移动 250mm，将游标尺斜向上移动 200mm，结果如图 13-88 所示。

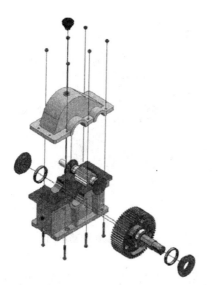
图13-87　移动端盖和定距环零件

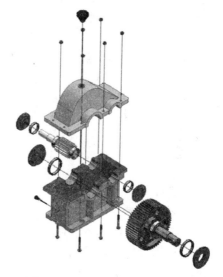
图13-88　位置调整完毕后的表达视图

注意

这里没有对传动轴部件和小齿轮部件进行分解，因为这些部件的装配比较简单，从实用的角度出发没有对其进行零件分解。如果要对它们进行分解，可以从浏览器中找到这些部件，然后单击右键，选择快捷菜单中的【自动分解】选项即可。自动分解以后，如果有零件的位置不合理，还可以通过【调整零部件位置】工具进行手工调整。

13.3.3 爆炸图创建

爆炸图是在表达视图基础上生成的二维工程图，它可以很好地反映部件的装配结构。在当前的生产条件下，由于很多企业不可能在车间安装显示器终端来播放产品的装配过程，还是需要使用工装卡片来指导工人的生产，所以爆炸图能够很好地发挥作用。下面介绍爆炸图的创建过程。

减速器部件的爆炸图文件位于网盘中的"\第13章\减速器"目录下，文件名为"爆炸图.idw"。

1. 创建基本的爆炸图形

1）运行 Autodesk Inventor，单击【快速入门】标签栏【启动】面板上的【新建】工具按钮，在弹出的【新建文件】对话框中选择【Standard.idw】模板，单击【创建】按钮新建一个工程图文件，并将文件保存为"减速器爆炸图.idw"。

2）单击【放置视图】标签栏【创建】面板上的【基础视图】工具按钮，弹出【工程视图】对话框，在【文件】选项中选择减速器的表达视图文件"减速器表达视图.ipn"，其他设置如图13-89 所示。

3）在 ViewCube 上选择轴测图方向为基础视图的放置方向。

4）单击【确定】按钮完成爆炸图基本图形的创建，如图 13-90 所示。

图13-89 【工程视图】对话框

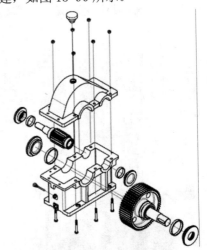

图13-90 爆炸图基本图形

2. 添加引出序号和明细栏

1）添加引出序号和明细栏可以更加清晰地表现部件中的零件信息。可以选择利用【引出序号】工具手工为每一个零部件添加引出序号，也可以选择【自动引出序号】工具自动为所有零部件创建引出序号。利用【自动引出序号】工具为爆炸图添加的零件编号如图 13-91 所示。可以修改引出序号的具体编号，以使得编号的排列遵循一定的标准。

2）单击【标注】标签栏【表格】面板上的【明细栏】工具按钮，创建部件的零部件明细栏，如图 13-92 所示。

另外，如果有必要，可以选择文本工具填写标题栏中的相关信息。此时，爆炸图已经全部创建完毕，结果如图 13-93 所示。

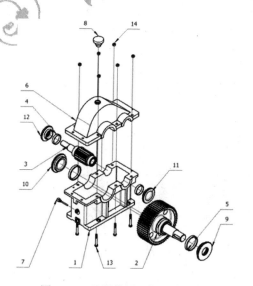

14		螺母	6	钢，合金	
13		螺栓	6	钢，合金	
12		端盖2-2	1	铁，铸造	
11		端盖2-1	1	铁，铸造	
10		端盖1-2	1	铁，铸造	
9		端盖1-1	1	钢，铸造	
8		通气器	1	ABS 塑料	
7		油标尺	1	常规	
6		箱盖	1	铁，铸造	
5		定距环2	2	常规	
4		定距环1	2	常规	
3		齿轮轴装配	1		
2		传动轴装配	1		
1		下箱体	1	铁，铸造	
序号	标准	名称	数量	材料	注释
明细栏					

图13-91　为爆炸图添加零件编号　　　　　　　　　　　　图13-92 创建明细栏

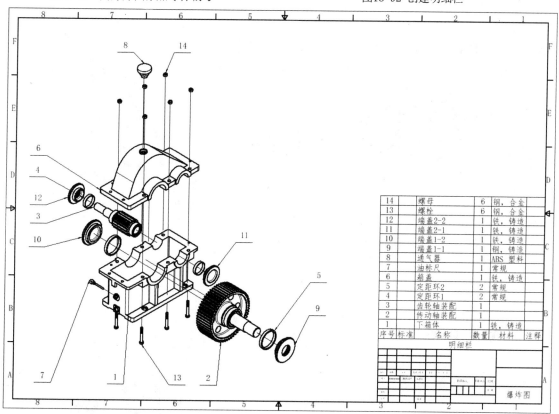

图13-93　创建完毕的爆炸图

第 4 篇
高级应用篇

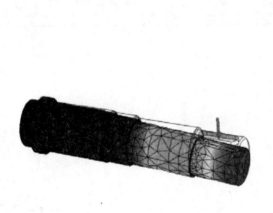

节点:14938
元素:9364
类型: Mises 等效应力
单位: MPa
2019/11/22, 8:44:22

4.668 最大值

3.736

2.803

1.871

0.939

0.007 最小值

本篇主要介绍以下知识点:

✠ 运动仿真

✠ 应力分析

第 14 章

运动仿真

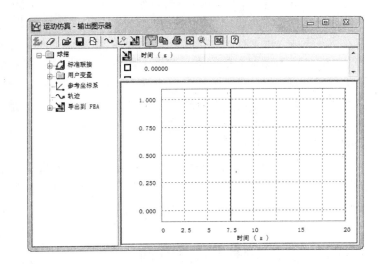

在产品设计完成之后，往往需要对其进行仿真以验证设计的正确性。本章主要介绍了 Autodesk Inventor 运动仿真功能的使用方法，以及将 Autodesk Inventor 模型和仿真结果输出到 FEA（有限元分析）软件中进行仿真的方法。

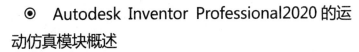

- ◉ Autodesk Inventor Professional2020 的运动仿真模块概述
- ◉ 构建仿真机构
- ◉ 仿真及结果的输出

14.1 Autodesk Inventor Professional2020 的运动仿真模块概述

> 运动仿真包含广泛的功能并且适应多种工作流。本节主要介绍了运动仿真的基础知识。在了解了运动仿真的主要形式和功能后，就可以探究其他功能，然后根据特定需求来使用运动仿真。

Autodesk Inventor 作为一种辅助设计软件，能够帮助设计人员快速创建产品的三维模型，以及快速生成二维工程图等。但是 Autodesk Inventor 的功能如果仅限于此，那就远远没有发挥 Autodesk Inventor 的价值。当前，辅助设计软件往往都能够和 CAE/CAM 软件结合使用，在最大程度上发挥这些软件的优势，从而提高工作效率，缩短产品开发周期，提高产品设计的质量和水平，为企业创造更大的效益。CAE（计算机辅助工程）是指利用计算机对工程和产品的性能与安全可靠性进行分析，通过模拟其工作状态和运行行为，来及时发现设计中的缺陷，同时达到设计的最优化目标。

可以使用运动仿真功能来仿真和分析装配在各种载荷条件下运动的运动特征。还可以将任何运动状态下的载荷条件输出到应力分析。在应力分析中，可以从结构的观点来查看零件如何响应装配在运动范围内任意点的动态载荷。

14.1.1 运动仿真的工作界面

打开一个部件文件后，单击【环境】标签栏【开始】面板中的【运动仿真】按钮，打开运动仿真界面，如图 14-1 所示。

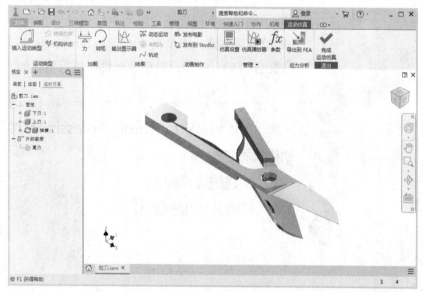

图14-1　运动仿真界面

进入运动仿真环境后,可以看到操作界面主要由 ViewCube(绘图区右上部)、快速工具栏(上部)、功能区(见图 14-2)、浏览器和状态栏以及绘图区域构成。

图14-2 运动仿真功能区

14.1.2 Autodesk Inventor 运动仿真的特点

Autodesk Inventor Professional 2020 的仿真部分软件是完全整合于三维 CAD 的机构动态仿真软件,具有以下显著特点:

1)使软件自动将配合约束和插入约束转换为标准连接(一次转换一个连接),同时可以手动创建连接。

2)已经包含了仿真部分,可以把运动仿真真正整合到设计软件中。

3)能够将零部件的复杂载荷情况输出到其他主流动力学、有限元分析软件(如 Ansys)中进行进一步的强度和结果分析。

4)更加易学易用,可以保证在建立运动模型时将 Autodesk Inventor 环境下定义的装配约束直接转换为运动仿真环境下的运动约束。可以直接使用材料库,用户还可以按照自己的实际需要自行添加新材料。

14.2 构建仿真机构

在进行仿真之前,首先应该构建一个与实际情况相符合的运动机构,这样仿真结果才是有意义的。构建仿真机构除了需要在 Autodesk Inventor 中创建基本的实体模型以外,还包括指定焊接零部件以创建刚性、统一的结构,添加运动和约束、作用力和力矩以及碰撞等。需要指出的是,要仿真部件的动态运动,需要定义两个零件之间的机构连接并在零件上添加力(内力或/和外力)。部件可看作是一个机构。

可以通过三种方式创建连接: 在【分析设置】对话框中激活【自动转换对标准联接的约束】功能,使 Autodesk Inventor 自动将合格的装配约束转换成标准连接;使用【插入运动类型】工具手动插入运动类型;使用【转换约束】工具手动将 Autodesk Autodesk Inventor 装配约束转换成标准连接(每次只能转换一个连接)。

✂ 注意

当【自动转换对标准联接的约束】功能处于激活状态时,不能使用【插入运动类型】或【转换约束】工具来手动插入标准连接。

14.2.1 运动仿真设置

在任何的部件中，任何一个零部件都不是自由运动的，需要受到一定的运动约束的限制。运动约束限定了零部件之间的连接方式和运动规则。通过使用 AIP 2012 版或更高版本创建的装配部件进入运动仿真环境时，如果未取消选择【分析设置】对话框中的【自动转换对标准联接的约束】，则 Autodesk Inventor 将通过转换全局装配运动中包含的约束来自动创建所需的最少连接。同时，软件将自动删除多余约束。此功能在确定螺母、螺栓、垫圈和其他紧固件的自由度不会影响机构的移动时尤其好用，事实上，在仿真过程中这些紧固件通常是锁定的。添加约束时，此功能将立即更新受影响的连接。

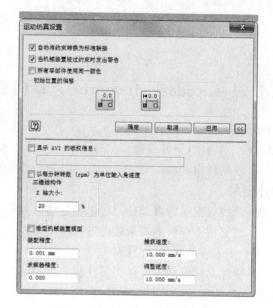

单击【运动仿真】标签栏【管理】面板上的【仿真设置】工具按钮，弹出【运动仿真设置】对话框，如图 14-3 所示。

选中【自动将约束转换为标准联接】选项将激活自动运动仿真转换器。这会将装配约束转换为标准连接。如果选中了【自动将约束转换为标准联接】，就不能再选择手动插

图14-3 【运动仿真设置】对话框

入标准连接，也不能再选择一次一个连接地转换约束。选中或取消此功能都会删除机构中的所有现有连接。

【当机械装置被过约束时发出警告】选项默认是选中的，如果机构被过约束，Autodesk Inventor 将会在自动转换所有配合前向用户发出警告并将约束插入标准连接。

【所有零部件使用同一颜色】选项可将预定义的颜色分配给各个移动组。固定组使用同一颜色。该工具有助于分析零部件关系。

在【初始位置的偏移】选项中，工具可将所有自由度的初始位置设置为 0，而不更改机构的实际位置。这对于查看输出图示器中以 0 开始的可变出图非常有用。工具可将所有自由度的初始位置重设为在构造连接坐标系的过程中指定的初始位置。

14.2.2 转换约束

转换约束将会自动从装配约束创建标准连接。如果不想通过自动转换对标准连接的约束自动创建一个或多个标准连接，而想一般性地理解和创建机构主要零件间的连接和约束，可单击【运动仿真】标签栏【运动类型】面板上的【转换约束】工具按钮，在弹出的如图 14-4 所示的对话框中进行设置来创建零件间的连接。

【选择两个零件】选项用以指定两个零部件，以便确定这两个零部件之间的哪些约束可以

转换到标准连接中。仅这两个零部件之间的装配约束显示在【配合】字段中。选定的第一个零部件是父零部件。选定的第二个零部件是子零部件。 这两个零部件之间的现有装配约束会显示在配合窗口中。

【运动类型】选项显示可从选定的配合约束创建的标准连接的类型（表14-1列出了Autodesk Inventor 可以转换到其中的标准连接和各种装配约束），包括动画图示。选择剪刀上刃和下刃创建的标准连接如图 14-5 所示。如果未选定配合约束，则在默认情况下，Autodesk Inventor 将创建空间连接（6 个自由度）。

图14-4 【继承装配约束】对话框

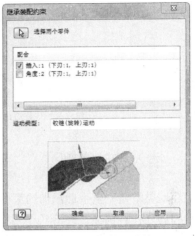

图14-5 创建标准连接

表14-1 可转换的标准连接和装配约束

连接	约束
旋转	插入（环形边，环形边）
	配合（线，线）以及配合（平面，平面）与偏移垂直或不垂直
	配合（圆柱面，圆柱面）以及配合（平面，平面）与偏移垂直或不垂直
平移	组合两个不平行的配合（平面，平面）
柱面运动	配合（线，线）
	配合（圆柱面，圆柱面）
球面运动	配合（点，点）
	配合（球面，球面）
平面运动	配合（平面，平面）
球面圆槽运动	配合（线，点）
	配合（线，球面）注意:球形的中心点保留在平面中
线-面运动	配合（平面，线）
点-面运动	配合（平面，点）
	配合（平面，球面）注意:球形的中心点保留在平面中
空间自由运动	没有约束
焊接	组合三个约束或两个嵌入

选择【插入】选项确定后，剪刀的上、下刃两个零件间就建立了旋转运动标准连接，如图14-6 所示。可以看到，新连接位于【标准类型】节点下的浏览器中。此外，将显示【移动组】节点，上刃从固定组移动到移动组。这时拖动剪刀上刃或选择仿真播放器对话框中的【运行或重放仿真】按钮▶，上刃就会围绕中间的旋转轴而旋转。

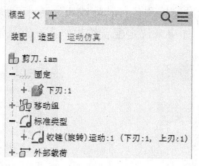

图14-6　转换约束后的浏览器

14.2.3　插入运动类型

插入运动类型是完全手动添加约束的方法。使用插入运动类型可以添加标准、滚动、滑动、二维接触和力连接。前面已经介绍了对于标准连接，可选择自动地或一次一个连接地将装配约束转换成连接，而对于其他所有的运动类型，插入运动类型是添加连接的唯一方式。

在机构中插入运动类型的典型工作流程是：

1）确定所需连接的类型。考虑所具有的与所需的自由度数和类型，还要考虑力和接触。

2）如果知道在两个零部件的其中一个上定义坐标系所需的任何几何图元，这时就需要返回装配模式下【部件和零件】添加所需图元。

3）单击【运动仿真】标签栏【运动类型】面板上的【插入运动类型】工具按钮，弹出如图 14-7 所示的【插入运动类型】对话框。【插入运动类型】对话框顶部的下拉列表中列出了各种可用的连接。该对话框的底部则提供了与选定运动类型相应的选择工具。默认情况下指定为【空间自由运动】，空间自由运动动画将连续循环播放。也可选择【运动类型】菜单右侧的显示连接表工具，弹出如图 14-8 所示【运动类型表】对话框。该表显示了每个连接类别和特定运动类型的视觉表达。单击图标可选择运动类型。选择运动类型后，可用的选项将立即根据运动类型变化。

对于所有连接（三维接触除外），【先拾取零件】工具可以在选择几何图元前选择连接零件。这使得选择图元（点、线或面）更加容易。

4）从连接菜单或【连接表】选择所需运动类型。

5）选择定义连接所需的其他任何选项。

6）为两个零部件定义连接坐标系。

7）单击【确定】或【应用】按钮。这两个操作均可以添加连接，而单击【确定】按钮还将关闭此对话框。

为了在创建约束的时候能够恰如其分地使用各种连接，下面详细介绍【插入运动类型】的

几种类型。

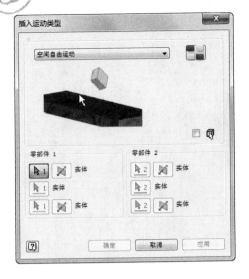

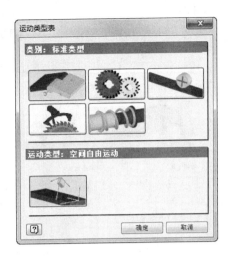

图14-7 【插入运动类型】对话框   图14-8 【运动类型表】对话框

1．插入标准连接

选择标准运动类型添加至机构时，要考虑在两个零部件和两个连接坐标系的相对运动之间所需的自由度。插入运动类型时，将两个连接坐标系分别置于两个零部件上。应用连接时，将定位两个零部件，以便使它们的坐标系能够完全重合。然后，再根据运动类型，在两个坐标系之间进而在两个零部件之间创建自由度。

标准运动类型有旋转、平移、柱面运动、球面运动、平面运动、球面圆槽运动、线-面运动、点-面运动和空间自由运动等。读者可以根据零件的特点以及零部件间的运动形式选择相应的标准运动类型。各种标准连接的添加步骤大致相同，这里仅以剪刀插入"旋转"为例来说明具体操作。

1）打开零部件的运动仿真模式，单击【运动仿真】标签栏【运动类型】面板上的【插入运动类型】工具按钮，弹出如图 14-7 所示的【插入运动类型】对话框。

2）在【运动类型】菜单或连接表中选择【空间自由运动】选项。

3）在图形窗口中，指定零部件的连接坐标系。选择剪刀下刃的接触面上的旋转曲线（由于绕轴旋转要定义 Z 轴和原点，要选择环形边，如果已选择柱面或线性边，则原点将设置在图元中间，所以选择接触面上的旋转曲线），如图 14-9 所示，出现连接空间坐标轴。 X、Y 和 Z 轴是从选定的几何图元中衍生的，与零件或装配坐标系无关。坐标轴使用不同形状的小箭头来区分，单箭头 表示 X 矢量，双箭头 表示 Y 矢量，Z 矢量使用三箭头 来表示。这里只需指定旋转轴 Z 轴即可。单击右键，打开快捷菜单，选择【继续】选项，如图 14-10 所示，则开始零部件 2 连接的选择。同样选择上刃接触面上的旋转曲线。方向相反时可以通过单击 改变方向。

4）选择【确定】按钮完成旋转插入连接。

如果要编辑插入运动类型，在浏览器中选择标准连接项下刚刚添加的连接，右键单击打开快捷菜单，如图 14-11 所示，选择【编辑】选项，弹出【修改连接】对话框，如图 14-12 所示，

401

在该对话框中进行标准连接的修改即可。

其他几种标准连接的插入操作步骤大同小异，这里不再赘述。

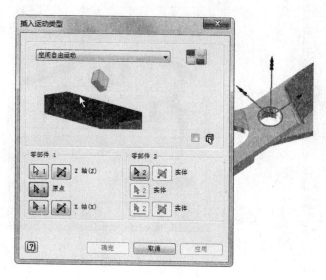

图14-9　选择下刃

图14-10　选择【继续】选项

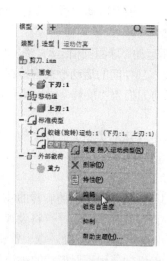

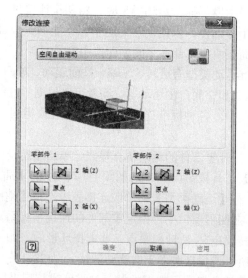

图14-11　【编辑】快捷菜单

图14-12　【修改连接】对话框

2. 插入滚动连接

创建一个部件并添加一个或多个标准连接后，还可以在两个零部件（这两个零部件之间有一个或多个自由度）之间插入其他（滚动、滑动、二维接触和力）连接，但是必须手动插入这些连接。前面已经介绍过这点与标准连接的不同，滚动、滑动、二维接触和力等连接无法通过约束转换自动创建。

滚动连接可以封闭运动回路，并且除锥面连接外，可以用于彼此之间存在二维相对运动的

零部件。可以仅在彼此之间存在相对运动的零部件之间创建滚动连接。因此，在包含滚动连接的两个零部件的机构中，必须至少有一个标准连接。滚动连接应用永久接触约束。滚动连接可以有两种不同的行为，具体取决于在连接创建期间所选的选项：

- 滚动选项仅能确保齿轮的耦合转动。
- 滚动和相切选项可以确保两个齿轮之间的相切以及齿轮的耦合转动。

打开零部件的运动仿真模式，单击【运动仿真】标签栏【运动类型】面板上的【插入运动类型】工具按钮，弹出如图14-7所示的【插入运动类型】对话框；在【运动类型】菜单或连接表中选择【传动连接】，如图14-13所示选择相应的运动类型，或者打开如图14-14所示的传动连接的连接表，选择需要的运动类型；然后根据具体的运动类型和零部件的运动特点，按照插入运动类型的提示为零部件插入滚动连接。具体操作与标准连接类似，这里不再赘述。

图14-13 【插入运动类型】对话框

图14-14 传动连接的连接表

3．插入二维接触连接

二维接触连接和三维接触连接（力）同属于非永久连接。其他均属于永久连接。

插入二维接触连接的操作如下：

1）打开零部件的运动仿真模式，单击【运动仿真】标签栏【运动类型】面板上的【插入运动类型】工具按钮，弹出如图14-9所示的【插入运动类型】对话框。

2）在【运动类型】菜单或连接表中选择【2D Contact】，弹出如图14-15所示的对话框，选择相应的运动类型，或者打开如图14-16所示的二维接触连接的连接表后选择确认。

插入二维接触连接的时候需要选择零部件上的两个回路，这两个回路一般在同一平面上。

3）创建连接后，需要将特性添加到二维接触连接。在浏览器上选择刚刚添加的接触连接下的二维接触连接，右键单击打开快捷菜单，选择【特性】，如图14-17所示。打开二维接触特性对话框，如图 14-18 所示。可以选择要显示的是作用力还是反作用力，以及要显示的力的类型（法向力、切向力或合力）。如果需要，可以对法向力、切向力和合力矢量进行缩放和/或着色，使查看更加容易。

在图 14-18 中，若选中【抑制连接】复选框，则系统在进行所有计算时将此二维接触连接排除在外，但不是从机构中将其完全删除。默认【抑制连接】处于未选中状态。

单击【反转正向】按钮 ，可以反转零部件上曲线的正向。

此外还可在此更改【摩擦系数】和【恢复系数】的数值。

图14-15　选择【2D Contact】选项

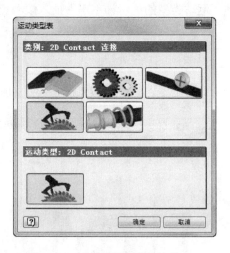

图14-16　二维接触连接的连接表

图14-17　改变二维接触连接特性

图14-18　二维接触特性对话框

4．插入滑动连接

滑动连接与滚动连接类似，可以封闭运动回路，并且可以在具有二维相对运动的零部件之间工作。可以仅在具有二维相对运动的零部件之间创建滑动连接。连接坐标系将会被定位在接触点。连接运动处于由矢量 Z1（法线）和 X1（切线）定义的平面中。接触平面由矢量 Z1 和 Y1

定义。这些连接应用永久接触约束，且没有切向载荷。

滑动连接包括平面圆柱运动、圆柱-圆柱外滚动、圆柱-圆柱内滚动、凸轮-滚子运动、圆槽滚子运动等运动类型。其操作步骤与滚动连接类似，这里不再赘述。

5．插入力连接

前面已经介绍，力连接（三维接触连接）和二维接触连接一样都为非永久性接触，而且可以使用三维接触连接模拟非永久穿透接触。力连接主要使用弹簧/阻尼器/千斤顶连接对作用力/反作用力进行仿真。其具体操作与以上介绍的其他插入运动类型大致相同。下面简单介绍剪刀的三维接触连接的插入。这里为部件添加一个弹簧。

线性弹簧力就是弹簧的张力与其伸长或者缩短的长度成正比的力，且力的方向与弹簧的轴线方向一致。

两个接触零部件之间除了外力的作用之外，当它们发生相对运动时，零部件的接触面之间会存在一定的阻力。这个阻力的添加也是通过力连接来完成的，如剪刀上、下刃的相对旋转接触面间就存在阻力，要添加这个阻力，首先在【运动类型】菜单或连接表中选择【力连接】中的【3D Contact】选项，如图14-19所示。然后选择需要添加的零部件即可。

图14-19　选择【3D Contact】选项

要定义接触集合，需要选择【运动仿真】浏览器中的【力铰链】目录，选择接触集合，单击右键，选择快捷菜单上的【特性】选项，则弹出如图14-19所示的对话框。和弹簧连接类似，可以定义接触集合的刚度、阻尼、摩擦力和零件的接触点。然后单击【确定】按钮就添加了接触力。

6．定义重力

重力是地球引力所产生的力，是外力的一种特殊情况，作用于整个机构。其设置步骤如下：

1）在运动仿真浏览器中的【外部载荷】/【重力】上单击右键。从弹出的快捷菜单中选择【定义重力】选项，弹出如图14-20所示的【重力】对话框。

2）在图形窗口中选择要定义重力的图元。该图元必须属于固定组。

3）在选定的图元上会显示一个黄色箭头，如图14-21所示。单击【反向】按钮，可以更改重力箭头的方向。

4）如果需要，可在【值】文本框中输入要为重力设置的值。

5）单击【确定】按钮，完成重力设置。

图14-20　【重力】对话框

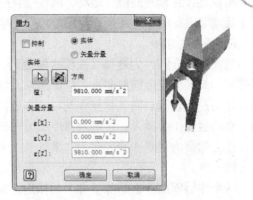

图14-21　在选定的图元上会显示一个黄色箭头

14.2.4　添加力和力矩

力或者力矩都施加在零部件上，并且力或者力矩都不会限制运动，也就是说，它们不会影响模型的自由度，但是力或者力矩能够对运动造成影响，如减缓运动速度或者改变运动方向等。作用力直接作用在物体上从而使其能够运动，包括单作用力和单作用力矩、作用力和反作用力（力矩）。单作用力（力矩）作用在刚体的某一个点上。

 注 意

软件不会计算任何的反作用力（力矩）。

要添加单作用力，可以按如下步骤操作：

1）单击【运动仿真】标签栏【加载】面板上的【力】工具按钮 ⟂，弹出【力】对话框，如图 14-22 所示。如果要添加转矩，则单击【转矩】按钮 ↻，弹出【转矩】对话框，如图 14-23 所示。

图14-22　【力】对话框

图14-23　【转矩】对话框

2）单击【位置】按钮，然后在图形窗口中的分量上选择力或转矩的应用点，如图 14-24 所示。

注 意

当力的应用点位于一条线或面上而无法捕捉时，可以返回【部件】环境，绘制一个点，再回到【运动仿真】环境，就可以在选定位置插入力或转矩的应用点了。

3）单击【位置】按钮，在图形窗口中选择第二个点。选定的两个点可以定义力或转矩矢量的方向，其中，以选定的第一个点作为基点，选定的第二个点处的箭头作为提示，如图 14-25 所示。可以单击【反向】按钮将力或转矩矢量的方向反向。

4）在【大小】文本框中可以定义力或转矩大小的值。可以输入常数值，也可以输入在仿真过程中变化的值。单击文本框右侧的方向箭头，打开数据类型菜单。从数据类型菜单中可以选择【常量】或【输入图示器】选项，如图 14-26 所示。

图14-24 选择力或转矩的应用点

图14-25 确定力或转矩方向

图14-26 数据类型菜单

当选择【输入图示器】选项后会弹出【大小】对话框，如图 14-27 所示。单击【大小】对话框中显示的图标，然后使用【输入图示器】定义一个在仿真过程中变化的值。

图形的垂直轴表示力或转矩载荷，水平轴表示时间，力或转矩绘制由红线表示。双击一时间位置可以添加一个新的基准点，如图 14-28 所示。用鼠标拖动蓝色的基准点可以输入力或扭矩的大小。精确输入力或转矩时可以使用【起始点】和【结束点】来定义，X 文本框用于输入时间点，Y 文本框用于输入力或转矩的大小。

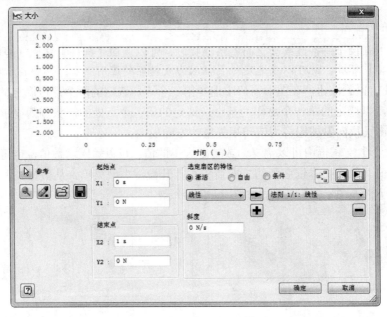

图14-27　【大小】对话框

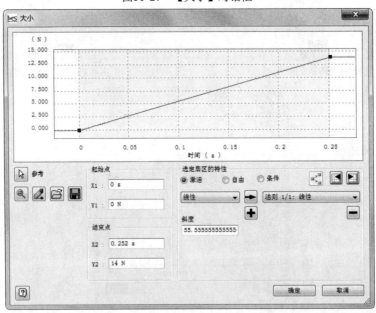

图14-28　添加基准点

单击【固定载荷方向】按钮，以固定力或转矩在部件的绝对坐标系中的方向。

单击【关联载荷方向】按钮，将力或转矩的方向与包含力或转矩的分量关联起来。

为使力或转矩矢量显示在图形窗口中，可选择【显示】选项以使力或转矩矢量可见。

如果需要，可以更改力或转矩矢量的比例，从而使所有的矢量可见。该参数默认值为 0.01。

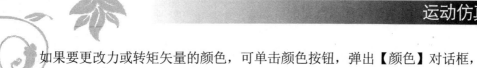

如果要更改力或转矩矢量的颜色，可单击颜色按钮，弹出【颜色】对话框，然后为力或转矩矢量选择颜色。

5）单击【确定】按钮，完成单作用力的添加。

14.2.5 未知力的添加

有时为了运动仿真能够使机构停在一个指定位置，而这个平衡的力很难确定时，可以借助于添加未知力来计算所需力的大小。

使用未知力来计算机构在指定的一组位置保持静态平衡时所需的力、转矩或千斤顶，在计算时需要考虑所有外部影响，包括重力、弹力、外力或约束条件等。而且机构只能有一个迁移度。下面简单介绍未知力的添加步骤：

1）单击【运动仿真】标签栏【结果】面板上的【未知力】工具按钮，弹出如图 14-29 所示的【未知力】对话框。

2）选择适当的力类型，如力、转矩或千斤顶。

①对于力或转矩：

● 单击【位置】按钮，在图形窗口中单击零件上的一个点。

● 单击【方向】按钮，在图形窗口中单击第二个连接零部件上的可用图元，通过确定在图形窗口中绘制的矢量的方向来指定力或转矩的方向。选择可用的图元，如线性边、圆柱面或草图直线，图形窗口中会显示一个黄色矢量来表明力或转矩的方向。在图形窗口中将确定矢量的方向。可以改变矢量方向并使其在整个计算期间保持不变。

● 如果必要可单击【反向】按钮，将力或转矩的方向（也就是黄色矢量的方向）反向。

● 单击【固定载荷方向】按钮，可以锁定力或转矩的方向。

● 此外，如果要将方向与有应用点的零件相关联，可单击【关联载荷方向】按钮，然后使其可以移动。

②对于千斤顶：

● 单击【位置一】按钮，在图形窗口中单击某个零件上的可用图元。

● 单击【位置二】按钮，在图形窗口中单击某个零件上的可用图元，以选择第二个应用点并指定力矢量的方向。直线 P1-P2 定义了千斤顶上未知力的方向。

● 图形窗口中会显示一个代表力的黄色矢量。

3）在【运动】选项的下拉列表中选择机构的一个连接。

4）如果选定的连接有两个或两个以上自由度，则在【自由度】文本框中选择受驱动的那个自由度。【初始位置】文本框将显示选定自由度的初始位置。

5）在【最终位置】文本框中输入所需的最终位置。

6）【步长数】文本框用于调整中间位置数。默认是 100 个步长。

7）单击【更多】按钮，显示与在图形窗口中显示力、转矩或千斤顶矢量相关的参数。

● 选择【显示】以在图形窗口中显示矢量并启用【比例】和【颜色】字段。

● 要缩放力、转矩或千斤顶矢量，以便在图形窗口中看到整个矢量，可以在【比例】字段中输入系数。系数的默认值为 0.01。

● 如果要选择矢量在图形窗口中的颜色，可单击颜色框，弹出 Microsoft 的【颜色】对话框。

8）单击【确定】按钮。输出图示器将自动打开，并在【未知力】目录下显示变量"fr'？"或"mm'？"（针对搜索的力或转矩）。

图14-29　【未知力】对话框

14.2.6　修复冗余

在插入运动类型和添加约束的工作做完后，有时会出现过约束的情况，使得运动仿真不能按照所要求的那样顺利进行。Autodesk Inventor Professional2020 的【机构状态】功能在这方面为用户带来了很大的方便，可以帮助查找并修复多余约束的情况。

> ⚠ 注意
>
> 仅在【自动转换对标准联接的约束】选项未被激活时，此功能才可用。如果使用【自动转换对标准联接的约束】选项，软件将自动修复所有冗余。

单击【运动仿真】标签栏【运动类型】面板上的【机构状态】工具按钮，弹出如图 14-30 所示【机械装置状态和冗余】对话框。【机械装置状态和冗余】对话框在【模型信息】栏中显示了机构的冗余度以及迁移度。

具体的修复冗余步骤如下：

1）在【机械装置状态和冗余】对话框的【封闭运动链】组中单击【下一个链】图标直到【初始连接】列大于 0。

2）如果系统建议通过改变连接以删除多余约束，则该建议将显示在紧邻连接右侧的【多余约束】列中，而修改后的连接将显示在【最终连接】列中。

> ⚠ 注意
>
> 如果想看到选定链的零部件在图形窗口中亮显，可单击【亮显链的零部件】按钮。

3）如果需要，可以使用垂直滚动条来移动建议更改的连接，直到它显示在窗口中。

4）如果软件不能按照系统建议进行更改，则在【多余约束】列的顶部将显示一个警告图标。

！注意

系统在找不到解决方案时，并不意味着没有解决方案。在【最终连接】列中，手动修改链中的某些连接也可以删除过约束。

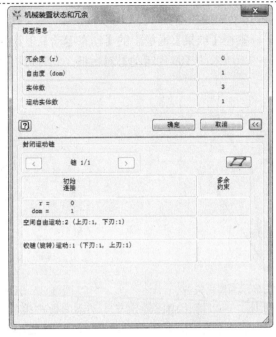

图14-30 【机械装置状态和冗余】对话框

5）对所有过约束运动链重复步骤 2）和 3）。

6）当【模型信息】组中显示不再有任何多余约束时，可单击【测试】按钮进行测试。

7）系统将尝试装配机构，如果不成功，会显示一条警告消息。

如果不想进行修改，还可以在单击【确定】按钮之前随时单击【重设模型】。此时会使模型返回其原始状态。

8）当机构不再有过约束时，可单击【确定】按钮保存这些操作，完成修复。

14.2.7 动态零件运动

前面已经为要进行运动仿真的零部件插入了运动类型，建立了运动约束以及添加了相应的力和转矩，但是在运行仿真前还需要对机构进行一定的核查，以防止在仿真过程中出现不必要的错误。使用【动态运动】功能就是通过鼠标为运动部件添加驱动力驱动实体来测试机构的运动。可以利用鼠标左键选择运动部件，拖动此部件使其运动，查看运动情况是否与设计初衷相同，以及是否存在一些约束连接上的错误。鼠标左键选择运动部件上的点就是拖动时施力的着力点，拖动时，力的方向由零部件上的选择点和每一瞬间的光标位置之间的直线决定。力的大小根据这两点之间的距离系统会自己来计算，当然距离越大施加的力也越大。施加的力在图形窗口中显示为一个黑色矢量，如图 14-31 所示。鼠标的操作产生了使实体移动的外力。当然，这时对机构运动有影响的不只是添加的鼠标驱动力，系统也会将所有定义的动态作用（如弹簧、连接、接触）等考虑在内。【动态运动】功能是一种连续的仿真模式，但是它只是执行计算而不保存计算，而且对于运动仿真没有时间结束的限制。这也是它与【仿真播放器】进行的运动仿真的主要不同之处。

下面简单介绍动态零件运动的操控面板和操作步骤。

1）单击【运动仿真】标签栏【结果】面板上的【动态运动】工具按钮，在原来的【仿真播放器】位置弹出如图 14-32 所示的【零件运动】对话框。此时可以看到机构在已添加的力和约束下会运动。

图14-31　施加的力显示为黑色矢量

图14-32　【零件运动】对话框

2）单击【暂停】按钮，可以停止由已经定义的动态参数产生的任何运动。单击【暂停】按钮后，【开始】按钮将代替【暂停】按钮。单击【开始】按钮后，将启动使用鼠标所施加的力所产生的运动。

3）在运动部件上，选择驱动力的着力点，同时按住鼠标左键并移动鼠标对部件施加驱动力。对零件施加的外力与零件上的点到光标位置之间的距离成正比，拖动方向为施加的力的方向。零件将根据此力移动，但只会以物理环境允许的方式移动。在移动过程中，参数项中【应用的力】显示框将显示鼠标仿真力的大小，该字段的值会随着鼠标的每次移动而发生更改，而且只能通过在图形窗口中移动鼠标来更改此字段的值。

当鼠标驱动力需要鼠标有很大位移才能驱动运动部件（或鼠标移动很小距离便产生很大的力）时，可以更改参数项中【放大鼠标移动的系数】 0.010 文本框中的值。这将增大或减小应用于零件上的点到光标位置之间距离的力的比例，即比例系数增大的时候很小的鼠标位移可以产生很大的力，比例系数变小的时候则相反。默认情况下，此系数值为 0.01。

当需要限制驱动力的大小时，可以选择更改参数项中【最大力】 100.000 N 文本框中应用的力的最大值。当设定最大力后，无论力的应用点到光标之间的距离多大，所施加的力最大只能为设定值。默认的力的最大值为 100 N。

下面介绍【零件运动】对话框上的其他几个按钮：

（1）【抑制驱动条件】按钮：此按钮可以在连接上的强制运动影响了零件的动作的时候停止此强制驱动造成的影响。默认情况下，强制运动在动态零件运动模式下不处于激活状态。此外，如果此连接上的强制运动受到了抑制，而要使此强制运动影响此零件的动作，可选择【解

除抑制驱动条件】

（2）阻尼类型：阻尼的大小对于机构的运动所起到的影响不可小视，Autodesk Inventor Professional2020 的【零件运动】对话框中提供了 4 种可添加给机构的阻尼类型：

- ：在计算时将机械装置阻尼考虑在内。
- ：在计算时忽略阻尼。
- ：在计算时考虑弱阻尼。
- ：在计算时考虑强阻尼。

（3）【将此位置记录为初始位置】按钮：有时为了仿真的需要，需要保存图形窗口中的位置作为机构的初始位置。此时必须先停止仿真，选择【将此位置记录为初始位置】按钮，然后系统会退出仿真模式，返回构造模式，使机构位于新的初始位置。此功能对于找出机构的平衡位置非常有用。

（4）【重新启动仿真】按钮：当需要使机构回到仿真开始时的位置并重新启动计算时，可以选择【重新启动模拟】按钮。此时会保留先前使用的选项如阻尼等。

（5）【退出零件运动】按钮：在完成了零件运动模拟后，选择【退出零件运动】按钮可以返回构造环境。

14.3 仿真及结果的输出

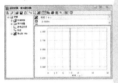 在给模型添加了必要的连接，指定了运动约束，并添加了与实际情况相符合的力、力矩以及运动后，就构建了正确的仿真机构，此时可以进行机构的仿真以观察机构的运动情况，并输出各种形式的仿真结果。下面按照进行仿真的一般步骤对仿真过程以及结果的分析做简要介绍。

14.3.1 运动仿真设置

在进行仿真之前，熟悉仿真的环境设置以及如何更改环境设置，对正确而有效地进行仿真还是很有帮助的。打开一个部件的【运动仿真】模式后，【仿真播放器】将自动开启，如图 14-33 所示。下面简单介绍【仿真播放器】的构造及使用。

图 14-33 【仿真播放器】对话框

1. 工具栏

单击 开始运行仿真；单击 停止仿真；单击 使仿真返回到构造模式，可以从中修改模型；单击 回放仿真；单击 直接移动到仿真结束；单击 可以在仿真过程中取消激活屏幕刷新，仿真将运行，但是没有图形表达；单击 循环播放仿真直到单击停止按钮。

2. 最终时间

如图 14-34 所示，最终时间决定了仿真过程持续的时间，默认为 1 s。仿真开始的时间永远为零。

3．图像

如图 14-35 所示，这一栏显示仿真过程中要保存的图像数（帧），其数值大小与【最终时间】有关系。默认情况下，当【最终时间】为默认的 1.000 s 时，图像数为 100。最多为 500000 个图像。更改【最终时间】的值时，【图像】字段中的值也将自动更改以使其与新的【最终时间】的比例保持不变。

帧的数目决定了仿真输出结果的表现细腻程度，帧的数目越多，则仿真的输出动画播放越平缓。相反，如果机构运动较快，但是帧的数目又较少，则仿真的输出动画就会出现快速播放甚至跳跃的情况。这样将不容易仔细观察仿真的结果及其运动细节。

> **注 意**
>
> 这里的帧的数目是帧的总数目而非每秒的帧数。另外，不要混淆机构运动速度和帧的播放速度的概念，前者和机构中部件的运动速度有关，后者是仿真结果的播放速度。播放速度主要取决于计算机的硬件性能，计算机硬件性能越好，则能够达到的播放速度就越快，即每秒能够播放的帧数就越多。

4．过滤器

如图 14-36 所示，【过滤器】可以控制帧显示步幅。例如，如果【过滤器】为 1，则每隔 1 帧显示 1 个图像；如果为 5，则每隔 5 帧显示 1 个图像。只有仿真模式处于激活状态且未运行仿真时，才能使用该选项。默认为 1 个图像。

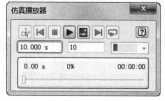
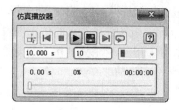
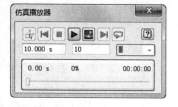

图14-34　最终时间　　　　　　图14-35　图像　　　　　　图14-36　过滤器

5．模拟时间、百分比和计算实际时间

如图 14-37 所示，【模拟时间】值显示机械装置运动的持续时间；如图 14-38 所示，【百分比】显示仿真完成的百分比；如图 14-39 所示，【计算实际时间】值显示运行仿真实际所花的时间。

图14-37　模拟时间　　　　　　图14-38　百分比　　　　　　图14-39　计算实际时间

14.3.2　运行仿真

仿真环境设置完毕，就可以进行仿真了。参照上一节介绍的仿真面板的工具栏的介绍控制

仿真过程。需要注意的是，通过拖动滑动条的滑块位置，可以将仿真结果动画拖动到任何一帧处停止，以便于观察指定时间和位置的仿真结果。

运行仿真的一般步骤是：

1）设置仿真的参数。

2）打开仿真面板，可以单击播放按钮▶开始运行仿真。

3）仿真结束后，产生仿真结果。

4）可以利用播放控制按钮来回放仿真动画。可以改变仿真方式，同时观察仿真过程中的时间和帧数。

14.3.3　仿真结果输出

在完成了仿真之后，可以将仿真结果以各种形式输出，以便于仿真结果的观察。

只有在仿真全部完成之后才可以输出仿真结果。

1. 输出仿真结果为 AVI 文件

如果要将仿真的动画保存为视频文件，以便于在任何时候和地点方便观看仿真过程，可以使用运动仿真的【发布电影】功能。具体的步骤是：

1）单击【运动仿真】标签栏【动画制作】面板中的【发布电影】工具按钮📷，弹出【发布电影】对话框，如图 14-40 所示。

2）通过【浏览】按钮▼可以选择 AVI 文件的保存路径和文件名。选择完毕后点击【保存】按钮，弹出【视频压缩】对话框，如图 14-41 所示。【视频压缩】对话框可以指定要使用的视频压缩编解码器。默认的视频压缩编解码器是【Cinepak Codec by Radius】。可以使用【压缩质量】字段中的指示栏来更改压缩质量。一般均采用默认设置。设置完毕单击【确定】按钮。

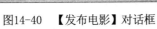

图14-40　【发布电影】对话框　　　　图14-41　【视频压缩】对话框

3）单击【仿真播放器】中的【播放】按钮▶开始或重放仿真。

4）仿真结束时，再次单击【发布电影】按钮以停止记录。

2. 输出图示器

【输出图示器】可以用来分析仿真。在仿真过程中和仿真完成后，将显示仿真中所有输入和输出变量的图形和数值。【输出图示器】包含工具栏、浏览器、时间步长窗格和图形窗口。

单击【输出图示器】工具按钮，弹出如图 14-42 所示的【输出图示器】对话框。

多次单击【输出图示器】工具按钮，可以弹出多个【输出图示器】对话框。

⚠️ 注 意

与动态零件运动参数、输入图示器参数类似，在【参数】对话框中输出图示器参数不可用。

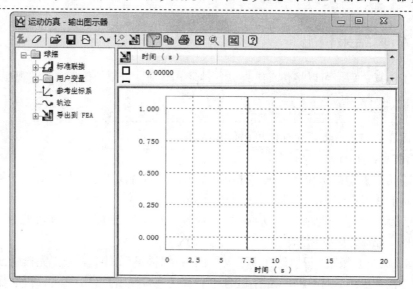

图14-42　【输出图示器】对话框

输出图示器中变量的含义见表 14-2。

可以使用输出图示器进行以下操作：

● 显示任何仿真变量的图形。
● 对一个或多个仿真变量应用【快速傅立叶变换】。
● 保存仿真变量。
● 将当前变量与上次仿真时保存的变量相比较。
● 使用仿真变量从计算中导出变量。
● 准备 FEA 的仿真结果。
● 将仿真结果发送到 Excel 和文本文件中。

下面简要介绍输出图示器的工具栏：

● 【清除】按钮🗑️：清除输出图示器中的所有仿真结果。
● 【全部不选】按钮⊘：用以取消所有变量的选择。
● 【自动缩放】按钮⊞：自动缩放图形窗口中显示的曲线，以便可以看到整条曲线。
● 【将数据导出到 Excel】按钮🔲：将图形窗口中当前显示结果输出到 Microsoft Excel 表格中。

表14-2 输出图示器中变量的含义

变量	含义	特性
p	位置	
v	速度	
a	加速度	
U	关节动力	
Ukin	驱动力	
fr	力	
mm	力矩（转矩）	
frc	接触力	
status_ct	接触状态	对于无接触的情况，状态为 0；对于永久接触，状态为 1。当状态为 0.5 时，则表示存在碰撞后回弹
roll_ct	滑动状态	对于沿连接坐标系 X 轴的滑动，状态为 0；对于沿连接坐标系 -X 轴的滑动，状态为 -1；而对于滚动（但是无滑动），状态为 1
frs	弹簧力	大于 0 的 frs 为牵引，小于 0 的 frs 为压缩
ls	弹簧长度	
vs	弹簧应变率	弹簧连接点的相对线速度
frl	滚动连接力和滑动连接力	
mml	滚动连接转矩和滑动连接转矩	
pen_max	三维接触连接的最大穿透	
nb_cp	三维接触连接施加的最大力	
frcp_max	三维接触连接施加的最大力	
frcp1	三维接触连接对第一个零件施加的力	力作用在第一个零件上的三个分量以绝对框架表示
mmcp1	三维接触连接对第一个零件施加的力矩	对于第二个零件，第一个零件上的力（或力矩）的结果将显示在零件坐标系中
frcp2	三维接触连接对第二个零件施加的力	
mmcp2	三维接触连接对第二个零件施加的力矩	
p_ptr	跟踪位置	
v_ptr	跟踪速度	
a_ptr	跟踪加速度	
fr_ptr	外部载荷力	
mm_ptr	外部载荷力矩	
fr '?'	未知力	
mm '?'	未知力矩	
internal_step	两个图像之间内部计算的值	
hyperstatic	冗余的值	
shock	接触连接的两个零部件之间接触状态的值	

其余几个按钮与 Windows 窗口中的打开、保存和打印等工具的使用方法相同，这里不再赘述。

3. 将结果导出到 FEA

FEA（Finite Element Analysis，有限元分析）方法在固体力学、机械工程、土木工程、

417

航空结构、热传导、电磁场、流体力学、流体动力学、地质力学、原子工程和生物医学工程等各个具有连续介质和场的领域中获得了越来越广泛的应用。

有限元分析法的基本思想就是把一个连续体人为地分割成有限个单元，即把一个结构看成由若干通过结点相连的单元组成的整体，先进行单元分析，然后再把这些单元组合起来代表原来的结构。这种先化整为零再积零为整的方法就叫有限元分析法。

从数学的角度来看，有限元分析法是将一个偏微分方程转化成一个代数方程组，利用计算机求解。由于有限元分析法是采用矩阵算法，故借助计算机这个工具可以快速地算出结果。在运动仿真中可以将仿真过程中得到的力的信息按照一定的格式输出为其他 FEA 软件（如 SAP、NASTRAN、ANSYS 等）所兼容的文件，这样就可以借助这些有限元分析软件的强大功能来进一步分析所得到的仿真数据了。

注 意

在运动仿真中，要求零部件的力必须均匀分布在某个几何形状上，这样导出的数据才可以被其他 FEA 软件所利用。如果某个力作用在空间的一个三维点上，那么该力将无法被计算。运动仿真能够很好地支持零部件支撑面（或者边线）上的受力，包括作用力和反作用力。

可以在创建约束、力（力矩）、运动等元素时选择承载力的表面或者边线，也可以在将仿真数据结果导出到 FEA 时再选择。这些表面或者边线只需要定义一次，在以后的仿真或者数据导出时它们都会发挥作用。

注 意

在将仿真结果导出到 FEA 时，一次只能导出某一个时刻的仿真结果数据，也就是说，某一个时刻的仿真数据构成单独的一个文件，有限元软件只能够同时分析这一个时刻的数据。虽然运动仿真也能够将某一个时间段的数据一起导出，但是也是导出到不同的文件中，与分别导出这些文件的结果没有任何区别，只是导出的效率提高了。

【导出到 FEA】的操作步骤如下：

1）选择要输出到 FEA 的零件。

2）根据【分析设置】对话框中的设置，可以将必要的数据与相应的零件文件相关联以使用 Autodesk Inventor 应力分析进行分析，或者将数据写入文本文件中以进行 ANSYS 模拟。

3）进行 Autodesk Inventor 分析时，在【运动仿真】面板上选择【导出到 FEA】工具按钮，弹出如图 14-43 所示【导出到 FEA】对话框。

4）在图形窗口中，单击选择要进行分析的零件，作为 FEA 分析零件。

可以选择多个零件。要取消选择某个零件，可在按住 Ctrl 键的同时单击该零件。按照给定提示选择零件和承载面后单击【确定】按钮。

图 14-43　【导出到 FEA】对话框

第 15 章

应力分析

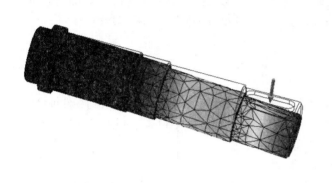

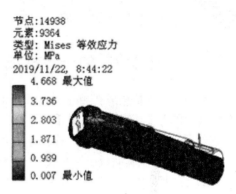

节点:14938
元素:9364
类型: Mises 等效应力
单位: MPa
2019/11/22, 8:44:22
4.668 最大值
3.736
2.803
1.871
0.939
0.007 最小值

应力分析模块是 Autodesk Inventor Professional 2008 专业版一个重要的新增功能,Autodesk Inventor Professional2020 对应力分析模块进行了更新。通过在零件和钣金环境下进行应力分析,可以使设计者能够在设计的开始阶段就知道所设计的零件的材料和形状是否能够满足应力要求,变形是否在允许范围内等。

- ◉ Autodesk Inventor Professional2020 应力分析模块概述
- ◉ 边界条件的创建
- ◉ 模型分析及结果处理

15.1 Autodesk Inventor Professional2020 应力分析模块概述

Autodesk Inventor Professional2020 完备了零件和钣金的应力分析环境，补充完善了新建抽壳元网格、多时间步长分析和特征抑制等新特性。新的应力分析模块能够使用户计算零件的应力、变形、安全系数和共振频率模式。本章将主要介绍如何在 Autodesk Inventor Professional2020 中使用应力分析功能。

15.1.1 应力分析的一般方法

应力分析模块集成在 Autodesk Inventor 中。运行 Autodesk Inventor，进入到零件或者钣金环境，单击【环境】标签栏【开始】面板上的【应力分析】工具按钮，如图 15-1 所示。即可进入到应力分析环境下，在应力分析环境中可以看到：

1）此时的工具面板已经变成了【应力分析】面板。

2）浏览器的标题栏也变成了【应力分析】，其中包含有【载荷和约束】和【结果】等选项。

3）在功能区中，增加了【应力分析】标签栏，其中有一些在应力分析过程中能够用到的工具按钮（如【网格视图】按钮、【边界条件】按钮、【最大结果】按钮等）以及【变形样式】列表框。

Autodesk Inventor 的应力分析模块由世界上最大的有限元分析软件公司之一的美国 ANSYS 公司开发，所以 Autodesk Inventor 的应力分析也是采取 FEA 的基本理论和方法。FEA 的基本方法是将物理模型的 CAD 表示分成小片断（可想象是一个三维迷宫），此过程称为网格化。

网格（有限元素集合）的质量越高，物理模型的数学表示就越好。使用方程组对各个元素的行为进行组合计算，便可以预测形状的行为。如果使用典型工程手册中的基本封闭形式计算，将无法理解这些形状的行为。图 15-2 所示为对零件模型进行的有限元网格划分。

图15-1 进入应力分析环境

图15-2 对零件模型进行有限元网格划分

Autodesk Inventor 中的应力分析是通过使用物理系统的数学表示来完成的。该物理系统由

以下内容组成：

1）一个零件（模型）。

2）材料特性。

3）可应用的边界条件（称为预处理）。

4）此数学表示的方案（求解）。要获得一种方案，可将零件分成若干小元素。求解器会对各个元素的独立行为进行综合计算，以预测整个物理系统的行为。

5）研究该方案的结果（称为后处理）。

所以，进行应力分析的一般步骤是：

1）创建要进行分析的零件模型。

2）指定该模型的材料特性。

3）添加必要的边界条件以便于与实际情况相符合。

4）进行分析设置。

5）划分有限元网格，运行分析，分析结果的输出和研究（后处理）。

使用 Autodesk Inventor 进行应力分析，必须了解一些必要的分析假设。

1）由 Autodesk Inventor Professional 提供的应力分析仅适用于线性材料特性。在这种材料特性中，应力和材料中的应变成正比例，即材料不会永久性地屈服。在弹性区域（作为弹性模量进行测量）中，材料的应力-应变曲线的斜率为常数时，便会得到线性行为。

2）假设与零件厚度相比总变形很小。例如，如果研究梁的挠度，那么计算得出的位移必须远小于该梁的最小横截面。

3）结果与温度无关，即假设温度不影响材料特性。

如果上面三个条件中的某一个不符合时，则不能保证分析结果的正确性。

15.1.2 应力分析的意义

使用应力分析工具，用户可以：

1）执行零件的应力分析或频率分析。

2）将力载荷、压力载荷、轴承载荷、力矩载荷或体积载荷应用到零件的顶点、表面或边。

3）将固定约束或非零位移约束应用到模型。

4）评估对多个参数设计进行更改所产生的影响。

5）根据等效应力、变形、安全系数或共振频率模式来查看分析结果。

6）添加特征（如角撑板、圆角或加强筋），重新评估设计，然后更新方案。

7）生成可以保存为 HTML 格式的完整的自动工程设计报告。

在产品的最初设计阶段，执行机械零件的分析可以帮助用户以更短的时间设计出更好的产品投放到市场。Autodesk Inventor 的应力分析可以帮助用户实现以下目标：

1）确定零件的坚固程度是否可以承受预期的载荷或振动，而不会出现不适当的断裂或变形。

2）在早期阶段便可获得全面的分析结果，这是有价值的（因为在早期阶段进行重新设计的成本较低）。

3）确定是否能以更节约成本的方式重新设计零件，并且在预期的使用中仍能达到满意的效果。

因此，应力分析工具可以帮助用户更好地了解设计在特定条件下的性能。即使是非常有经验的专家，也可能需要花费大量时间进行所谓的详细分析，才能获得考虑实际情况后得出的精确答案。在帮助进行预测和改进设计方面，通常较为有用的是从基本或基础分析中获得的趋势和行为信息，所以在设计阶段执行应力分析可以充分地改进整个工程过程。

以下是应力分析的一个使用样例：

在设计托架系统或单个焊接件时，零件的变形可能会极大地影响关键零部件的对齐，从而产生会导致加速磨损的力。评估振动的影响时，几何结构是一个重要的因素，因为它对零件的共振频率起了关键的作用。是出现零件故障，还是获得预期的零件性能，一个重要的条件是能否避免关键的共振频率（在某些情况下是能否达到关键的共振频率）。利用 Autodesk Inventor 的应力分析功能，可以得到零件在受力情况下的变形量以及振动的情况等，这样可以为零件的实际设计提供有效的参考，大大地减少试验过程和设计周期。

15.2　边界条件的创建

　　模型实体和边界条件（如材料、载荷、力矩等）共同组成了一个可以进行应力分析的系统。

15.2.1　验证材料

当在零件或者钣金环境中进入应力分析环境时，系统会首先检查当前激活的零件的材料是否可以用于应力分析。如果材料合适，将在【应力分析】浏览器中列出；如果不合适，将打开如图 15-3 所示的【指定材料】对话框，可以从下拉列表中为零件选择一种合适的材料，以用于应力分析。

如果不选择任何材料而取消此对话框，继续设置应力分析，当尝试更新应力分析时，将显示该对话框，以便于在运行分析之前选择一种有效的材料。

需要注意的是，当材料的屈服强度为零时，可以执行应力分析，但是【安全系数】将无法计算和显示。当材料密度为零时，同样可以执行应力分析，但无法执行共振频率（模式）分析。

15.2.2　力和压力

应力分析模块中提供力和压力两种形式的作用力载荷。力和压力的区别是，力作用在一个点上，而压力作用在表面上。压力更加准确的称呼应该是压强。下面以添加力为例，讲述如何在应力分析模块下为模型添加力。

1）单击【应力分析】标签栏【载荷】面板上的【力】工具按钮 ，弹出如图 15-4 所示的【力】对话框。

图15-3 【指定材料】对话框

图15-4 【力】对话框

2）单击【位置】按钮，选择零件上的某一点作用力的作用点。也可以在模型上单击左键，则鼠标指针所在的位置就作为力的作用点。

3）通过单击【方向】按钮可以选择力的方向，如果选择了一个平面，则平面的法线方向被选择作为力的方向。单击【反向】按钮 可以使力的作用方向相反。

4）在【大小】文本框中可指定力的大小。如果选中了【使用矢量分量】选项，还可以通过指定力的各个分量的值来确定力的大小和方向。既可以输入数值形式的力的数值，也可以输入已定义参数的方程式。

5）单击【确定】按钮完成力的添加。

> **注意**
>
> 当使用分量形式的力时，【方向】按钮和【大小】文本框变为灰色不可用，因为此时力的大小和方向完全由各个分力来决定，不需要再单独指定力的这些参数。

要为零件模型添加压力，可以单击【载荷】面板上的【压强】工具按钮，弹出如图15-5所示的【压强】对话框，单击【面】按钮指定压力作用的表面，然后在【大小】文本框中指定压力的大小。注意单位为 MPa（MPa 是压强的单位）。压力的大小总取决于作用表面的面积。单击【确定】按钮完成压力的添加。

15.2.3 轴承载荷

轴承载荷顾名思义仅可以应用到圆柱表面。默认情况下，应用的载荷平行于圆柱的轴。载荷的方向可以是平面的方向，也可以是边的方向。

要为零件添加轴承载荷，可以：

1）单击【应力分析】标签栏【载荷】面板上的【轴承载荷】工具按钮，弹出如图 15-6所示的【轴承载荷】对话框。

2）选择轴承载荷的作用表面，注意应该选择一个圆柱面。

3）选择轴承载荷的作用方向，可以选择一个平面，则平面的法线方向将作为轴承载荷的方向；如果选择一个圆柱面，则圆柱面的轴向方向将作为轴承载荷的方向；如果选择一条边，则该边的矢量方向将作为轴承载荷的方向。

4）在【大小】文本框中可以指定轴承载荷的大小。对于轴承载荷来说，也可以通过分力来决定合力，此时选中【使用矢量分量】复选框，然后指定各个分力的大小即可。

5）单击【确定】按钮完成轴承载荷的添加。

图15-5 【压强】对话框

图15-6 【轴承载荷】对话框

15.2.4 力矩

力矩仅可以应用到表面，其方向可以由平面、直边、两个顶点和轴来定义。

要为零件添加力矩，可以：

1）单击【应力分析】标签栏【载荷】面板上的【力矩】工具按钮 ◯，弹出如图 15-7 所示的【力矩】对话框。

2）单击【面】按钮，选择力矩的作用表面。

3）单击【方向】按钮，选择力矩的方向。可以选择一个平面，或者一条直线边，或者两个顶点以及轴，则平面的法线方向、直线的矢量方向、两个顶点构成的直线方向以及轴的方向将分别作为力矩的方向。同样可以使用分力矩合成总力矩的方法来创建力矩，此时选中【力矩】对话框中的【使用矢量分量】复选框即可。

4）单击【确定】按钮完成力矩的添加。

15.2.5 体载荷

体载荷包括零件的重力，以及由于零件自身的加速度和速度而受到的力、惯性力。由于在应力分析模块中无法使得模型运动，所以增加了体载荷的概念，以模仿零件在运动时的受力。

要为零件添加体载荷，可以：

1）单击【应力分析】标签栏【载荷】面板上的【体】工具按钮 ▤，弹出如图 15-8 所示的【体载荷】对话框。

2）在【线性】选项卡中可以选择线性载荷的重力方向，如+X，-Y 等。

图15-7 【力矩】对话框

图15-8 【体载荷】对话框

3）在【大小】文本框中输入线性载荷大小。

4）在【角度】选项卡的【加速度】和【旋转速度】框中，用户可以指定是否启用旋转速度和加速度，以及旋转速度和加速度的方向和大小，这里不再赘述。

5）单击【确定】按钮完成体载荷的添加。

15.2.6 固定约束

可以将固定约束应用到表面、边或顶点上以使零件的一些自由度被限制，如在一个正方体零件的一个顶点上添加固定约束，将约束该零件的三个平动自由度。除了限制零件的运动外，固定约束还可以使得零件在一定的范围内运动。添加固定约束的一般步骤是：

1) 单击【应力分析】标签栏【约束】面板上的【固定约束】工具按钮，弹出如图 15-9 所示的【固定约束】对话框。

图15-9 【固定约束】对话框

2) 单击【位置】按钮以选择要添加固定约束的位置。可以选择一个表面、一条直线或者一个点。

3) 如果要设置零件在一定范围内运动，则可以选中【使用矢量分量】对话框，然后分别指定零件在 X、Y、Z 轴的运动范围的值，单位为毫米（mm）。

4) 单击【确定】按钮完成固定约束的添加。

15.2.7 销约束

可以向一个圆柱面或者其他曲面上添加销约束。当添加了一个销约束以后，物体在某个方向上将不能够平动、转动和发生变形。

要添加销约束，可以单击【应力分析】标签栏【约束】面板上的【销约束】工具按钮，在弹出的如图 15-10 所示的【孔销连接】对话框中进行设置。可以看到该对话框中有三个选项，即【固定径向】、【固定轴向】和【固定切向】。当选择了【固定径向】选项以后，则该圆柱面将不能在圆柱的径向方向上平动、转动或者变形。对于其他两个选项，有类似的约定。

15.2.8 无摩擦约束

利用【无摩擦约束】工具，可以在一个表面上添加无摩擦约束。添加无摩擦约束以后，则物体将不能够在垂直于该表面的方向上运动或者变形，但是可以在与无摩擦约束相切的方向上运动或者变形。

要为一个表面添加无摩擦约束，单击【应力分析】标签栏【约束】面板上的【无摩擦约束】工具按钮 ，在弹出的如图15-11所示的【无摩擦约束】对话框中选择一个表面以后，单击【确定】按钮，即可完成无摩擦约束的添加。

图15-10 【孔销连接】对话框

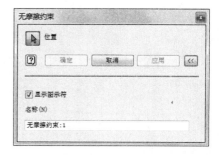

图15-11 【无摩擦约束】对话框

15.3 模型分析及结果处理

在为模型添加了必要的边界条件以后，就可以进行应力分析了。本节讲述了如何进行应力分析以及分析结果的处理。

15.3.1 应力分析设置

在进行正式的应力分析之前，先要选择应力分析的类型并对有限元网格进行设置。单击【应力分析】标签栏【设置】面板上的【应力分析设置】按钮 ，弹出如图15-12所示的【应力分析设置】对话框。

1）在分析类型中，可以选择静态分析和模态分析。静态分析这里不多做解释，下面着重介绍一下模态分析。

共振频率（模态）分析主要用来查找零件振动的频率，以及在这些频率下的振形。与应力分析一样，模态分析也可以在应力分析环境中使用。共振频率分析可以独立于应力分析进行。用户可以对预应力结构执行频率分析，在这种情况下，可以在执行分析之前定义零件上的载荷。除此之外，还可以查找未约束的零件的共振频率。

2）在【应力分析设置】对话框中的【网格】选项卡中可以设置网格的大小。【平均元素大小】默认值为0.100，这时的网格所产生的求解时间和结果的精确程度处于平均水平。将数值设置为更小可以使用精密的网格，这种网格提供了高度精确的结果，但求解时间较长。将数值设置为更大可以使用粗略的网格，这种网格求解较快，但可能包含明显不精确的结果。

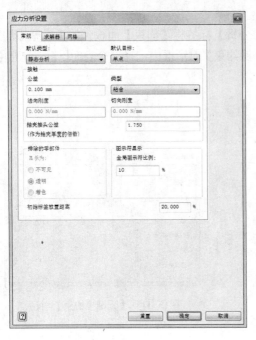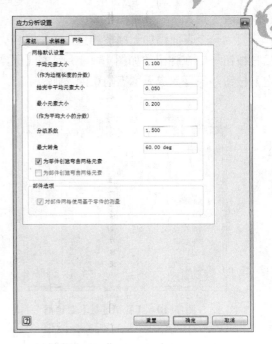

图15-12　【应力分析设置】对话框

15.3.2　运行分析

若所有的设置都已经符合要求，则【应力分析】标签栏【求解】面板上的【分析】按钮将
处于可用状态，单击该按钮即可开始更新应
力分析。如果以前没有做过应力分析，单击
该按钮则开始进行应力分析。单击该按钮
后，会弹出【分析】对话框，如图 15-13 所
示，显示当前分析的进度情况。如果在分析
过程中单击【取消】按钮，则分析会中止，
不会产生任何的分析结果。

图15-13　【分析】对话框

15.3.3　查看分析结果

1．查看应力分析结果

当应力分析结束以后，在默认的设置下，【应力分析】浏览器中会出现【结果】目录，显示
应力分析的各个结果，同时显示模式将切换为【轮廓着色】方式。图 15-14 所示为应力分析完
毕后的界面。

图 15-14 所示的结果是选择分析类型为【静态分析】时的分析结果。在图中可以看到，
Autodesk Inventor 以轮廓着色的方式显示了零件各个部分的应力情况，并且在零件上标出了应
力最大点和应力最小点。同时还显示了零件模型在受力状况下的变形情况。查看结果时，始终

都能看到此零件的未变形线框。

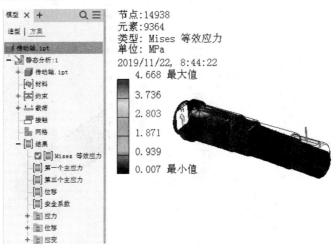

图15-14　应力分析完毕后的界面

在【应力分析】浏览器中，【结果】目录下包含三个选项，即【应力】、【位移】和【应变】，缺省情况下，【应力】选项前有复选标记，表示当前在工作区域内显示的是零件的等效应力。当然也可以双击其他选项，使得该选项前面出现复选标记，则工作区域内也会显示该选项对应的分析结果。图 15-15 所示为应力分析结果中的零件变形分析结果。

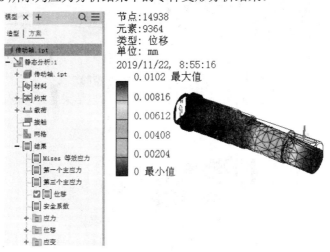

图15-15　零件变形分析结果

2．查看模态分析结果

如果选择了分析类型为【模态分析】，则分析结果如图 15-16 所示。

3．结果可视化

如果要改变分析后零件的显示模式，可以打开标准工具栏中的【显示设置】下拉菜单，可以看到有无着色、轮廓着色和平滑着色三种显示模式可以选择。三种显示模式下零件模型的外观如图 15-17 所示。

另外，Autodesk Inventor 提供了一些关于分析结果可视化的选项，包括【查看网格】 、

【显示边界条件】 、【最大值】 和【最小值】 。

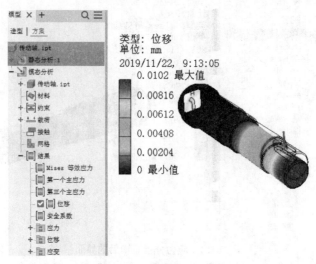

图15-16　模态分析结果

平滑着色　　　　　　　　　　轮廓着色　　　　　　　　　　无着色

图15-17　三种显示模式下零件模型的外观

1）单击【查看网格】按钮则将方案中使用的元素网格与结果轮廓一起显示，如图 15-18 所示。

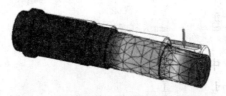

图15-18　元素网格与结果轮廓一起显示

2）单击【显示边界条件】按钮，将显示零件上的载荷符号。

3）单击【最大值】按钮，将显示零件模型上结果为最大值的点。

4）单击【最小值】按钮，将显示零件模型上结果为最小值的点。

5）单击【变形位移显示】下拉按钮，从中可以选择不同的变形样式。其中，变形样式为【调整后×1】和【调整后×5】的零件模型如图 15-19 所示。

4．编辑颜色栏

颜色栏显示了轮廓颜色与方案中计算得出的应力值或位移之间的对应关系，如图 15-14～图 15-16 所示。用户可以编辑颜色栏以设置彩色轮廓，从而使应力/位移按照用户的理解方式来显

示。

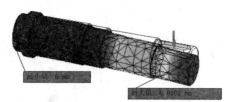

调整后×1

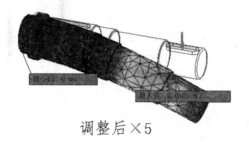

调整后×5

图15-19 不同的变形样式下的零件模型

单击【应力分析】面板中的【颜色栏】按钮，将弹出【颜色栏设置】对话框，其中显示了默认的颜色设置。对话框的左侧显示了最小值/最大值，如图15-20所示。

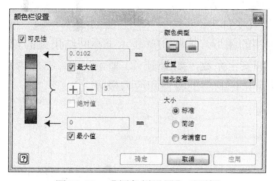

图15-20 【颜色栏设置】对话框

【颜色栏设置】对话框中的各个图标的作用：

【最大值】：显示计算的最大阈值。可取消选中【最大值】，启用手动阈值设置。

【最小值】：显示计算的最小阈值。可取消选中【最小值】，启用手动阈值设置。

＋增加颜色：增加间色的数量。

－减少颜色：减少间色的数量。

■颜色：以某个范围的颜色显示应力等高线。

■灰度：以灰度显示应力等高线。

15.3.4 生成分析报告

对零件运行分析之后，可以生成分析报告，分析报告提供了分析环境和结果的书面记录。

本节介绍了如何生成分析报告、如何解释报告，以及如何保存和分发报告。

1．生成和保存报告

对零件运行应力分析之后，可以保存该分析的详细信息，供日后参考。使用【报告】命令可以将所有的分析条件和结果保存为 HTML 格式的文件，以便查看和存储。

生成报告的步骤如下：

1）设置并运行零件分析。

2）设置缩放和当前零件的视图方向，以显示分析结果的最佳图示。此处所选视图就是在报告中使用的视图。

3）从工具面板单击【报告】按钮以创建当前分析的报告。完成后，将显示一个 IE 浏览器窗口，其中包含了该报告，如图 15-21 所示。

4）使用 IE 浏览器【文件】菜单中的【另存为】命令保存报告，供日后参考。

2．解释报告

报告由概要、简介、场景和附录组成。其中：

1）概要部分包含了用于分析的文件、分析条件和分析结果的概述。

2）简介部分说明了报告的内容，以及如何使用这些内容来解释分析。

3）场景部分给出了有关各种分析条件的详细信息：几何图形和网格，包含网格相关性、节点数量和元素数量的说明；材料数据部分，包含密度、强度等的说明；载荷条件和约束方案，包含载荷和约束定义、约束反作用力。

4）附录部分包含以下几个部分：

场景图形部分带有标签的图形，这些图形显示了不同结果集的轮廓，如等效应力、最大主应力、最小主应力、变形和安全系数，如图 15-21 所示。

材料特性部分，用于分析的材料的特性和应力极限。

图 15-21　包含报告的浏览器窗口

15.3.5　生成动画

使用【动画结果】工具，可以在各种阶段的变形中使零件可视化。还可以制作不同频率下

应力、安全系数及变形的动画，从而使得仿真结果能够形象和直观地表达出来。

可以单击【结果】面板上的【动画结果】按钮 来启动动画工具，此时弹出如图 15-22 所示的【结果动画制作】对话框，可以通过【播放】、【暂停】、【停止】按钮来控制动画的播放，还可以通过【记录】按钮将动画以 AVI 格式保存成文件。

在【速度】下拉列表框中可以选择动画播放的速度，如可以选择播放速度为【正常】、【最快】、【慢】、【最慢】等，即可以根据具体的需要来调节动画播放速度的快慢，以便于更加方便地观察结果。

图15-22　【结果动画制作】对话框